知识管理与智能服务研究前沿丛书

2019年度教育部人文社会科学研究一般项目"基于问题情境仿真的数学应用题表征辅导系统研究"（课题批准号:19YJA880077）之成果

代数应用题表征辅导系统

Algebra Word Problem Representation Tutoring System

余小鹏　著

WUHAN UNIVERSITY PRESS
武汉大学出版社

图书在版编目(CIP)数据

代数应用题表征辅导系统/余小鹏著.—武汉：武汉大学出版社，
2023.11
知识管理与智能服务研究前沿丛书
ISBN 978-7-307-24036-0

I.代… Ⅱ.余… Ⅲ.①代数—数学教学—计算机辅助教学—应用软
件 ②应用题—数学教学—计算机辅助教学—应用软件 Ⅳ.O1-39

中国国家版本馆 CIP 数据核字(2023)第 189312 号

责任编辑：詹 蜜 责任校对：汪欣怡 版式设计：马 佳

出版发行：武汉大学出版社 （430072 武昌 珞珈山）
（电子邮箱：cbs22@whu.edu.cn 网址：www.wdp.com.cn）
印刷：武汉邮科印务有限公司
开本：720×1000 1/16 印张：20 字数：286 千字 插页：2
版次：2023 年 11 月第 1 版 2023 年 11 月第 1 次印刷
ISBN 978-7-307-24036-0 定价：80.00 元

目　录

1 绪 论

代数应用题(Algebra Word Problems),又称为代数故事题,是数学应用题中的重要组成,是中小学数学学习的重点和难点,也是培养学生解决实际问题能力的重要素材。数学应用题的解决包括"表征"和"解决(执行)"两个过程,其中,"表征"是"解决"的前提,表征的质量决定着解题的质量,其难度比"解决"难度更大①。已有研究表明,许多学生存在应用题表征障碍②。人工很难针对每一道数学应用题、为每一个学生进行表征辅导,因此通过机器进行表征辅导就显得十分必要。

数学应用题解题支持属于智能导学系统(Intelligent Tutoring System, ITS)等领域的研究热点。但当前 ITS 在应用题表征辅导方面的支持还不够。为了提高代数应用题的教学质量,以及提高学生的学习效果,本书在分析 ITS 国内外研究现状的基础上,提出代数应用题表征辅导系统,试图在机器理解题意的基础上进行表征辅导。首先对代数应用题的特征进行分析,提出其综合结构;随后指出了当前知识表示方法以及叙事文本表示的不足,提出了基于情境模型的知识表示方法;接着在阐述 CFN 框架库、词元库等基础上,

----

① 王慧琴. 小学数学"解决问题"教学研究——以应用题为例[D]. 内蒙古师范大学, 2009.

② 王金城. 小学生数学应用题解题障碍现状的调查探究[J]. 新课程·上旬, 2021(40): 70.

从代数应用题问题情境以及词元搭配规则等角度，提出面向代数应用题的框架语义知识库；再指出了当前题意理解研究的不足，提出一种基于多层句模的应用题题意理解策略；最后提出一种代数应用题表征辅导系统及其原型系统，对课题研究成果进行了一定程度上的实现，为代数应用题表征辅导、提升数学应用题教学质量提供一定的参考。

1.1 研究背景与意义

1.1.1 研究背景

智能导学系统是一种智能学习支持工具，能有效支持学生学习应用题，目前已得到广泛认可。大量的实验已证实 ITS 能有效改进学生的学习效果。数学应用题解题导学是数学教育研究、智能导学系统等领域的研究热点。

数学应用题在初等教育中的意义很大。Reusser 就曾提出，数学应用题是"数学教育中一个非常重要的环节，因为它将数学与现实生活结合在一起，有利于对学生进行数学建构能力的培养"[1]。数学应用题解决不仅是数学教育的重要内容，也成为数学研究的重要领域。数学应用题是联系数学理论与实际的桥梁。新课程理念下应用题教学更侧重于增强学生的问题意识、培养学生的应用能力[2][3]。设置应用题可以巩固学生的数学基础知识、锻炼学生的理

---

[1] Reusser K. The suspension of reality and sense-making in the culture of school mathematics: The case of word problems[C]. The Sixth European Conference for Research on Learning and Instruction, 1995.

[2] 王慧琴. 小学数学"解决问题"教学研究——以应用题为例[D]. 内蒙古师范大学, 2009.

[3] 罗奇, 唐剑岚. 数学问题表征与数学问题图式[J]. 数学教育学报, 2013, 22(2): 19-22.

解能力、提高学生的建模能力。

表征的质量决定着解题的质量，同时其难度比"解决"难度更大①。已有研究表明，许多学生存在应用题表征障碍。倪印东和庄传侠②认为数学应用题解题的障碍主要来自四个方面，分别是题材内容、数学语言、数量关系、结构特征。

考虑到应用题的重要意义，帮助学生解决表征问题，就显得十分必要。经典代数应用题有 36 种题型，题量比较大，例如 Ape210K 数据集就有 20 多万个题目。每一种题型还有很多变式，例如植树问题有三角形、道路一侧/两侧以及端点是否种树、矩形、双层图形等。这些使得应用题题目的表述比较灵活。人工对所有应用题进行导学设计，明显不适合。

在中小学数学领域，数学应用题主要包括代数应用题和几何应用题等。几何应用题是把几何知识与实际问题相结合的一类题型，其求解需要学生通过观察图形来进行计算。代数应用题是中小学数学学习的关键部分，对其进行研究探索对学生学习、教师教学都具有重要意义。本研究把代数应用题作为研究对象，将其范围界定为中小学数学领域中，以现实世界中的事件与关系为题材，以人物、物体或者其行为作为情境线索的故事题，其中的数学运算不是简单地执行加减法。

因此，提出面向代数应用题的表征辅导系统就非常有意义。表征辅导属于智能导学系统 ITS 的研究范畴。但当前 ITS 中支持应用题解题方面的研究，存在如下问题：（1）当前应用题解题支持研究重"解决"、轻"表征"。表征是解决的前提，如果不能有效辅导表征，那应用题解题支持方面的研究就不完善。例如当前应用非常广泛的 Algebra Cognitive Tutor、ASSISTments 和 AutoTutor 等，均没有

3

① Reusser K. The suspension of reality and sense-making in the culture of school mathematics：The case of word problems[C]. The Sixth European Conference for Research on Learning and Instruction, 1995.

② 倪印东，庄传侠. 摸清解题障碍改革应用题教学[J]. 山东教育，2001(28)：47-48.

提供问题表征支持。(2)问题情境理解是表征的重要环节。当前表征方面的研究成果不支持用户对任意数学应用题问题情境进行个性化仿真。这影响了学生对问题情境的理解、也影响了表征。当前仅仅 Animate、WordMath 和 LIM-G 等少数几种提供了动画演示和图形编辑工具等来帮助学生理解问题情境,并且均只对简单题目进行支持,辅导的作用有限。其实,不能有效辅导用户对问题情境的理解,就不能有效辅导用户的表征。余小鹏①提出了问题情境仿真支持系统,但是也存在仿真创设工作量大等问题,如果在理解题意基础上进行自动仿真,则能更好支持表征辅导。

综合上述分析,本书融合 ITS 和自然语言处理等技术,在前期问题情境仿真支持系统研究的基础上,进一步对 ITS 研究进行完善,试图面向代数应用题,提出表征辅导系统(Algebra Word Problem Resprentation Tutoring System,AWPRTS),以有效支持学生对应用题进行表征。AWPRTS 提出基于情境模型的知识表示方法;基于自然语言处理技术,根据框架语义和句模理论抽取应用题题目文本中的情境实体、情境变化等,对题型进行识别,对题目文本进行表示,促使机器理解题意;然后在机器理解题意的基础上,从问题情境自动仿真、基于问卷的表征辅导、列算式表征等角度开展研究,以有效对广大中小学学生的应用题表征进行辅导。

1.1.2　研究意义

本书研究是前期研究的延伸,旨在机器理解题意的基础上开展智能表征辅导。面向表征辅导,基于自然语言处理、框架语义和句模等理论,促使机器理解题意并对问题情境进行自动仿真,自动生成辅导问卷以及自动列算式表征。这些将进一步拓展和丰富智能导学系统理论体系,促进数学教育、计算机应用、情报学等交叉融合。

---

① 余小鹏. 面向数学应用题的问题情境仿真支持系统[M]. 武汉:武汉大学出版社,2022.

本书研究的应用意义明显。在机器理解题意的基础上进行智能表征辅导，有助于广大中小学学生更形象逼真地理解数学应用题题意并进行表征，有助于其数学学习从被动听讲转变成主动思考，有助于学生提高学习效果、缩短学习时间，帮助其从繁重的课外补习班中解脱出来；还能及时向教师、学生和家长反映学生的学习情况，有利于个性化辅导。

本书研究符合国家的政策导向。本研究是促进数学教育现代化，发展具有中国特色的现代教育的有效途径，符合国家"教育强国"等重大战略的核心思想，符合中央"双减""智慧教育"等方针政策。在2023年中央政治局第三次集体学习时，习近平总书记指出，"要在教育'双减'中做好科学教育加法，激发青少年好奇心、想象力、探求欲"。而本书的研究，正是践行习近平总书记的伟大指示，将有利于推动我国教育朝着更高质量、更有效率的方向前进，符合国家教育方面的政策导向！

1.2 研究现状与分析

根据研究目的，下面将对智能导学系统的国内外研究现状展开阐述与分析。

1.2.1 研究现状

智能导学系统 ITS 已经被验证有助于学生的学习。虽然当前智能导学系统的研究和应用较多，例如应用题解决支持、生物教学、计算机语言教学等，但支持面向数学应用题表征辅导方面的研究和应用，还有待进一步完善。

1.2.1.1 国外方面

国外相关研究文献和应用软件都非常多，典型的 ITS 研究有 MetaTutor、 Protus、 SimStudent、 ASSISTments、 Betty's Brain、

WordMath、Animate、MathCAL、LIM-G、Andes、Algebra Cognitive Tutor、Wayang Outpost、Crystal Island、AutoTutor、AnimalWatch、ActiveMath、APLUSIX、Microsoft Mathematics 等 18 种①。其中 Animate 和 WordMath 能在一定程度上支持表征②，ASSISTments、Algebra Cognitive Tutor、AutoTutor 等的影响力很大③④⑤。

　　MetaTutor 系统可以为学生学习提供个性化的指导，同时提供一种自适应反馈，以支持学习者选择合适的子目标，精确地判断元认知，提出具体的学习策略并应用⑥。Protus 主要帮助学习者学习程序设计中所需的 Java 语言基本知识⑦。Betty's Brain 旨在帮助学生学习科学主题知识时建立元认知策略⑧。Andes 是一套

①　Segedy J R, Biswas G, Sulcer B. A model-based behavior analysis approach for open-ended environments [J]. Educational Technology & Society, 2014, (1)：272-282.

②　Jaques P A, Seffrin H, Rubi G, et al. Rule-based expert systems to support step-by-step guidance in algebraic problem solving：The case of the tutor PAT2Math[J]. Expert Systems with Applications, 2013, 40(14)：5456-5465.

③　张钰, 李佳静, 朱向阳, 等. ASSISTments 平台：一款优秀的智能导学系统[J]. 现代教育技术, 2018, 28(5)：102-108.

④　韩建华, 姜强, 赵蔚. 基于元认知能力发展的智能导学系统研究[J]. 现代教育技术, 2016, 26(3)：107-113.

⑤　高红丽, 隆舟, 刘凯, 等. 智能导学系统 AutoTutor：理论、技术、应用和预期影响[J]. 开放教育研究, 2016, 22(2)：96-103.

⑥　Azevedo R, Johnson A, Chauncey A, et al. Self-regulated Learning with MetaTutor：Advancing the Science of Learning with Meta Cognitive Tools [M]. Springer New York, 2010.

⑦　Vesin B, Ivanović M, Budimac Z. Protus 2. 0：Ontology-based semantic recommendation in programming tutoring system [J]. Expert Systems with Applications, 2012, (15)：12229-12246.

⑧　Kinnebrew J S, Segedy J R, Biswas G. Analyzing the temporal evolution of students' behaviors in open-ended learning environments [J]. Metacognition Learning, 2014, (2)：1-29.

物理辅助解题系统，其最关键的特征是为学生提供了适度的交互①。Wayang Outpost 针对学习者的最新发展区，为其提供自适应的学习内容，并对其基本的认知技能进行训练。Crystal Island 是以故事为中心的虚拟沉浸式学习环境，在其中学习者就可以回答有关生物学科的问题②。MATHESIS 是一个面向模型追踪辅导系统的元知识框架③。

SimStudent 结合两个虚拟代理，利用解释、问题、范例和对话等方式引导学习者学习代数方程式知识；当遇到不懂或不能正确解决的问题时，学习者可以向虚拟教师代理(Mr. Williams)请教④。ASSISTments 是一种以教学过程的指导为重点，提供学生解决问题时解题步骤的提示和解题结果的反馈的免费公共服务平台⑤。该平台通过提示和反馈等形式，为学生的学习提供支持和评价⑥。ASSISTments 平台功能强大，已成为目前影响力很大的一款智能导学系统。WordMath 是一种帮助 9～12 岁小学生学习数学应用题的计算机学习环境，一定程度上支持可视化表征，进而使得问题和解

① K. VanLehn, C. Banerjee, F. Milner et al. Teaching Algebraic Model Construction: A Tutoring System, Lessons Learned and an Evaluation [J]. International Journal of Artificial Intelligence in Education, 2020, 30(3): 459-480.

② Segedy J R. Adaptive scaffolds in open-ended computer-based learning environments[D]. Vanderbilt University, 2014: 24-28.

③ Sklavakis D, Refanidis I. The MATHESIS meta-knowledge engineering framework: Ontology-driven development of intelligent tutoring systems[J]. Applied Ontology, 2014, 9(3-4): 237-265.

④ Matsuda N, Cohen W W, Koedinger K R. Teaching the teacher: Tutoring SimStudent leads to more effective cognitive tutor authoring[J]. International Journal of Artificial Intelligence in Education, 2015, (25): 1-34.

⑤ Singh R, Saleem M, Pradhan P, et al. Feedback during web-based homework: The role of hints[C]. Artificial Intelligence in Education, 2011.

⑥ Heffernan N T, Ostrow K S, Kelly K, et al. The future of adaptive learning: Does the crowd hold the key? [J]. International Journal of Artificial Intelligence in Education, 2016, (2): 615-644.

题策略更加清晰，非常有利于解决问题①。

Animate 以认知心理学为理论基础，采用动画演示来帮助学生表征、解决应用题。该系统假设用户"逐字阅读原文信息"之后，已理解了问题情境，并要求学生构建一个图形化的问题表征模型。而很多中小学学生解决应用题的一个难点就是不能通过理解文字来理解题意②。

MathCAL 基于波利亚提出的理解问题、制定计划、执行计划和修订方案四个问题解决阶段而研发，旨在帮助学生在问题解决的每个阶段都有收获。但该系统不能表达出重要信息之间的层次性，以及彼此之间复杂的动态关系等③。

LIM-G 系统能够理解自然语言输入的一步几何应用题，并通过概念属性内容系统，可以生成图表等形式的问题表征。这些能够帮助学生理解几何应用题。但该系统主要针对"一步"几何应用题进行自动表征，并没有突出学生自身的表征过程。研究者应该考虑用语义网络和图式等更多的知识表示方式来克服这一障碍④。

Algebra Cognitive Tutor 是目前世界上较为成功的智能导学系统之一，已成为全美国几百个初中与高中课程中的一部分⑤。其实质

① Chee-Kit Looi, Boon Tee Tan. WORDMATH：A Computer-Based Environment for Learning Word Problem Solving[C]. Proceeding of third CALISCE International Conference：Computer Aided Learning and Instruction in Science and Engineering, 1996.

② Mitchell J. Nathan, Walter Kintsch, Emilie Young. A Theory of Algebra-Word-Problem Comprehension and Its Implications for the Design of Learning Environments[J]. Cognition & Instruction, 1992, 9(4)：329-389.

③ Chang K-E, Sung Y-T, Lin S-F. Computer-assisted learning for mathematical problem solving[J]. Computers and Education, 2006, 46(2)：140-151.

④ Wing-Kwong Wong, Sheng-Cheng Hsu, Shi-Hung Wu. LIM-G：Learner-initiating Instruction Model based on Cognitive Knowledge for Geometry Word Problem Comprehension[J]. Computers & Education, 2007, 48(4)：582-601.

⑤ Koedinger K R, Aleven V. Exploring the Assistance Dilemma in Experiments with Cognitive Tutors[J]. Educational Psychology Review, 2007, 19(3)：239-264.

上由一系列独立的"子"辅导系统组成，但该系统也存在个性化和开放性问题①②③。

PAT2Math 系统由一个代数编辑器组成，主要辅导学生解决线性方程与二次方程④。AnimalWatch 协助中学生解决数学应用题，这些数学题揭示了濒临灭绝的动物种群方面的环境知识。该系统主要关注应用题的表示，没有纠正学生的解题步骤等⑤。ActiveMath主要辅导代数、微积分、对数、统计学等，主要关心的是外环，而不是应用题的表征⑥。APLUSIX 是 IMAG-Leibniz 实验室开发的一个帮助学生学习代数的学习环境；它最基本的训练模式是让学生主导演算计算过程，并提供步骤指导⑦。Microsoft Mathematics 也可以看作一种 ITS，包括图形计算、单位换算、三角形求解和方程求解等多个功能，并提供分步解决方案⑧。

① Jaques P A, Seffrin H, Rubi G, et al. Rule-based expert systems to support step-by-step guidance in algebraic problem solving: The case of the tutor PAT2Math[J]. Expert Systems with Applications, 2013, 40(14): 5456-5465.

② 高红丽, 隆舟, 刘凯, 等. 智能导学系统 AutoTutor: 理论、技术、应用和预期影响[J]. 开放教育研究, 2016, 22(2): 96-103.

③ Koedinger K R, Aleven V. Exploring the Assistance Dilemma in Experiments with Cognitive Tutors[J]. Educational Psychology Review, 2007, 19(3): 239-264.

④ Jaques P A, Seffrin H, Rubi G, et al. Rule-based expert systems to support step-by-step guidance in algebraic problem solving: The case of the tutor PAT2Math[J]. Expert Systems with Applications, 2013, 40(14): 5456-5465.

⑤ Birch M, Beal C R. Problem Posing in AnimalWatch: An Interactive System for Student-Authored Content[C]. International Florida Artificial Intelligence Research Society Conference DBLP, 2008.

⑥ Goguadze, G., Melis, E. Feedback in ActiveMath Exercises[C]. In Proceedings of international conference on mathematics education, 2008.

⑦ Bouhineau D, Nicaud J F, Chaachoua H, et al. Two Years of Use of the Aplusix System[C]. 8th IFIP World Conference on Computer in Education, 2005.

⑧ Oktaviyanthi R, Supriani Y. Utilizing Microsoft Mathematics in Teaching and Learning Calculus[J]. Journal of Education and Practice, 2015, 6(25): 75-83.

1.2.1.2　国内方面

在国内，智能导学系统也常常被称为智能辅导系统、智能教学系统或者智能导师系统等。目前国内这方面文献和软件系统的研究均不多。

比较典型的智能导学支持系统有作业帮、猿辅导、学而思、导学号 App、优学然，以及由张景中院士牵头的 Z+Z 等。前三者共同的特征是拍照、搜题、看答案和看视频，对表征辅导的支持不明显。导学号 App 的特征也是拍照搜题，注重对学生解题思路的引导，在学生拍照上传题目后，会逐步呈现提示、逐步给出解题思路，引导学生思考和解决作业难题；在其"微课学堂"模块，运用视频动画形式对知识点进行讲解，但并没有对问题情境的复杂动态关系进行表征①。优学然数学习题智能辅导系统注重呈现学生解题的思维过程，并且该系统具有较丰富的交互式提示，通过交互提示，判断学习者对知识理解和掌握的情况，来更好地帮助与引导学习者②；但其主要是系列试卷，不支持问题情境仿真，不支持个性化出题，对表征辅导的作用有限。Z+Z 的主要组成包括超级画板、立体几何、网络画板等；非常便于作图，很直观，但还不能有效应用于问题情境构成元素及其集合之间复杂的动态关系，不能有效支持应用题的表征③。

以上述智能导学系统等四个关键词为主题，在知网中搜索，从 1990 年至今，包括期刊论文、学位论文等在内的搜索结果有 3055 篇。赵莹对 ITS 体系结构进行了阐述，并重点分析了学生模型和辅导模型，并认为 ITS 如果采用模拟环境式辅导策略，将使知识表达

①　高晓旭. 初中数学智能导学系统中提示的交互设计与应用研究［D］. 兰州：西北师范大学，2020.

②　高晓旭. 初中数学智能导学系统中提示的交互设计与应用研究［D］. 兰州：西北师范大学，2020.

③　王晓波，张景中，王鹏远. "Z+Z 智能教育平台"与数学课程整合［J］. 信息技术教育，2006(6)：14-17.

形象化、直观化,有利于学生认识抽象程度较高的概念与消化知识①。王陆以机械制图课程中的圆锥体作为例子,使用关系模型讨论了在 ITS 系统中建立学科知识库的方法②。王世敏提出了由知识库、学生模块、推理机三部分组成的 ITS,该系统可以根据学生模型以及推理机制,动态选择教学策略③。

智勇从反馈式知识获取、群体协作的教学决策、进化系统的开发策略以及动态学生建模等几个方面对自适应相关概念和理论进行研究,提出了结合规则与案例集成应用的观点,最后以“数据结构”的学科知识为基础,设计与实现了一套的原型系统④。

黎汉华利用基于领域的自然语言理解技术等,给出了网络智能导学系统开发平台模型以及用户信息管理模块⑤。王冬青认为情境模型是对上下文和活动的描述,是面向问题解决学习环境设计的激活阶段,并以《计算机信息技术基础》为对象,设计了一种新型的智能导师系统 Tutor,支持真实情境下的“做中学”和问题解决⑥。AECT 主席 J. Micheal Spector 教授在回答任友群等人的问题中,明确指出他对“人类如何从结构不良的问题领域获得经验”产生了特殊的兴趣,包括基于情境仿真的学习环境的建构和评价⑦。陈刚认为传统的智能导学系统面临着学习者个体数据不易测定、决策规则

---

① 赵莹,全炳哲,金淳兆. 智能辅导系统[J]. 计算机科学,1995(4):56-59.

② 王陆,王美华. ITS 系统中基于关系模型的知识表示[J]. 北京大学学报(自然科学版),2000(5):659-664.

③ 王世敏,谢深泉,程诗杰. 计算机智能导师系统(ITS)的构思[J]. 湘潭大学自然科学学报,2001(3):20-24.

④ 智勇. 分布式学习环境中的智能授导系统研究[D]. 南京:南京师范大学,2004.

⑤ 黎汉华. 网络智能辅导系统关键技术及实现[D]. 西安:西安电子科技大学,2005.

⑥ 王冬青,柳泉波,任光杰,等. 一种面向问题解决的智能导师系统[J]. 中国电化教育,2008(8):90-94.

⑦ 任友群,宋莉,李馨. 教育技术的领域拓展与前沿热点——对话 AECT 主席 J. Micheal Spector 教授[J]. 中国电化教育,2009(11):1-6.

难以描述、系统无法自我完善三条困境，提出基于案例的推理方法以试图推进系统的发展，但其研究由于直接使用案例进行推理，缺乏严格的逻辑规则基础①。杨建波利用 Sliverlight、数据库和人工智能等技术，设计开发了一种智能导学平台，以解决工科专业网络学习平台中现存的弊端，一定程度上实现了个性化、智能化的导学②。尚晓晶以混合学习与自主学习的相关理论为研究基础，以技术促进学习，支持教师高效完成课堂教学活动、实现面向学生的个性化辅导等为目标，设计并开发了基于"导学案"课堂教学模式的智能导学系统③。

2015 年第六届全球华人探究学习创新应用大会中，华南师范大学李克东教授指出：可视化学习资源并非 PPT、文字等一般性资源，而是文本知识图像化、静止知识动态化、平面知识立体化、操作知识程序化、组合知识分解化、隐蔽知识显示化。香港城市大学郭琳科教授提出为培养学习者的探究学习能力搭建支撑环境的观点，并展示了其团队开发的数独智能导师系统④。

韩建华从目标设定和计划、知识建构、监管、求助四个方面构建了 ITS 的元认知能力模型，以 Betty's Brain 系统为例进行分析，认为：基于元认知意识的 ITS 不仅有利于促进学生元认知能力的发展，还能培养学生的问题解决能力⑤。

杨翠蓉认为国内 ITS 的研究与设计相对落后，成立更多跨学科研究机构十分必要，以联合国内教育心理学、教育技术学与计

① 陈刚. 基于案例的推理：智能授导系统研究的新方法[J]. 中国远程教育，2010(10)：27-30，79.

② 杨建波，王荣，魏德强. 基于 Silverlight 的智能导学平台建设[J]. 中国教育信息化，2012(3)：30-33.

③ 尚晓晶. 基于"导学案"教学模式的智能导学系统的设计开发与实证研究[D]. 锦州：渤海大学，2013.

④ 张红英，邓烈君，王志军. 信息化背景下的有效教学与探究学习——第六届全球华人探究学习创新应用大会学术观点综述[J]. 中国远程教育，2015(9)：10-13.

⑤ 高红丽，隆舟，刘凯，等. 智能导学系统 AutoTutor：理论、技术、应用和预期影响[J]. 开放教育研究，2016，22(2)：96-103.

算机科学等领域的研究者共同开展 ITS 的跨学科研究与设计，并基于人机互动的跨学科研究与设计的思路，提出了一种智能导学系统①。

2017 年美国孟菲斯大学智能系统中心格雷泽教授在接受朱莎的采访中指出：未来的教师需要掌握新的技能，而现在大多数老师不知道如何在课程中运用信息技术。华中师范大学的胡祥恩教授以认知学习理论为支撑，智能导学系统应该强调教学情境中教育资源与学习者之间的联系，以及其对建立和发展学习者内部认知结构的影响②。

贾积有及其团队介绍了在教学理论指导下设计的网上数学教学系统"乐学一百"，并从学生成绩、学生调查、学生和家长反馈、教师访谈等各个维度评价系统的优势和劣势，由此提出当前智能辅导系统应当注重交互行为的增加，以及智能化程度需要进一步提高，以全面满足学生学习的个性化需求③。刘凯对我国教育领域人工智能研究现状进行了系统分析，揭示了其中存在着"量高质低、缺乏深度与广度"等问题。其研究认为：从整体角度看，目前定性研究多而定量研究少、规范研究多而实证研究少；从内容角度看，研究视野较狭窄，其绝大多数示例或引述，只限于几个"明星"案例；最后，从学段和学群角度看，高等教育、成人教育、职业教育、继续教育的研究居主流，小学、初中、高中的研究相对偏少④。张钰描述并分析了智能导学系统 ASSISTments 平台，指出国内智能导学系统的诊断功能还较弱，宜借鉴 ASSISTments 平台，加

① 杨翠蓉，陈卫东，韦洪涛. 智能导学系统人机互动的跨学科研究与设计[J]. 现代远程教育研究，2016(6)：103-111.

② 朱莎，余丽芹，石映辉. 智能导学系统：应用现状与发展趋势——访美国智能导学专家罗纳德·科尔教授、亚瑟·格雷泽教授和胡祥恩教授[J]. 开放教育研究，2017，23(5)：4-10.

③ 贾积有，张必兰，颜泽忠，等. 在线数学教学系统设计及其应用效果研究[J]. 中国远程教育，2017(3)：37-44+80.

④ 刘凯，胡祥恩，马玉慧，等. 中国教育领域人工智能研究论纲——基于通用人工智能视角[J]. 开放教育研究，2018，24(2)：31-40，59.

强系统的研究开发、增加强大的诊断分析功能①。

胡祥恩提出分析了通用的 ITS 框架(GIFT)的开源原型(Open-Source Prototype)，该原型有两种形式：单机模式和云模式。单机模式充分利用了 GIFT 中的传感器模块，常用于穿戴式或嵌入式的教学系统。云模式通过 GIFT 开源原型为教师和学习者提供开放的课件共享和教学学习平台，这种方式与在线学习相似。这两种完全不同的原型形式为 ITS 的嵌入展现形式提供新的发展方向②。

屈静等人在分析对话式智能导学系统的基础上，指出该类系统对深度学习具有明显的促进作用，但也存在学习效率欠佳、深度学习支持不足及开发成本过高等一些基本问题③。刘一虹提出面向大数据分析技术的智能教学系统，重点描述了大数据推荐模块和教学质量评估模块，还对该系统的有效性和优越性进行了测试。结果表明，智能教学系统能够提高教学资源利用率，并根据学生实际情况进行个性化的学习资源推荐④。马玉慧通过分析智能导学系统中的教学策略，从国内外智能导师系统中运用的问答型教学策略、预期定制式教学策略、协作合作学习教学策略和情感教学策略为例，总结了智能导学系统中运用的教学策略及其未来发展趋势⑤。张静建立了一套智能数据采集和分析统计的教学辅助系统，包含课前预习测试、课中互动异步提问、课后巩固数据归纳和推送等功能，最大程度地还原线下教学过程，提升了线上教师教学的质量和学生学习

---

① 张钰，李佳静，朱向阳，等. ASSISTments 平台：一款优秀的智能导学系统[J]. 现代教育技术，2018，28(5)：102-108.

② 胡祥恩，匡子翌，彭霁，等. GIFT——通用智能导学系统框架[J]. 人工智能，2019(3)：22-28.

③ 屈静，刘凯，胡祥恩，等. 对话式智能导学系统研究现状及趋势[J]. 开放教育研究，2020，26(4)：112-120.

④ 刘一虹. 基于大数据分析技术的智能教学系统[J]. 现代电子技术，2021，44(7)：178-182.

⑤ 白丹丹，马玉慧. 智能导师系统中教学策略研究与分析[J]. 电子产品世界，2022，29(8)：59-62.

的效率①。乐惠骁等人设计了数学智能测试和辅导系统 MIATS，为学生提供个性化测试和辅导，包括在线大数据挖掘、适应性智能测评、螺旋式上升的测评和辅导一体化②。基于 MIATS 的初步测评结果表明该系统对学生的辅导效果显著。

1.2.2 问题分析

智能导学系统 ITS 的应用推动了传统教学模式的转变，更好地调动了学生的学习积极性和主动性，提高了教学效率，有助于开发学生智力和培养学生能力。但当前 ITS 研究不能有效支持解题者对应用题的表征，主要表现为两个方面，下面进行详细介绍。

第一，当前 ITS 中应用题解题支持研究重"解决"、轻"表征"。表征是解决的前提，如果不能有效辅导表征，那应用题解题支持方面的研究就不完善。当前国内外典型 ITS 见表 1-1 所示，只有 4 种支持表征的 ITS，即使是应用非常广泛的 Algebra Cognitive Tutor、ASSISTments 和 AutoTutor 等系统，也没有提供问题表征支持。

表 1-1 　　　　　　　　国内外典型 ITS 说明

序号	系统名	是否支持表征	说　　明
1	WordMath	是	通过本体技术支持问题情境理解，但支持的题目较简单，对问题情境的仿真支持不够
2	Animate	是	基于少数几个例子，提出了支持问题情境理解及表征的思路

15

① 张静. 智能数据统计与分析的线上教学辅助系统设计[J]. 现代信息科技，2022，6(22): 189-192.

② 贾积有，乐惠骁，张誉月等. 基于大数据挖掘的智能评测和辅导系统设计[J]. 中国电化教育，2023，No.434(3): 112-119.

序号	系统名	是否支持表征	说　明
3	LIM-G	是	主要针对"一步"几何应用题进行自动表征，并没有突出学生自身的表征过程
4	SimStudent	否	仅支持解题步骤
5	ASSISTments	否	仅支持解题步骤
6	MathCAL	否	仅支持解题步骤
7	Algebra Cognitive Tutor	否	仅支持解题步骤
8	Wayang Outpost	否	虽然用于数学，从元认知、参与、自我控制等角度，用于学生学习能力的分析与指导
9	AutoTutor	否	基于对话的教学，有利于学生对知识的理解、分析、综合和评价
10	PAT2Math	否	主要辅导学生进行线性方程与二次方程的解题
11	AnimalWatch	否	主要关心的是外环，而不是应用题的表征
12	ActiveMath	否	主要关心的是外环，而不是应用题的表征
13	APLUSIX	否	仅支持解题步骤
14	Microsoft Mathematics	否	仅支持解题步骤
15	MetaTutor	否	生物科学，如循环、消化等
16	Protus	否	用于学习 Java
17	Andes	否	物理辅助解题系统
18	Crystal Island	否	探索困扰岛屿研究站的传染性细菌的来源和特性

续表

序号	系统名	是否支持表征	说　　明
19	Betty's Brain	否	帮助学生学习科学主题知识时建立元认知策略
20	Z+Z	否	几何画板
21	作业帮	否	拍照、搜题、看答案和视频
22	猿辅导	否	拍照、搜题、看答案和视频
23	学而思	否	拍照、搜题、看答案和视频
24	导学号 App	是	拍照、搜题、支持解题步骤、对问题情境的仿真支持不够，个性化程度不够，对表征支持有限
25	优学然	否	较丰富的交互式提示，支持解题步骤，对问题情境的仿真支持不够，个性化程度不够，对表征支持有限

第二，问题情境理解是表征的重要环节。当前表征方面的研究成果不支持用户对任意数学应用题的问题情境进行个性化仿真。这影响了解题者对问题情境的理解、影响了表征。其实，不能有效支持解题者对问题情境的理解，就不能有效支持用户的表征。常见 ITS 中仅仅 Animate、WordMath 和 LIM-G 等少数几种提供了动画演示和图形编辑工具等来帮助学生理解问题情境，并且均只对简单题目进行支持，辅导的作用有限。LIM-G 主要针对"一步"几何应用题，对题中概念、属性等内容进行自动表征；在该过程中，解题者表征的参与程度不高。有研究者明确提出该系统需要用语义网络或图式等更多的知识表示方式来提高表征质量①。Animate 在假设用户已理解问题情境的基础上，单一地从表征的视角进行研究；同时

①　Wing-Kwong Wong, Sheng-Cheng Hsu, Shi-Hung Wu. LIM-G: Learner-initiating Instruction Model based on Cognitive Knowledge for Geometry Word Problem Comprehension[J]. Computers & Education, 2007, 48 (4): 582-601.

主要面向经典的相遇、追及等问题，题型比较局限。WordMath 虽然通过绘制模块来表达题目中元素之间部分与整体的关系，在一定程度上支持可视化表征，但是面向的问题简单，不能有效仿真题目中元素及其集合之间的复杂的层次关系与动态关系①。余小鹏②提出了问题情境仿真支持系统，但是也存在仿真创设工作量大等不足，如果在理解题意的基础上进行自动仿真，则能更好支持表征辅导。

1.2.3 发展趋势

表征是解题的基础，问题情境理解是表征的前提。正确地列出算式，是判断表征是否正确的依据。

然而对广大中小学学生来说，问题情境的理解、表征应用题还存在着很大困难。表征辅导，对应用题解题导学很有意义。很多学者认为国内应该加强 ITS 方面的研究③④。鉴于应用题在数学教育中的地位，以及 ITS 的意义，国内加强应用题表征辅导方面的研究也是一种趋势。支持理解问题情境、并列算式，才能完成表征辅导任务。应用题种类多、变式多、题目更多，通过人工进行辅导设计是比较困难的。通过机器理解题意，进而自动仿真问题情境、辅导表征，是一个值得探索的方向。

根据上述分析，本书提出代数应用题表征辅导系统 AWPRTS，在机器理解题意的基础上进行表征辅导，符合政策，符合发展趋势。

---

① 贾义敏，詹春青. 情境学习：一种新的学习范式[J]. 开放教育研究，2011，17(5)：29-39.

② 余小鹏. 面向数学应用题的问题情境仿真支持系统[M]. 武汉：武汉大学出版社，2022.

③ 韩建华，姜强，赵蔚，等. 智能导学环境下个性化学习模型及应用效能评价[J]. 电化教育研究，2016，37(7)：66-73.

④ 张钰，王珺. 美国 K-12 自适应学习工具的应用与启示[J]. 中国远程教育，2018(9)：73-78.

1.3 研究内容

本书采用文献调研、数据采集、知识可视化方法、大数据分析、算法设计和模型构建等方法。文献调研法主要通过期刊数据库、互联网和会议文献等渠道大量收集国内外与本书相关的各类文献，对已有的智能导学系统、知识表示和题意理解等方面的研究成果进行分析，总结研究内容和方法上的不足，为本书提供充分的文献支持。数据采集法主要从互联网等渠道收集数据集，以及根据原型系统收集的学生行为数据。知识可视化主要对问题情境进行自动仿真，辅助学生理解题意。大数据分析主要包括对学生行为数据进行追踪分析，揭示其知识掌握情况。算法设计主要通过文本分类算法对应用题题型进行识别。模型构建主要是表征辅导系统的架构、主要功能，并设计其原型系统。本书面向代数应用题，对表征辅导系统展开研究，首先分析了数学应用题层次结构及其题目文本构成特征，提出其综合结构；随后提出基于情境模型的代数应用题知识表示方法；接着对代数应用题领域框架语义库和句模开展研究，从词和句两个方面支持题意理解；再提出题型识别算法，以及基于句模的题意理解策略；最后提出表征辅导系统的架构及其关键模块，并对原型系统进行了部分实现。

本书研究内容的总体框架如图 1-1 所示。

根据图 1-1 所示，本书研究内容主要包括研究现状分析、领域知识构建、题意理解和表征辅导几个部分。研究现状分析部分是切入点，分析表征辅导研究的意义，提出基于题意理解的表征辅导的研究思路。领域知识构建部分包括应用题特征分析、知识表示方法、框架语义研究和多层句模研究，面向代数应用题领域，为题型识别、信息抽取和题意理解等做好准备。题意理解部分包括题型识别和基于多层句模的题意理解策略，为智能表征辅导准备知识脚本。表征辅导部分包括系统架构及其问题情境自动仿真、面向表征的自动出卷和答卷辅导、自动列算式等关键模块，以及原型系统的

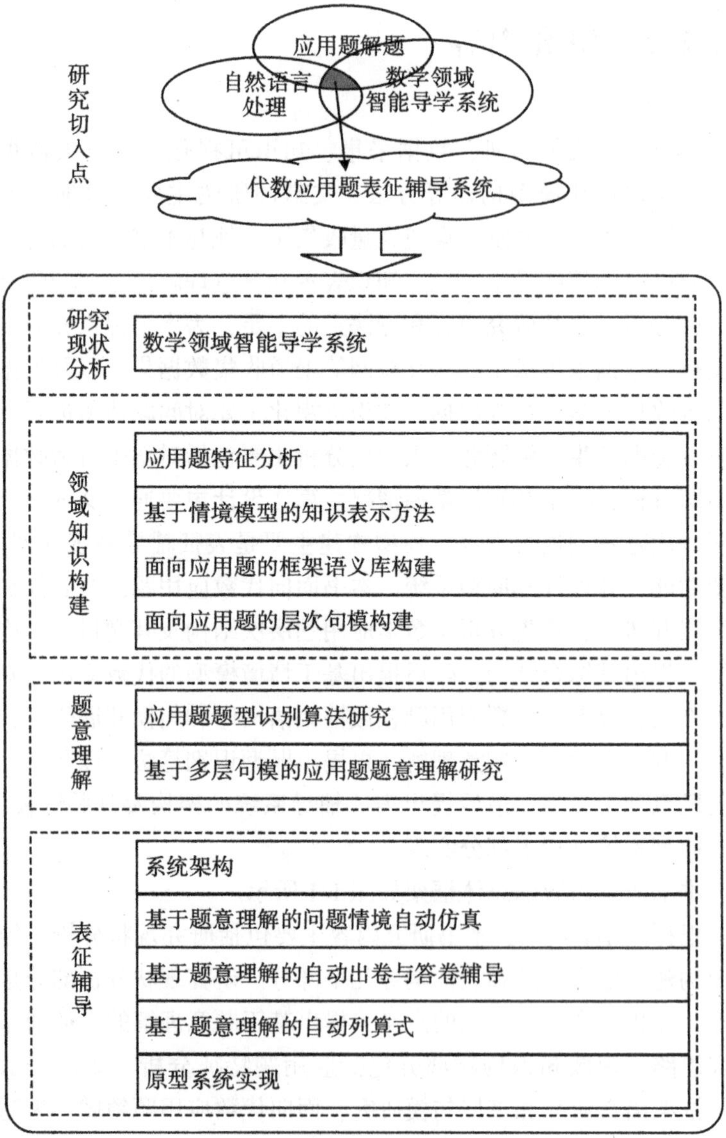

研究切入点

应用题解题

自然语言
处理

数学领域
智能导学系统

代数应用题表征辅导系统

研究现状分析	数学领域智能导学系统

领域知识构建	应用题特征分析
	基于情境模型的知识表示方法
	面向应用题的框架语义库构建
	面向应用题的层次句模构建

题意理解	应用题题型识别算法研究
	基于多层句模的应用题题意理解研究

表征辅导	系统架构
	基于题意理解的问题情境自动仿真
	基于题意理解的自动出卷与答卷辅导
	基于题意理解的自动列算式
	原型系统实现

图 1-1　总体框架

主要模块的实现等。下面对各个研究部分进行介绍。

1.3.1　应用题特征分析

应用题数量巨大，题型、变式多样，题目文本所蕴含的问题情境丰富不一，文本表述方式灵活。这些导致了机器理解应用题题意存在一定的难度。

题型相同的应用题，其题目文本的构成较为类似；不同类型的应用题，可细分为多个一步加减/乘除应用题的组合。这些组合由动词、数词、量词、其他关键词等，根据一定的短语结构和句模等有机组合而成。通过分析应用题的组层次结构和特征，可有利于机器对题意的理解。该部分首先提出应用题题目文本的层次结构，然后从动词、名词和数量词等角度进行特征分析，最后提出应用题的综合结构，为机器理解应用题题目文本的提供支持。

1.3.2　基于情境模型的应用题语义表示方法

对数学应用题进行表征辅导，需要机器能理解题意，这就需要一定的知识表示机制来对题目文本进行有效表示。数学应用题文本具有叙事结构复杂、叙事模式多样等特点，所描述的知识具有动态性、过程性等特征。该研究分析了数学应用题和叙事文本之间的关系，以及当前叙事文本的语义表示方法；根据情境模型的基本特征，提出基于情境模型对应用题文本进行语义表示的知识表示方法SMKR。SMKR 表示方法从更细粒度表示文本信息，增强知识的情境性、过程性和动态性，有效表示应用题题目所包含的问题情境，更好地描述了知识，为后续题意理解中的实体和关系抽取奠定理论基础。

1.3.3　面向应用题的框架语义知识库

表征辅导需要机器充分理解题目中的问题情境、理解题意。框架是将词义、句意和文本意义进行统一表示的一种机制，能够表达特定情境的语义结构形式，支持词一级语言单位的语义研究，能够有效支持理解问题情境。当前框架语义对数学应用题的支持不够，且词元搭配研究不够深入，该研究针对这些问题构建了面向应用题的汉语框架语义知识库 WPCFN，着重框架库的拓展和规则库的建构，以及基于规则的词元匹配模式，为机器更好地抽取文本信息、理解题意做好词一级的准备。

1.3.4　基于多层句模的应用题题意理解研究

句模是文本语义平面的特征，具有造句功能的框架，利用句模可以更好地理解文本语义。但当前题意理解还存在题意理解过程难以理解、句模匹配精度低等不足。汉语句子都是由结构体或结构项组成的"二元嵌套结构"，或"短语嵌套结构"，具有明显的层次结构。该研究在分析句子的层次结构的基础上提出了构建多层句模 HSST 的思路，这使得 HSST 句模数量更少、结构更简单、覆盖面更广、匹配精度更高；同时，基于 HSST 句模提出了相应的题意理解策略，包含情境流程抽取、情境模型抽取和指代消解等，试图使得机器理解题意，为后续的抽取文本信息、理解题意、智能表征辅导等做好句一级的准备。

1.3.5　基于特征增强的应用题题型识别

应用题题型的识别，对于学生解题和表征辅导而言，均很重要；其反映了学生对不同类型题目的概念性知识的理解及运用能力。学生对不同题目中包含的相似结构的认识能力，可以帮助他们对题目做出合理的表征。把握题目的共同特点，对其进行系统归纳分析，就可以总结出一定的解题方法。这就需要对应用题的题型进行识别。题型识别的实质就是面向题目文本的文本分类。然而当前特征处理方法具有词特征维度太高、文本语义信息丢失等不足。该研究从框架语义和基于句模的语义搭配等两个方面进行特征增强，即从词和句角度增强特征，提出改进型文本分类算法，以支持应用题题型自动识别。

1.3.6　代数应用题表征辅导系统构建

当前很多中小学学生存在着应用题表征障碍，对其进行表征辅导很有必要。表征辅导的主要任务是辅助学生理解问题情境，辅导学生理解题意、列出式子。

应用题解题支持属于智能导学系统 ITS 研究范畴。ITS 一定程度上能支持应用题解题，但是当前 ITS 研究对表征辅导的支持不够。虽然题意理解研究和自动解题在一定程度上有利于表征，但是自动解题研究主要基于神经网络等方面进行信息获取，存在着学习过程难以解释、难以呈现、不利于表征辅导等不足；题意理解研究存在着匹配不精确、难以表示过程性知识和动态性知识等不足。该部分以机器理解题意为基础，提出代数应用题的表征辅导系统，基于知识表示脚本进行问题情境的自动仿真以帮助学生理解题意、自动出卷以支持表征辅导。最后提出一个原型系统，对其中的关键模块进行一定的实现。

1.4　主要创新

通过研究，本书取得了如下创新点：

1.4.1　提出了基于情境模型的代数应用题语义知识表示方法

机器理解文本的首要工作是将文本信息转化为计算机可识别的形式，知识表示方法的选择就尤其重要。代数应用题题目文本主要为叙事文本，具有叙事结构复杂性、叙事模式多样性等特点，其描述的知识具有动态性、过程性。当前谓词逻辑、产生式、框架、语义网络等知识表示方法虽然研究成果比较多，但对过程性知识等表

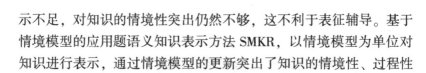

示不足，对知识的情境性突出仍然不够，这不利于表征辅导。基于情境模型的应用题语义知识表示方法 SMKR，以情境模型为单位对知识进行表示，通过情境模型的更新突出了知识的情境性、过程性和动态性，符合人们的阅读习惯，有利于表征辅导。

1.4.2　构建了面向代数应用题的框架语义知识库

语义知识库是实体识别、数量提取等语义研究的基础，当前语义知识库已成功应用到多种自然语言处理任务中。但对数学应用题的文本处理支持仍然不足：(1)框架库构建还不充分，难以对代数应用题中的问题情境进行充分表示；(2)词元语义搭配模式还需进一步完善。虽然框架语义知识库中的词元库包含了目标词的语义搭配模式，但是应用题对实体关系、数量关系匹配的抽取需要进一步识别具体的语义搭配模式以及该搭配模式的含义。这就需要更清晰的搭配模式来支持机器对文本语义信息进行处理。面向代数应用题的框架语义知识库以 CFN 为基础，对框架库进行了拓展研究，根据题型类别提取关键词，并对关键词进行整理分析，从情境性角度对关键词进行描述，形成框架，从词一级语言单位对信息抽取等进行支持。同时，该研究根据应用题语句中的目标词与其配价成分的关系提取相应的搭配规则，构建组成规则库，从词元的语义搭配角度进一步延伸研究，以使机器能够更准确地理解与抽取文本语义信息。

1.4.3　提出了基于多层句模的题意理解策略

24

该部分的创新体现在句模的构建和题意理解策略方面。(1)该研究根据句子的层次结构特征，提出了由基干句模和成分句模共同组成的多层句模 HSST。句模代表一种句子模式，表达一类语用。句模十分有利于文本信息的抽取。汉语句子可以看成是一个结构体，都属于一个"二元嵌套结构"；其层次结构是不确定的，且造句非常灵活。这使得当前单向线性的句模难以很好满足信息抽取的要求。与单向线性的句模不同，HSST 句模数量更少、结构更简单、覆盖面更广、匹配精度更高，为抽取文本信息、理解题意做好句一级的准备。(2)基于 HSST 的题意理解策略也是一定程度上的创新。该策略采用 SMKR 作为知识表示方式，利用多层句模结构对句子进行层层分解，进而抽取情境流程和情境模型信息。这些策略能使得题意理解的质量更高。

1.4.4　提出了基于特征增强的题型识别算法

类别是文本的重要特征，可以根据类别推理出文本的相关结构与信息。题目类型识别对学生解题和表征辅导都有重要作用。当前题型识别算法以"字"或"词"作为分类特征的基本单位，提取过程虽然简单，但是会引起特征维度高和情境信息丢失等问题，对分类结果造成一定的影响。

汉语框架网中属于同一框架的词元拥有相近的词义和句法表现，利用框架去除特征项中的冗余，能够大量压缩特征矩阵维度；句模作为句子的语义特征模型，可以对语义搭配进行很好的识别，能够大大缩小语义搭配所属的类别范围。基于特征增强的题型识别算法利用框架语义和句模特征对题目文本的特征进行增强，在一定程度上可以降低特征维度、增强类别特征。实验验证，基于该特征增强的 KNN 文本分类算法和 SVM 分类算法的质量，与传统算法相比均有提升。

1.4.5　构建了表征辅导系统

智能导学系统 ITS 一定程度上能支持应用题解题，但对表征辅导方面的研究不多。该部分研究的创新性，主要体现在三个方面：(1)当前很多中小学学生存在着应用题表征障碍，ITS 对表征的支持不够；从表征辅导的角度开展研究，该研究视角具有一定的创新性。(2)基于题意理解脚本进行问题情境的自动仿真，也是一种创新。问题情境理解是表征的前提，辅导学生理解问题情境是辅导其

25

表征的重要环节，问题情境仿真是一种有效的途径。根据题意对问题情境进行自动仿真，既有利于学生的理解，又降低了广大师生学习仿真技术、创设问题情境的代价。(3)基于题意理解脚本进行基于问卷的表征辅导，也具有一定的新意。问卷法是表征研究常用的方法。首先该部分通过问卷属性的拓展，收集学生的答卷过程信息，有利于揭示学生的内在表征；其次细粒度自动出卷以及对答卷过程进行提示、纠错与自动评分，更加有利于表征辅导，且非常有利于减轻教师出卷改卷的负担。

1.5　本书结构

代数应用题表征辅导系统研究旨在辅助广大中小学学生表征应用题，提高其解题质量。本书共分九章，各章内容简介如下。

第一章为绪论。阐述了本书研究的背景与意义，阐述了智能导学系统 ITS 国内外研究现状，分析了当前研究中存在的问题，介绍了本书的研究内容及创新点，总结了全书的组织结构。

第二章为相关理论阐述。主要介绍了数学应用题、智能导学系统、自然语言处理和常用知识表示方法等。首先，简介了数学应用题的定义、分类和变式，及其特点；随后阐述了智能导学系统及其关键模块；接着对自然语言处理进行了简介，并从词向量和分类器模型等角度阐述了相关技术；最后对知识表示常用方法进行了介绍。

第三章为应用题特征分析。主要为框架语义、句模构建和题意理解提供基础。首先分析了应用题的信息构成和数量结构，提出其层次结构，指出应用题在拆分为一步、两步计算之后，可继续拆分为系列命题集合、三阶组合。接着从构成要素方面，从实体、关键词、数量词等角度对应用题特征进行分析；从构成要素之间的组合方面，指出应用题题目文本具有短语特征和句模特征。最后基于层次结构分析和特征分析，提出应用题的综合结构，指出可以根据应用题的构成特征对命题集合进行再分，以提炼题目文本的构成规律。

第四章为基于情境模型的应用题语义表示方法，对题目文本知识进行有效表示，以支持表征辅导。首先阐述了数学应用题与叙事文本之间的关系，指出数学应用题文本主要就是叙事文本，阐述了叙事文本中的事件，以及叙事文本的语义表示。接着阐述了阅读中情境模型的内涵与加工过程，指出了情境模型在应用题解决中的作用。然后分析了常见知识表示方法的不足，以及叙事文本表示方面研究的不足。最后提出了基于情境模型的应用题语义表示方法SMKR，描述了其组成结构，包括情境流程控制和情境模型说明两个部分；然后分析了情境模型之间的因果、跟随等控制关系；接着从情境实体、情境变化等角度分析了情境模型的构成。最后提出了该知识表示方法的应用实例，并分析了该知识表示方法的特点。

第五章为面向代数应用题的框架语义知识库研究。框架是将词义、句意和文本意义进行统一表示的一种机制，支持词一级语言单位的语义研究，能够有效支持理解问题情境。该部分首先描述了CFN、FrameNet等框架语义知识库的研究现状并对其进行分析，指出当前研究还存在对数学应用题的支持不够、词元搭配研究还需延伸等不足。然后介绍了CFN，包括其框架库、句子库和词元库。最后，根据CFN的构建思想，面向代数应用题领域构建汉语框架语义知识框架库、词元语义搭配的规则库以及基于该规则的语义匹配模式，为机器更好地抽取文本信息、理解题意做好铺垫。

第六章为基于多层句模的应用题题意理解研究。利用句模可以很好地抽取文本中的信息、理解文本语义。该部分首先阐述了句模的相关理论，包括句模的定义、确定句模的原则以及鲁川句模等。接着描述了题意理解相关研究的现状，指出了当前研究存在题意理解过程难以理解、句模匹配精度低等不足。随后提出了基于层次结构的HSST句模构建思路，包括HSST句模的结构、构成要素、构建实例，以及句模分类等。最后从情境流程的抽取、情境模型的抽取和指代消解等方面提出基于句模的题意理解策略。

第七章为基于特征增强的应用题题型识别。应用题题型的识别，有利于学生解题，有利于表征辅导。本章对题型识别进行了一

27

定的简介，指出了题型识别的意义。接着从文本分类的定义、分词、文本表示，以及分类效果的评价等方面对文本分类基础进行了一定的阐述。随后对常见特征处理方法的研究现状进行了一定的阐述与分析，指出其存在特征维度高、语义信息丢失等不足。最后从框架语义和语义搭配两个角度，提出基于特征增强的 KNN 算法和 SVM 算法，并进行实验验证。实验结果表明特征增强后的分类准确率有明显提高。

第八章为代数应用题表征辅导系统的构建。当前智能导学系统 ITS 对表征辅导方面的研究不多，题意理解研究和自动解题研究也存在过程难以解释等不足。在机器理解题意的前提下，对问题情境进行自动仿真以帮助学生理解题意、自动出卷以支持表征辅导就存在可行性。该部分首先介绍了应用题解题认知过程，指出了表征的重要性，分析了学生存在表征障碍的原因。接着分析表征辅导系统的主要功能，并提出表征辅导系统的总体架构。然后基于 SMKR 脚本，对问题情境自动仿真、基于问卷的表征辅导、自动列算式等关键模块进行了深入的介绍。最后提出了一个原型系统，对主要模块进行了一定的实现。

第九章为结束语。对全书进行了回顾和总结，阐述了本研究的贡献及创新之处，并提出未来的主要研究方向。

小　结

本章是全书的基础，首先分析了研究背景，指出了当前智能导学研究存在的不足，提出了表征辅导的重要作用，并从理论、应用实践和政策导向等角度分析了本书研究的意义。其次阐述了智能导学系统 ITS 国内外研究现状，指出当前 ITS 存在对表征支持不够等不足，认为表征辅导研究是一种必然趋势，且在机器理解题意的基础上，对表征辅导展开研究是一种有效途径。随后提出了代数应用题辅导表征系统，介绍了其主要研究内容，包含应用题特征分析、基于情境模型的知识表示方法、应用题领域框架语义构建、基于多层句模的题意理解策略、题型识别，以及辅导系统构建等几个部分。最后从知识表示、领域框架语义、句模构建和题意理解等方面总结了本书的创新点。

2　相关理论阐述

数学应用题是数学领域不可或缺的部分，是初等数学教育中的重点和难点。但很多学生存在表征障碍，需要一定的辅助工具对其进行支持。

智能导学系统(Intelligent Tutoring System，ITS)自提出以来，一直受到广大学者们的关注，已被验证在教学过程中能起到重要作用。

随着自然语言处理技术的不断发展，其逐渐应用于智能导学系统，以更好地理解题意与解题，进一步有效实现 ITS 目的和意义。知识表示是将文本知识转化为计算机可处理信息的关键步骤，研究数学应用题智能表征辅导系统，需要选择合适的知识表示方法。

本章将对数学应用题进行简介，并阐述智能导学系统、自然语言处理和知识表示等方面的相关理论。

2.1　数学应用题简介

2.1.1　定义

数学问题通常分为两类，一类是完全基于数学领域的问题，即纯数学问题；另一类是数学应用题(Arithmetic Word Problems)。纯数学问题，也就是通常所说的计算题，不涉及任何应用方面的问题情境，单纯用抽象数学符号表示；学生通过所掌握的概念、公式，进行一个或多个步骤的计算，即可进行解答。相较于纯数学问题，数学应用题解题更难，其在提高学生的数学能力和成绩方面的作用更大。Reusser 就曾提出，数学应用题是"数学教育中一个非常重要的环节，因为它将数学与现实生活结合在一起，有利于对学生数学建构能力的培养"①。数学应用题解决不仅是数学教育的重要内容，也成为数学研究的重要领域。

不同的学者对应用题的定义不完全一致，其定义主要有如下几种：

（1）数学应用题是以实际生活中发生的事件与关系为对象，用自然语言进行描述，以执行数学运算为主的问题②。（2）数学应用题是把含有已知数量关系和未知数量关系之间的实际情境，用语言文字、图画或表格等方式表示出来，最终能够求出未知数量的数学问题③。（3）数学应用题是一种用文字描述并包含一个或多个问题的问题情境，这些问题的答案可以通过对问题陈述中所提供的数字数据进行计算而获得④。

尽管应用题的定义比较多，但都比较相近，同时均包含一个共同特征：题目文本由数学专业术语和情境语句组成，将数量和数量之间关系隐藏在一定形式的问题情境中。数学应用题的本质是以现实世界中的事件与关系为背景，培养学生的理解能力和综

① Reusser K. The suspension of reality and sense-making in the culture of school mathematics: The case of word problems[C]. the Sixth European Confcrence for research on Learning and Instruction, 1995.

② 郭兆明，宋宝和，张庆林. 数学应用题图式层次性研究[J]. 数学教育学报，2006，15(3)：27-30.

③ 宋乃庆，张奠宙. 小学数学教育概论[M]. 北京：高等教育出版社，2008.

④ Erik De Corte, Lieven Verschaffel, Joost Lowyckl, et al. Computer-supported collaborative learning of mathematical problem solving and problem posing[C]. Proceedings of Conference on Educational Uses of Information and Communication Technologies, 2000.

合计算能力。

在中小学数学领域，数学应用题主要包括代数应用题和几何应用题等。几何应用题是把几何知识与实际问题相结合的一类题型，其求解需要学生通过观察图形来进行运算。代数应用题（Algebra Word Problems），又称为代数故事题，是数学应用题中的重要组成，是中小学数学学习的重点和难点，是培养学生解决实际问题能力的重要素材。

本书把代数应用题作为研究对象，把其范围界定为中小学数学领域中，以现实世界中的事件与关系为题材，以人物、物体或者其行为作为情境线索的故事题，其中的数学运算不是简单地执行加减法。

2.1.2 分类

数学应用题分类的方式有很多。Mayer 从美国加利福尼亚州 10 本初中代数教科书中收集了 1097 道代数应用题，采用命题分析方法，按照"族"（Family）、"类"（Category）、"模板"（Template）三个层次将这些题目归类，最后总结出 8 个族、47 个类和 90 个模板[①]。根据不同的分类视角，应用题也可以划分为不同的类型。例如根据背景材料，可以分为行程问题、工程问题等；根据经典程度，可以分为一般应用题和典型应用题。其中没有特定解答规律、具有两步以上运算的应用题称为一般应用题；题目中有特殊的数量关系，可以用特定的步骤和方法来解答的应用题称为典型应用题。典型应用题是数学应用题的重要组成，地位十分突出；结合现有研究成果，典型数学应用题可分为 36 种[②]，具体如表 2-1 所示。

---

① Mayer R E. Frequency norms and structural analysis of algebra story problems into families, categories, and templates[J]. Instructional Science, 1981.

② 张果. 面向初等数学应用题自动解答的核心技术研究与应用[D]. 重庆：电子科技大学，2019：56-66.

表 2-1 典型应用题分类

序号	类型	序号	类型	序号	类型
1	归一问题	13	年龄问题	25	溶液浓度问题
2	归总问题	14	时钟问题	26	构图分布问题
3	和差问题	15	盈亏问题	27	幻方问题
4	和倍问题	16	工程问题	28	抽屉原则问题
5	差倍问题	17	正反比例问题	29	公约公倍问题
6	倍比问题	18	按比例分配问题	30	最值问题
7	行程问题	19	百分数问题	31	状态变化问题
8	读书问题	20	牛吃草问题	32	数字运算问题
9	工作问题	21	鸡兔同笼问题	33	方案设计问题
10	行船问题	22	方阵问题	34	等积变形问题
11	列车问题	23	商品利润问题	35	分段问题
12	植树问题	24	存款利率问题	36	注水问题

从简易程度角度分类,应用题也可分为简单应用题和复合应用题,用一步计算解答的称为简单应用题,而用两步或两步以上计算解答的称为复合应用题。简单应用题可再分为一步加减应用题和一步乘除应用题。

2.1.3 变式

变式是在类别基础上进一步地细分,有助于进一步缩小研究范围,有助于对该范围内应用题的文本结构进行提炼。每个题型都有一些变式,变式的变化表现在叙述顺序、呈现方式、词语或思维方式等几个方面的改变。很明显,不同的变式所隐含的数学表达式可能一致,但是描述的问题情境和表述方式可能是不同的。通过变式训练,学生可以提高学习效率,获得良好的建模体验,强化实践能力;数学教师也需要合理利用数学变式思维,优化应用题解题能力培养方案。典型应用题中的重点题型的变式，具体说明如表 2-2 所示。

表 2-2   **重点题型变式**

类别	典型应用题	变 式
数量	归一问题	单位面积的产量、单位时间的工作量、单位物品的价格、单位时间所行的距离
	归总问题	总产量、总工作量、总价格、总时间、总距离
	倍比问题	简单倍数、复杂倍数
	幻方问题	行数量、列数量、对角数量
	年龄问题	静态年龄、静态的相对年龄、动态的绝对年龄
	注水问题	总量恒定、动态绝对总量、进出水、简单相对变化
	方阵问题	总人数、实空心方阵、四周人数、每边人数
	牛吃草问题	草的生长速度、牛吃草的速度、吃的天数、原有草量
	鸡兔同笼问题	头的数量、脚的数量、动物总量
	抽屉原则问题	物品数量、抽屉数量
	最值问题	最多、最少、最大、最小、至多、至少
时间效率	行程问题	简单行程问题、追及、相背方向、往返问题、相遇问题、分程速率变化、同等时间、同向问题、同等距离、相对比率
	读书问题	简单读书问题、分程速率变化
	工作问题	简单工作问题、绝对合作、相对独立完成、绝对独立完成、先分后合、先合后分、三人合作、追及、同等时间、分程速率变化
	行船问题	绝对往返问题、同等时间、部分、总时间
	工程问题	工作总量、单位量、工作效率、工作时间
简单比率	盈亏问题	一次盈一次亏、两次盈、两次亏
	正反比例问题	正比例、反比例、关联量

类别	典型应用题	变 式
成本 比率	存款利率问题	简单利率和时间、贬值
	商品利润问题	简单利润、简单成本、简单折扣单位成本、附加成本

2.1.4 特点

与纯数学问题相比，数学应用题具有以下特点：

（1）情境性。数学应用题最突出的特点是把含有抽象数量关系的实际情境，用文字的方式表示，并通过理解问题情境，从情境中抽取出抽象的数学关系，最终求出数学问题的未知数量。因此，理解问题情境是数学应用题解题的关键之一，也是应用题解题的困难所在。

（2）简练性。数学应用题以尽可能少的语句、最简洁的语言来表示数学意义。该特点降低了学生阅读应用题题目的难度。但对于计算机理解题意而言，该特点既有便利之处，又有不便之处，表现在：①降低了其歧义性，才有助于理解题意；②句子成分的省略、隐含、空语类或者句子间缺少关联词，使得计算机理解句子变得十分困难。

（3）准确性。数学是一门严谨的学科，这就要求在描述抽象数学关系的时候具备清晰、严密和准确的特性，不允许存在多义性、模糊性。

（4）表达数学关系的词语使用频率高。在应用题中，含有数学含义的词语的使用频率很高，例如，"一共""其中""平均""还剩下"等，这些词语都具有特定的数学含义。应用题很多数学关系都由这些高频词表示，该特点对于计算机理解题意有很大帮助。

35

2.2 智能导学系统

　　智能导学系统(Intelligent Tutoring System，ITS)是一种开放式的人机交互式导学系统，是一项涉及计算机科学、教育学、认知科学等的综合性课题。其研究的最终目的是借助人工智能技术，让计算机担当学习者的帮助者和引导者，模仿教学专家的经验、方法，向学习者传授知识、提供学习指导等服务。

　　ITS 的应用改变了传统的教学模式，利用人机互动可以充分调动学生的积极性和主动性。ITS 已经被证实可以改善传统的课堂教学，提高学生的学习效率，有利于开发学生智力和培养学生能力[1]。

2.2.1 智能导学系统简介

　　Hartley 等人提出 ITS 主要包括专家模型(Expert Model)、学生模型(Student Model)、导学模型(Tutor Model)三部分[2]。后续研究者提出了四模块结构的智能导学系统模型，主要增加了智能接口(Intelligent Interface)[3]；在此基础上提出了五模块结构，五模块的 ITS 是在四模块框架的基础上加入了领域知识模型[4]。具体如图 2-1 所示。

　　其中学生模型包含了学生对知识的理解情况，答题过程中出现

36

---

　　① 尚晓晶，沈涛，马玉慧，等．基于问题解决的智能辅导系统设计研究[J]．中国教育信息化，2017(17)：55-58.

　　② Hartley，J.R.，Sleeman，D.H. Towards more intelligent teaching systems[J]．International Journal of Man-Machine Studies，1973(2)：215-236.

　　③ Burns H L，Capps C G. Foundations of intelligent tutoring systems：An introduction[J]．DBLP，1988：1-19.

　　④ 贺博．音乐视唱智能导学系统模型研究与设计[D]．武汉：华中师范大学，2019.

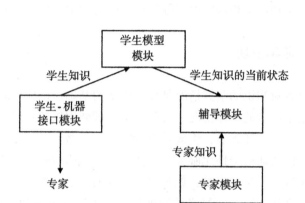

图 2-1 智能导学系统的组成

的错误及出现错误的原因等，是教师对教学策略进行调整的依据。导学模块可以根据学生模型的结果进行调整，从而达到有效指导学生的目的。专家模块主要包含推理机，推理机能根据一定知识进行推理，例如具有一定算法的专家系统等。人机接口是 ITS 与学习者之间实现交互的界面。领域知识模型是与教学内容相关的专业知识与技能，既包括说明事物概念的陈述性知识，也包括运用这些概念解决实际问题的过程性知识。

2.2.2 学生模型模块

学生模型是计算机系统对学生认知状态的展现，有助于诊断学生当前存在的问题并针对问题对学生进行个性化辅导。完全的学生模型包括学生以前所学的知识、当前学习的全部知识、学习进度以及有关学生的其他信息。实现一个完全的学生模型很复杂，因此研究者们往往只对学生在一定学科中的有关知识进行建模。

一般地，学生模型会对学生属性进行详细描述，包括个人信息、系统信息、学业信息、偏好信息、关系信息、学习行为六个元组。但是系统中的学生模型通常会选择学习者属性中所必需的部分，以此来简化整个系统。针对不同的应用特征，研究者提出了覆

37

盖模型、差别模型和误解模型等几种不同的学生模型。

2.2.3 导学模块

学习者对知识的掌握情况是导学模块的基础。该模块的主要任务是根据学习者的个体情况，按照教学原理调用领域知识库中相关知识资源和教学任务表，生成学习者的导学策略。

导学模块通过个性化服务和支持，对学生模型的更新和学习内容的呈现进行干预和决策，如对解题步骤的诊断与提示、学习资源的个性化推送，以及学习路径的推荐等，支持学生的个性化学习，进而达到个性化导学的目的①。其中，解题步骤的诊断与提示常称为"内环"，学习资源的个性化推荐和学习路径的优化等则常被称为"外环"。学习资源推荐是指，根据学生的偏好或其他个性化特征，为学习者推送最佳匹配的学习资源，实现以学生为中心的资源个性化服务。学习路径推荐则是对学习者的学习状态、学习风格进行分析，为其提供最佳的学习方法和学习路线。

2.2.4 领域知识模块

领域知识模块的主要内容是教学领域相关的知识、概念以及它们之间的关系。该模块主要由知识点库、知识树组成。其中知识点是相互关联的，例如知识点 A 是知识点 B 的基础，又是知识点 C 的延伸；知识树库主要以树形结构储存知识点之间的逻辑关系②。

知识点是基本学习单元，知识树描述了知识点之间的逻辑关系③。树中的知识点都被赋予了唯一的编码，通过该编码可以准确

---

① 姜强，赵蔚，王朋娇，等. 基于大数据的个性化自适应在线学习分析模型及实现. [J]中国电化教育，2015，1：85-92.

② 吕皖丽，陈宁江，钟诚. 教学知识树算法的研究与应用[J]. 计算机工程与应用，2002，24：96-98.

③ 吕皖丽，陈宁江，钟诚. 教学知识树算法的研究与应用[J]. 计算机工程与应用，2002，24：96-98.

地对知识点进行增加、删除、修改、查询。根据知识树的特点，以图 2-2 为例，学生在掌握 H_i 之前必须先掌握 H 知识点，所以 H 又称为 H_i 的前驱知识点，在掌握 H_i 之后就可以学习其后续的知识点，这些知识点称为 H_i 的后继知识点。在进行智能导学时，系统很容易找到学生当前学习的知识点，并为其提供前驱知识点的测试和后继知识点的提示，之后根据学生的学习行为和访问路径对知识网络进行及时的调整。具体如图 2-2 所示。

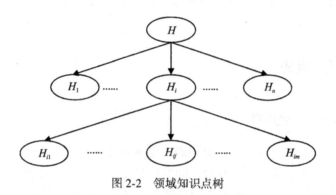

图 2-2　领域知识点树

2.2.5　专家模块

专家模块最重要的部分为推理机，主要是根据知识库中的产生式法则和其他的知识表达进行推理，即解决问题的理论基础来源。最常见的推理规则有产生式规则和框架等。产生式规则与"如果-那么"结构非常类似，最典型的就是"如果 x 为真，那么执行 y"。框架其实是一种数据结构，可以理解为该结构包含很多物体或者情况，每个物体或情况都"拥有槽"，这个槽里面包含了该物体或情况的一些特定属性，这些属性也可以是在特定情况下要执行的行为。

39

2.3 自然语言处理

自然语言处理(Natural Language Processing, NLP)是人工智能和语言学领域的分支学科。自然语言处理主要包括分词、词性标注和文本分类等内容,其中文本分类是一个经典问题,主要包括词向量技术和分类器模型等。近年来,自然语言处理是热门的研究方向。

2.3.1 概述

2.3.1.1 主要内容

自然语言处理主要针对词语、段落或者篇章进行处理,其研究的重点在于实现人与计算机之间的信息交互,让计算机能够理解使用人类的语言①。基于中文的自然语言处理主要研究的内容包括分词(Word Segmentation)、词性标注(Part-Of-Speech Tagging, POS Tagging)、词义消歧(Word Sense Disambiguation, WSD)、命名实体识别(Named Entity Recognition, NER)和文本分类(Text Classification)等②。

1. 分词

分词是一种基于语义信息进行自动分割文本的方法,在自然语言处理中占有重要地位。与以空格为分词依据的英语不同,汉语的句子是连续的、没有任何切分。因此中文的自动分词问题要比英文

---

① Rachel A Haggerty, Jeremy E Purvis. Natural language processing: put your model where your mouth is[J]. Molecular Systems Biology, 2017, 13(12): 958-969.

② Young Tom, Hazarika Devamanyu, Poria Soujanya. Recent Trends in Deep Learning Based Natural Language Processing Review Article [J]. IEEE Computational Intelligence Magazine, 2018, 13(3): 55-75.

要复杂、困难很多，众多研究人员也提出了一些解决方法。其中，最早的方法是以词表为基础的切分法，又称为机器分词法，之后逐渐发展为统计学与机器结合的自动分割法和深度学习与神经网络结合的自动分割法。

2. 词性标注

词性标注是确定词的语法性质的过程，也是中文信息处理领域中一项重要的基础性工作。中文词性标注主要有两个难点：（1）中文词汇中兼类词较多，许多词拥有多种词性；（2）中文词汇中不存在词汇的形态变化，如"drama""dramatic""dramatically"，难以从形态上确定词类。因此在进行词性标注时也要注意词语的歧义问题。

目前，词性标注的主要方法包括：基于词性表的标注、基于统计模型的标注和基于深度学习的标注。词性标注与分词过程十分相似，属于典型的序列标注任务，所以分词任务的建模方式在词性标注中同样适用。

词性标注任务首先要确定使用的词性标注集。863 词性标注集是一个知名度较广的中文标注集，其中各个词性及对应示例如表2-3 所示。该标注集被哈工大 LTP 的词性标注模型采用。

表 2-3　　　　　　　　　国标 863 词性标注集

词性	描述	示例	词性	描述	示例
a	adjective	巨大	ni	organization name	阿里巴巴
b	other noun-modifier	中式	nl	location noun	室外
c	conjunction	与	ns	geographical name	成都
d	adverb	非常	nt	temporal noun	最近
e	exclamation	哎	nz	other proper noun	图灵奖
g	morpheme	甥	o	onomatopoeia	咔嚓
h	prefix	阿	p	preposition	在
i	idiom	欣欣向荣	q	quantity	堆

41

词性	描述	示例	词性	描述	示例
j	abbreviation	公检法	r	pronoun	我们
k	suffix	界	u	auxiliary	的
m	number	二	v	verb	做
n	general noun	老虎	wp	punctuation	。
nd	direction noun	左边	ws	foreign words	ABC
nh	person name	小明	x	non-lexeme	翱

3. 词义消歧

词义消歧实质上是在一定的语境中，对有歧义的词汇进行合理的解释，为其选择正确词义的过程。当人们遇到有歧义的词语时，通常根据词语的所处的文本情境和以往的知识积累迅速判断出正确的含义。根据人类消解歧义词的过程，大部分的词义消歧方法首先对歧义词的上下文情境进行分析，之后从中提炼出有意义的语境特征，进而对歧义词的意义进行筛选，实现词义消歧。主要分为两种方法：基于知识的词义消歧和基于监督的词义消歧。

基于知识的词义消歧方法又称为基于词典的消歧，它将各种已有的知识源、语义源相结合，对歧义词所处的语境展开分析，实现对歧义词义的推理和选择，自动构建消歧模型。基于监督的词义消歧方法将消歧当作分类过程，通过标记词义数据集，将数据集中歧义词的语境和其正确词义联系起来，构建训练数据，使用机器学习方法进行训练，将词义消歧任务转化为词语语境的分类任务。

4. 命名实体识别

命名实体识别是识别文本中实体的边界和类别的过程①。对于命名实体一般分为两类，一类是指常识性的一般实体，如"人名""地名"等；另一类则是在特定领域的专有实体，如数学领域的"几

---

① 张岑芳. 基于主动学习的命名实体识别算法[J]. 计算机与现代化，2021(7)：18-22.

何实体""向量实体"等。命名实体识别与分词有着密切的联系，实体的正确识别往往和分词是否正确相关联。

最初命名实体识别主要使用基于规则的方法。但是规则的制定需要大量的知识，尤其是特定的领域还需要一些专业人士参与，制定代价大，且可移植性低①。在大数据发展背景下，基于统计学习的实体识别方法日益受到研究者们的关注，当前学习方法主要包括三种：有监督学习、半监督学习和无监督学习。总体来说命名实体识别已经成为自然语言处理中一个较为成熟的领域。但是，在一些特定领域中仅仅依靠端对端的任务模型无法取得良好的实体识别准确率。在特定场景下，仍需要引入更多的先验知识，通过与规则融合才能实现特定的应用需求。

5. 文本分类

文本分类是自然语言处理的一个经典问题，它的主流应用场景有情感分析、问答系统、新闻分类、话题标记等。文本数据的来源也非常广泛，有每天产生的大量新闻数据，也有科技文献，用户对商品满意与否的评价，社交媒体等。面对这些复杂而大量的数据，分类可以便于人们阅读有用的信息。随着计算机技术的发展，面对大量文本数据，自动分类显得尤其重要。

文本分类使用的分类器是整个分类流程中至关重要的一步，传统的分类器主要基于机器学习而进行分类，例如朴素贝叶斯、支持向量机、K近邻等。随着深度学习的发展，神经网络被引入文本分类中，主要方法有基于卷积神经网络的文本分类和基于循环神经网络的文本分类。文本分类同时也涉及一些被广泛使用的特征提取方法如 TF-IDF、互信息和频次法等。

2.3.1.2 处理流程

目前，自然语言处理的流程大致可以分为五个步骤：(1)通过网络爬虫或本地导入等方式获取文本，形成语料库；(2)对文本进

① 李飞. 命名实体识别与关系抽取研究及应用[D]. 株洲：湖南工业大学，2018.

行预处理操作，主要包括语料清洗、分词、词性标注、去除语气词和停用词；(3)对文本进行特征化处理，将完成分词的词语表示成向量形式，以便计算机能够对其进行计算，主要使用独热编码或词嵌入技术；(4)针对模型进行训练，可以使用基于支持向量机、决策树、临近算法或逻辑回归等机器学习模型算法，也可以使卷积神经网络或循环神经网络等基于深度学习的模型算法，具体使用的模型需要根据不同的应用场景进行选择；(5)使用测试集对训练模型进行验证，评估模型算法的优劣，常用的效果评估指标有准确率、召回率等。具体如图 2-3 所示。

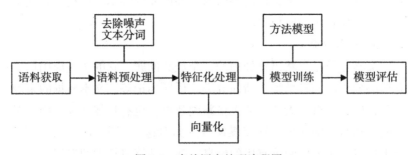

图 2-3　自然语言处理流程图

2.3.2　词向量技术

词向量技术是自然语言处理中语言建模和特征学习技术的统称，主要目的是将自然语言转化为便于计算机运行的数据，建立词语与实数向量之间的映射关系，是自然语言处理的基础。主要词向量化技术有独热编码技术、基于共现矩阵的模型、Word2vec、ELMO 等。

2.3.2.1　独热编码

独热编码技术是一种通过离散特征取值将自然语言进行向量化的技术。在对离散型特征或者分类值数据进行向量化时，具有较好的效果。使用独热编码进行自然语言处理时，典型的用法是通过独热编码表述属性的某一个特征。例如词表中含有 5 万个词，该向量就有 5 万个维度。整个向量只有一个维度是 1，其他维度均为 0，维度为 1 的向量代表一个词。完成了词向量的构建，就可以通过该向量集来表示一句话或者一个文本。独热编码解决了分类器中数据属性不好处理的问题，在一定程度上扩充了数据的特征。当数据的属性或列表数量很多时，特征空间就会变得很大，硬件运算的时空复杂度也将增加。独热编码的原理简明易懂，适用于文本数据集体量较小的应用场景。

2.3.2.2 基于共现矩阵的模型

该方法是独热编码技术的改良，通过统计一个事先指定大小的窗口内特定词的共现次数，以该特定词周边的共现词的次数作为当前词的向量值，即统计所有语料当中，任意两个单词出现在同一个窗口中的频率。该方法充分利用了全局的统计信息，并且训练速度极快，但是随着字典的扩充，共现矩阵的大小也会改变，同样会面临独热编码技术的矩阵维度大、矩阵稀疏等问题。

2.3.2.3 Word2vec

相比于传统的高维、稀疏的独热编码，Word2vec 词向量工具训练出的词向量是低维、稠密的，而且它通过使用词的上下文信息，使得语义信息更加丰富[①]。Word2vec 是词嵌入的一种，可以将自然语言中的词语从符号形式转换成数值形式[②]。

Word2vec 进行词向量的主要方法是用一层的神经网络把 one-hot 形式的稀疏词向量映射称为一个 n 维的稠密向量。Word2vec 里面有两种重要的词向量关联度的训练模型：CBOW 和 SGM。CBOW

45

---

① 张彪，吴红，高道斌，等. 基于特征融合的高校可转移专利识别研究 [J]. 情报杂志，2022，41(9)：159-165.

② 高梦园. 基于卷积神经网络的特征选择和特征表示文本分类研究 [D]. 桂林：广西师范大学，2019.

（Continuous Bag-of-Words Model，连续词袋）模型是根据某个词前后连续的几个词，来计算该词出现的概率；SGM（Skip-Gram Model，跳字模型）模型是根据某个词，然后分别计算它前面和后面出现某几个词的概率。

目前 Word2vec 常见的应用有：一是作为下游任务的输入，将训练出的词向量作为输入特征，提升系统性能，比如应用在情感分析、词性标注、语言翻译等神经网络中的输入层。二是词向量的计算，直接对词向量进行应用，比如词语相似度、query 相关性等用向量的距离表示。

2.3.2.4 ELMO

以上的词向量技术本质上都是静态方式，构造的都是独立于上下文的、静态的词向量，无论下游任务是什么，输入的向量始终是固定的，无法解决一词多义等问题。ELMO 是一种动态词向量技术，词向量不再用固定的映射表来表达[1]。ELMO 先用一个语言模型去学习单词的词向量，当在使用时，可以根据上下文的语义去调整单词的词向量。

如图 2-4 所示，ELMO 使用双向语言模型来进行预训练，用两个分开的双层 LSTM 作为编码器。预训练结束后，可以提取每个词在每一层中的词向量表示，组成整个句子的表示，然后应用到下游任务中。ELMO 的主要不足是该模型特征提取部分使用的是 LSTM，LSTM 无论是在计算速度上，还是在特征提取性能上都比 Transformer 要差。另外，使用直接拼接的方式融合双向语言模型的特征，不能很好地构建双向语言模型。

2.3.3 分类器模型

分类是自然语言处理中一种非常重要的方法。分类的原理是在

---

① 赵京胜，宋梦雪，高祥，等. 自然语言处理中的文本表示研究[J]. 软件学报，2022，33(1)：102-128.

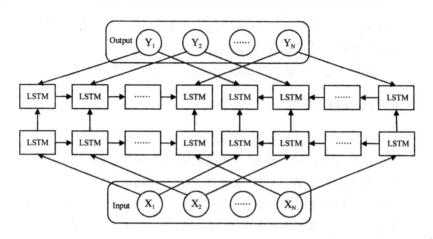

图 2-4 ELMO 模型

已有数据基础上，总结归纳出一个分类函数或者是构建出一个分类模型，即分类器，通过分类函数或分类器，可以将数据库中的数据根据其特征，相应地分类到具体的某一个类别中，最终将其应用于数据的预测。

传统的分类器主要有朴素贝叶斯、支持向量机、K 近邻等。随着深度学习的发展，神经网络被引入文本分类中，主要方法有基于卷积神经网络的文本分类和基于循环神经网络的文本分类。

2.3.3.1 朴素贝叶斯

朴素贝叶斯是应用比较广泛的分类算法，其原理简单易于实现，分类速度也比较快。朴素贝叶斯分类方法是基于贝叶斯定理和条件独立性假设的分类方法①。该方法在进行分类时比较待分类文本在不同类别文本库中出现的概率。当文本在某个类别出现的概率最大时，即为该文本最有可能属于的分类。朴素贝叶斯分类方法原理简单，对缺失数据不敏感。

---

① 李雨龙. 融合双层注意力机制的短文本情感分析模型[D]. 广州：华南理工大学，2019.

朴素贝叶斯分类方法基于样本中的特征词之间相互独立的条件，所以对于小规模数据或分类精度要求不高时，该方法能表现出稳定的分类效果，适用于基于机器学习模型而进行的文本分类算法。

2.3.3.2 支持向量机

支持向量机是一种有监督的学习，基于该原理的分类器被广泛应用在文本分类领域。SVM 分类器在解决小样本、非线性及高维度的问题上优势明显。SVM 分类器的特点是将低维度非线性的特征空间，使用核函数将其转换到维数较高且线性的特征空间中。在高维线性空间中求解出最优的线性分类面，进行分类。除此之外，SVM 分类器需要将分割类别的超平面进行最大化处理，并且对奇异值并不敏感。

支持向量机学习算法中包含凸二次规划问题，由于其算法的复杂性较高，并且包含许多数学设计方法①，针对具体问题难以选择合适的核函数，以至于在存储和计算量方面都有较高的要求，训练速度也会受到训练集规模的影响。

2.3.3.3 K 近邻

K 近邻算法是一种有监督学习的分类算法，其分类方式是通过查询已知类别文本的情况，来判断新文本与已知文本是否属于同一类，这是惰性学习的范例(Lazy Learning Paradigm)。该算法的基本思路：在给定新文本后，考虑在训练文本集中与该新文本距离最近、最相似的 K 个文本，根据这 K 个文本所属的类别来确定新文本所属的类别。

KNN 算法思路清晰，简单有效，重新训练的代价较低，计算复杂度不高，对于噪声数据的抗干扰能力较强②。但是由于 KNN

---

① 郑波荣. 改进的 SVM+算法在文本分类中的应用研究[D]. 武汉：华中师范大学, 2013.

② 邹卓恒, 时小芳. 基于机器学习的语音情感识别技术研究[J]. 信息技术与信息化, 2022(1)：213-216.

本身属于一种懒惰学习方法，它的分类速度比较缓慢，需要计算待分类文本与所有训练样本之间的距离，计算量大，算法性能受 K 值影响较大，不同的 K 值可能出现不同的准确率。

2.3.3.4 卷积神经网络

卷积神经网络最早被广泛应用于图像处理领域，善于抓取局部特征。在自然语言处理中最开始的运用是 TextCNN，TextCNN 与传统的 CNN 结构相似，由四大基本层次构成，即输入层、卷积层、池化层和嵌入层。输入层包含两大通道，均使用 Word2vec 预训练词向量作为词嵌入层，但训练方式有所不同。其中一个通道直接将未出现词随机初始化，另一通道将词嵌入层继续训练。为多层次获取原始文本的特征信息，TextCNN 在卷积层设有多个不同窗口大小的卷积核。TextCNN 采用最大池化，将池化得到的多个向量进行拼接。最后结合全连接层和 softmax 层进行分类。

TextCNN 率先将应用在计算机视觉领域的卷积神经网络应用在文本分类任务之上，利用 CNN 强大的局部特征提取能力来获取文本中相邻单词的关系，并通过多卷积核的方式，进一步丰富文本语义特征，该模型简单且容易理解，同时其训练速度较快、分类效果不错①。然而 TextCNN 同样存在模型解释性不强的缺点，在实验调优的过程中很难针对训练结果进行有效调整②③。

① Wang H, Tian K, Wu Z, et al. A short text classification method based on convolutional neural network and semantic extension[J]. International Journal of Computational Intelligence Systems, 2021, 14(1): 367-375.

② Johnson R, Zhang T. Deep pyramid convolutional neural networks for text categorization[C]. Proceedings of the 55th Annual Meeting of the Association for Computational Linguistics, 2017.

③ Zhao W, Ye J, Yang M, et al. Investigating capsule networks with dynamic routing for text classification [C]. Association for Computational Linguistics, 2018.

2.3.3.5 循环神经网络

为了解决卷积神经网络不能很好地处理文本中的序列问题，循环神经网络应运而生。循环神经网络独特的链式结构赋予了其强悍的长序列处理能力，在计算过程中会同时考虑当前输入与上一层隐层的输出信息。但当序列长度过长时，更早的输入信息对后面的输出信息的影响越来越小，导致了长距离依赖问题的出现。在经过改进后又形成了基于 RNN 的两种变体：LSTM 和 GRU，以缓解 RNN 梯度爆炸和长距离依赖问题。但是这两种改进仍然无法解决梯度爆炸问题，还引起了计算量陡增，同时由于嵌入层的合并，导致文本信息丢失。

2.4 常用知识表示方法

在人工智能等领域，知识表示主要研究如何将解决问题所需要的知识进行有效描述，并以便于计算机处理的模式进行存储①。一个智能信息系统是否能发挥最大效用，知识表示的有效性是一个关键。例如，对 ITS、CAI 等智能信息系统而言，知识表示就非常重要，这些系统中的自动解答、学生模型、专家系统等主要模块，都非常依赖于系统的知识表示形式。

知识一般可以分为陈述性知识和过程性知识。陈述性知识又叫"描述性知识"，描述事物的静态属性；过程性知识也叫"程序性知识"，用于描述事物的变化过程或者状态改变过程。知识表示是人工智能中最重要的组成部分，是知识搜索和知识推理的重要基础。合理的知识表示能简化知识的求解，提高问题的解决效率。一个好的知识表示方法应具备如下特征：对领域知识的充分表达、有利于对知识的利用、便于组织和维护知识、便于理解与实现。

---

① 蒋彦. 基于本体的数学知识库的构建及其应用[D]. 成都：电子科技大学，2011.

2.4.1 知识表示方法的选择

对于同一知识，通常可以采用不同的表示方法进行表示。知识表示方法的恰当与否直接影响到知识的有效存储、获取和推理。因为不同的知识表示方法都有各自的优点和缺点，各自的表示效果不一样。针对特定的业务问题，要合理地选择知识表示方法。在选择知识表示方法时，要综合考虑应用领域内知识的规模大小和复杂性。一般而言，选择知识表示方法有以下几点需要考虑：

(1)具备足够的表示能力。知识表示的能力是指在一定领域研究中，对问题求解过程中所涉及的各类知识进行正确而有效的表达。

(2)便于推理。所选用的知识表示方法必须与系统所采用的推理方法相匹配，这对于解决问题和知识推理具有重要意义。

(3)便于理解。知识表示应有利于人们的理解和思考的习惯，从而有助于构建知识模型，也要有良好的语义描述能力并且确保推理的正确性。

(4)便于维护。知识表示的结果应存储于知识库中。该知识库系统在建立的过程中与建成之后，一般都需要迭代更新与维护。因此，知识表示形式应该具有清晰自然的模块结构，有利于新知识的获取和知识库的维护、扩充与完善。

(5)能有效表示陈述性知识与过程性知识。应用题题目文本中的人名、机构名等实体词、单位词、数字词等归为陈述性知识，如"电影院""斤""5个"等；动词、状语、介词等非陈述性知识的描述都归为过程性知识，如"蒸发""购入""相向而行"等。知识表示应该能对这两方面的知识进行有效描述。

2.4.2 常用知识表示方法

目前常见的知识表示方法主要有谓词逻辑表示法、产生式表示法、框架表示法、语义网络表示法、面向对象表示法、本体表示法等，均得到了比较深入的研究。对于同一个知识可以用不同的表示方法，同时一种表示方法可以表达不同的知识。几种常用的知识表示方法如图 2-5 所示。

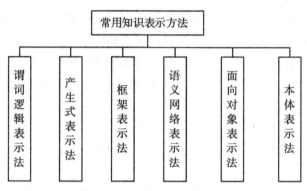

图 2-5　常用知识表示方法

2.4.2.1　谓词逻辑表示法

谓词逻辑表示法是指一种基于形式逻辑(Formal Logic)的知识表示方式，利用逻辑公式描述事物的状态、属性、概念等陈述性知识，以及事物间一定的因果关系①。谓词的一般形式是 $P(x_1, x_2, \cdots, x_n)$，其中 P 是谓词名，x_1, x_2, $\cdots$, x_n 是个体，如"小明骑自行车"可以表示为：Move(XiaoMing, Bike)。它的根本目的是将数学中的逻辑论证抽象化，使得能够采用演绎推理的方式，证明一个新语句是从其他已知的、正确的语句推导出来的，从而判定该新语句也是正确的。

在谓词逻辑表示法中，知识库由一组逻辑公式构成，知识库的维护就是增加逻辑公式，以及对这些逻辑公式进行删除或者修改。在表示知识时，通过引入谓词、函数来对自然语言描述的知识进行形式化描述、产生逻辑公式，再进一步将逻辑公式转为计算机内部

52

---

① 李东. 城市客车信息集成控制系统需求信息处理技术研究[D]. 武汉：武汉理工大学，2009.

代码。

谓词逻辑法表示法的优点①有：(1)精确性高。谓词逻辑是二值逻辑，其断言公式的值只有真与假，从而确保演绎推理结论的精确性。(2)严密性强。谓词逻辑具有严格的形式和推理法则，它能从已知事实中严谨地推导出新的事实或证明假定。(3)逻辑推理是一种不受特定领域制约、普遍性的纯粹推理方式。

但谓词逻辑表示法也有如下问题：(1)不能表示不确定性知识。谓词逻辑仅表示精确性知识，不能表示不精确的、模糊性的知识，这就限制了它表示知识的范围。(2)效率低。谓词逻辑表示法的推理是以形式逻辑为基础，将推理与语义分离，从而使推理过程变得冗长，导致系统效率下降。(3)组合爆炸。在事实数目增大、推理规则盲目使用的情况下，容易出现"组合爆炸"等问题。

2.4.2.2　产生式表示法

产生式表示法很适合用来表示客观世界中各种事物或知识之间常常存在的因果关系，并以"IF A THEN B"的形式表示出来②。这种表示方式紧跟人们求解问题的行为特征，通过"认识(A)-行动(B)"的循环过程来求解问题③。一个产生式系统由规则库、综合数据库和控制机制三个基本部分组成。综合数据库用于存放数据，包含与问题求解相关的各种信息。规则库相当于是产生式系统的知识库，包含作用在全局知识库上的所有规则。控制机制包含控制性知识，其作用是对全局数据库和规则库的匹配过程进行控制，在整个产生式系统中起决策作用。

产生式表示法具有非常明显的优点：(1)自然性好。产生式表示法采用"IF-THEN"的形式表示知识，该方法直观、自然，便于推

53

———————————

①　王士同.人工智能教程[M].北京：电子工业出版社，2001.

②　徐宝祥，叶培华.知识表示的方法研究[J].情报科学，2007(5)：690-694.

③　刘冰，申丽红，李涛.知识库系统原理探讨[J].软件导刊，2009，8(9)：148-149.

理，符合人们的直观感受。(2)系统建立容易。由于规则表示的格式固定、单一、相互独立，使得规则匹配简单，没有复杂的计算，同时规则库易于访问和维护。(3)具有较好的表示能力。产生式表示法不仅能表示确定性知识，而且能表示不确定性知识；它不仅可以表示陈述性知识，而且可以很容易地表示程序知识。

产生式表示法的缺点有：(1)难以表达逻辑关系紧密的知识。产生式表示的知识格式固定、单一，规则之间的关系不够紧密，因此较难表示逻辑关系紧密的知识，例如具有结构关系或层次关系的知识。(2)效率低。产生式系统解决问题是以整个规则库为基础，不断重复地进行"匹配—冲突消解—执行"的过程。由于规则库通常很大，所以它的工作效率很低，而且大量的产生式规则容易导致组合爆炸。(3)整体结构不便于查看理解。规则库中存放的是一条条相互独立的规则，相互之间的逻辑关系很难通过直观的方式查看，不便于用户理解。

2.4.2.3 框架表示法

框架表示法最突出的特点是善于表示结构性知识，能够把知识的内部结构关系以及知识之间的特殊关系表示出来，并把与某个实体或实体集的相关特性都集中在一起①②。

框架是一种数据结构，它描述了一种固定的模型，通常可以看作是一个由节点和关系组成的网络。框架的最高层次是固定的，它描述了一些假设条件总是正确的事物；在框架的较低层次上有许多终端，叫做"槽"(Slots)。把特定的数值填入槽，就能形成一个描述具体事物的框架。每一个槽都有额外的说明，叫做"侧面"(Facet)，它的功能是指出槽的取值范围和计算方法。一个框架中可以包括不同的信息：描述事物的信息；框架使用方法的信息；关于下一步将发生情形的期望，以及如果期望的事件没有发生应采取

54

———————

① 王万森. 人工智能原理及其应用[M]. 北京：电子工业出版社，2000.

② 陆汝钤. 人工智能[M]. 科学出版社，2000.

的措施等相关信息。这些信息包含在框架的各个槽或侧面中①。

在框架表示法中，框架是表示知识的基本单位，一个框架类似于一个实体②。不同的框架通过各自所含的属性之间的关系建立联系，并据此形成框架网络。

框架表示法具有的优点有：(1)结构性明显。框架表示法可以说是一种结构化的知识表示方法，框架由槽组成，槽可以划分为多个侧面，这样能较好表示知识的内部结构，以及知识之间的关系。(2)框架可继承。将槽值设置为另一个框架的名字，从而实现框架间的联系，下层框架可以继承上层框架的槽值。与类继承相似，这种方法可以降低知识的冗余度，确保知识的连贯性。(3)可理解性强。框架表示法可以用来模拟人类大脑的逻辑思维，在新的东西出现时，它们会根据自己的记忆，对框架进行修改并添加细节，形成其对该新事物的理解。

框架表示法最主要的缺点是难以表示过程性知识，例如动点的移动、动角的转动，以及水的蒸发等信息的表示。

2.4.2.4 语义网络表示法

语义网络是一种表达能力强而且灵活的知识表示方法。它是一个带标识的有向图，其中节点表示问题领域中的实体、概念等，带标识的有向弧标识节点之间的语义关系。带标识的弧及其相连的节点共同表示知识。语义网络表示法能十分自然地描述实体之间的关系③。例如，"我给他一本书"可以表示为如图 2-6 所示的语义网络。

语义网络表示法的优点有：(1)可理解性强。各节点之间的联系表示明确、简洁、直观，符合人类的思维方式，易于理解。

---

① 徐舒. 产生式表示的改进[D]. 上海：复旦大学，2005.

② 朱光菊，夏幼明. 框架知识表示及推理的研究与实践[J]. 云南大学学报(自然科学版)，2006(S1)：154-157.

③ 曹绍火. 基于语义网络的神经网络系统[J]. 计算机工程与应用，2001，37(11)：126-128.

图 2-6　语义表示网络

（2）表示能力强。其他知识表示方法能表示的知识基本上能用语义网络表示法来表示。

但是，语义网络表示法的主要缺点是不利于推理，具体表现为：（1）没有明确的推理规则，基于语义网络所进行的推理的严格性和有效性无法充分保证。（2）随着网络中的节点数量的增多，网络结构会越来越复杂，推理就越来越难以进行。

2.4.2.5　面向对象表示法

面向对象的方法已经广泛应用于计算机相关领域，它具有表达自然、代码重用和易于维护等诸多优点①。该方法的关键是构造类，在类构造完成后让其具有高度的数据抽象和共享特征。

面向对象表示法有以下优点：（1）表达能力强。①该方法的继承特性，使其能较好表达对象之间的层次性和结构性；②由于具有良好的兼容性，其中的"对象"表示范围广泛，可以是数据，也可以是方法；③可以表示陈述性知识，也可以表示过程性知识。（2）便于维护。封装性使其修改不会影响其他对象，继承性减少了知识表达上的冗余，二者共同使得知识的使用，以及知识库的修改、增加、删减等都十分方便。（3）易于推理。①对象的封装性，使得该对象的实现对使用者保持透明，从而降低问题描述和计算推理的复

---

① 徐勇，杨柯. 一种面向对象知识库的构造和维护[J]. 计算机工程，2000(9)：60-62.

杂度；②每一对象所包含的知识规则有限，使得推理空间小，推理
效率高。

由于面向对象表示法需要通过构造类对系列实体进行抽象，还
需实现类的继承性和封装性，因此非专业人员对该方法的理解存在
一定的困难，且该方法的实现需要一定的技术支持，不像框架表示
法等那么容易掌握。

2.4.2.6 本体表示法

本体(Ontology)是对某个领域的抽象，其表示形式为一组概念
和概念之间的关系。目前，仍然没有统一的本体模型，但是在建立
模型过程中，基本采用五个基本建模元语：类(Classes)或概念
(Concepts)、关系(Relations)、函数(Functions)、公理(Axioms)和
实例(Instances)。

本体的目的在于获取相关领域的知识，为该领域知识提供一些
共同理解，并在该领域内确立共同认可的概念，从不同层次的形式
化模式上，对这些概念和概念之间相互关系进行明确定义。通过本
体的知识表示方法对知识的描述，可以使知识在知识库中共用、共
享、协作。

根据本体的定义和性质，基于本体的知识表示法的表示能力、
可理解性和可维护性等均有较大优势，但这仅仅是定义上的优势。
该方法也存在如下不足：(1)构建困难。因为本体的构建需要对领
域有较全面的抽象，而这比较困难，即使有了一定的抽象，本体构
建自身也需要一定的工作量，在复杂的领域，这种困难尤其明显。
(2)本体的 part-of、kind-of 等四种基本关系类型较适合用来描述概
念的静态属性，难以描述动态的情境知识。(3)难以进行事件推
理。本体没有提供事件和参与角色之间关系的描述，不具备与事件
推理知识相一致的表达范畴。

本体作为一种知识表示方法，它与谓词逻辑、框架等其他的一
些方法不同的是，它们属于不同层次的知识表示方法，而本体表达
了概念的结构、概念之间的关系等内在特性，即"共享概念化"；
而其他的知识表示方法，如语义网络等，能够表达某个体对领域中

57

实体的认识，但这并不一定是实体的内在特性。这正是本体法与其他的知识表示方法的本质区别①②。

小 结

本章为本书研究的理论基础，分别对数学应用题、智能导学系统、自然语言处理和知识表示等相关理论进行了详细的阐述。首先要对数学应用题进行一定程度上的简介，包括其定义、分类、变式和特点等。其次详细介绍了智能导学系统模型结构，以及其中的重点模块，包括学生模型模块、导学模块、领域知识模块、专家模块等。随后对自然语言处理技术的主要内容和处理流程进行了介绍，并详细阐述了词向量技术和分类器。最后介绍了知识表示方法的选择和一些常用的知识表示方法，并分析了它们的不足。

---

① 顾芳. 多学科领域本体设计方法的研究[D]. 北京：中国科学院研究生院(计算技术研究所)，2004.

② 朱文博，李爱平，刘雪梅. 基于本体的冲压工艺知识表示方法研究[J]. 中国机械工程，2006，17(6)：616-620.

3 应用题特征分析

　　表征辅导的前提是机器理解应用题题意,即机器能够理解问题情境,能够抽取题目文本所包含的实体及其之间的数量关系。然而应用题的题型多、变式多,题目数量巨大,涉及的内容广泛。这些使得应用题题目文本的表达方式非常之多,无法通过穷举来列出。相同题型的应用题,其题目的构成较类似;不同类型的应用题,虽然题目的构成差异较大,但也可细分为多个一步加减/乘除应用题的组合,这些组合可以再细分为命题集合。命题集合由动词、数词、量词、其他关键词等,根据一定的短语结构和句模等有机组合而成。通过分析应用题的组层次结构和特征,有利于机器对题意的理解。

　　本章首先阐述了代数应用题的层次结构,再从实体、关键词等角度对其进行特征分析,最后提出了应用题的综合结构,为应用题的知识表示、题意理解等作铺垫。

3.1　层次结构分析

3.1.1　信息构成分析

　　应用题题目是由若干以逗号、句号等分隔符号隔开的句子组成，这些句子包含动词、数词、量词、形容词和副词等。从语言角度来看，这些词分别代表了一种关系。由于一个句子一般不会仅仅包含一种词性，例如仅仅包含动词，或者数词，或者量词等，所以单个句子往往包含多个关系。从心理学角度来看，命题是信息表征的载体，单个命题仅对应着单个关系。因此，单个句子可称为命题集合，一个应用题由于包含多个句子，所以也包含系列命题集合。

命题集合自然是应用题的构成单位。应用题的信息构成结构如图 3-1 所示。

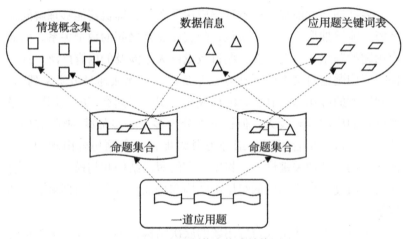

图 3-1　应用题信息构成结构图

按照 Meillet 的对数学题目的描述，命题集合按照其功能的不同，可以划分为三种类型：赋值命题集合、关系命题集合和问题命题集合。赋值命题集合表示题目中涉及对象的数量属性，如"学校有 124 位教师"；关系命题集合描述了对象之间数量关系，如"男教师与女教师的比例为 4∶6"；问题命题描述了待求未知量的信息，如"问女教师比男教师多几人？"

3.1.2 数量结构分析

Shalin & Bee 用元素（Elements）、关系（Relations）以及结构（Structures）来表示应用题的数量结构。应用题题目文本所包含的数量结构的复杂程度决定着问题的难易程度。元素由变量和数值组成，主要有四种类型①，具体如表 3-1 所示。关系指的是元素间的加减乘除等运算关系；结构为一个或者多个三阶组合之间的组合。

表 3-1   **元素的四种类型**

类型	说明	备注
广延元素 （Extensive Elements）	构成应用题的基本要素	如时间、距离
集中元素 （Intensive Elements）	表示广延元素间的对应关系	如对时间和距离起关联作用的速度
差额元素 （Difference Elements）	表示了在两个外延元素间加减的关系	如"甲比乙快两小时"中的"两小时"
系数元素 （Factor Elements）	表示在两个外延元素间乘除的关系	如"甲的速度是乙的两倍"中的"两倍"

三阶组合是用于分析题目结构的基本单位，描述了三个元素之间最基本、最简单的关系。一个三阶组合就是一个计算式，提炼三阶组合就是列式子表征。

两个三阶组合以不同的方式进行组合后形成三种高阶结构：层级（Hierarchy）、共享部分（Share-Part）、共享整体（Share-Whole）。更复杂的应用题可以由数量更多的三阶或高阶组合有机结合而成。可以认为，一个应用题与一个三阶组合相对应，两个及以上的三阶组合与复合应用题相对应。

61

---

① Shalin V L, B Ee N V. Structural Differences Between Two-Step Word Problems. [J]. Elementary Education, 1985.

实体之间的关系越复杂,高阶组合的层级越高,部分或整体的共享越明显。三阶组合的数量越多,高阶组合越复杂,应用题就越复杂。

3.1.3　应用题的层次结构

在根据经典程度分类、根据变式细分的基础上,复杂应用题可以逐步被分解为一步、两步应用题。根据信息构成分析,一步/两步计算应用题也可以理解为系列命题集合;根据数量结构分析,这些应用题也可以理解为系列三阶组合的有机集成。信息构成分析和数量结构分析均对应用题构成进行了分析,前者更加偏向从定性角度来考虑,命题集合可理解为应用题构成单位的逻辑描述;后者偏向于形式化描述,用三阶组合对命题集合进行了描述,其中的数量及其之间的加减乘除等运算关系等更易于量化描述。

综合应用题的类别与变式,及其信息构成和数量结构,应用题可以理解为包含题型、变式、分句、定性描述和形式化描述的层次结构。应用题的层次结构有利于后续的特征分析,应用题的层次结构可以用如图 3-2 所示。

📚 3.2　特征分析

根据层次结构,三阶组合是应用题的基本构成单位。对于自动解题、题意理解而言,机器必须理解三阶组合、列出式子。而从命题集合到三阶组合,要进一步分析命题集合的构成,识别其中实体之间的数量关系,才能提炼其中的三阶组合。

应用题的命题集合是由从实体、关键词、数量词等词根据一定句法描述机制进行有机组合而存在于短语或者子句中。词是短语的基础,短语又是句子的基础,子句遵循一定的句模规律。从词、短语、句子和句模等角度对应用题的特征进行分析,有利于机器对短语含义和句子含义的理解,有利于信息的抽取。

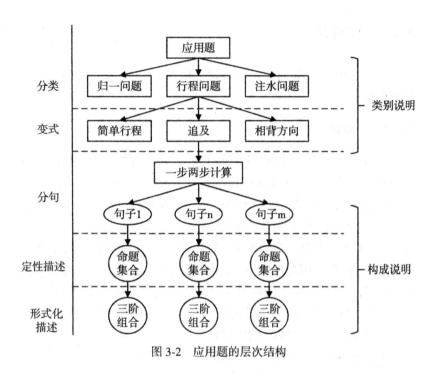

图 3-2 应用题的层次结构

3.2.1 实体

　　实体(Role)也称为角色，包括主体、客体等语义，是构成应用题子句的基本元素，通常作为句子的主语或宾语成分。每一实体均包含三个因子：实体类型（Type）、实例对象（Obiect）和属性（Property）。实体类型说明该实体在句子中的成分是主体还是客体；实体对象指具体所描述的对象，实体属性则指所描述对象的具体属性。如"树苗高为 40 厘米"句子中，只包含一个实体，其类型为"主体"，实体对象为"树苗"，实体属性为"高度"，其单位为"厘米"，值为"40"。

63

3.2.2 关键词

应用题中的关键词，包括动词，以及"一共、剩下、多少"等特殊关键词。

3.2.2.1 动词

在日常语言中，动词是句子的核心，制约着句子中其他词语的使用及其出现的位置。在应用题中，动词的这些功能依然没有变化，因此动词仍然是构成句子的核心。但在理解应用题时，动词自身的情境含义得到了弱化，甚至消失。例如，在日常的语言中，"小红吃了 2 个苹果"，动词"吃"的含义是"把食物等送进口中经咀嚼咽下"。但在应用题情境中，动词"吃"自身的含义不再被引起注意，"吃"只起到了描述情境的作用，是对一个数据对象的赋值。

在语法中，动词往往作谓语，是对主语的陈述或说明。在语义上，它可用来描述或判定主体属性或者主客体之间关系。应用题中的谓语大致可分为八种类型，具体如表 3-2 所示。

表 3-2　　　　　　　　谓语动词的类型

类型名称	类型描述	谓语
空谓语	不包含动词	
动作谓语	Role1 操作 Role2	种、买
所有谓语	Role1 拥有 Role2	有、共有、各有
状态谓语	表示属性状态	为、是、到、至
变化谓语	表示属性变化	长、增加、减少
比较谓语(大于)	Role1>Role2 的差比较关系	大、多
比较谓语(小于)	Role1<Role2 的差比较关系	小、少
祈使谓语	引出祈使句	求

谓语修饰副词是在某些子句中出现在谓语前面用来修饰谓语的副词短语，它虽不属于谓语成分，却是用来修饰谓语，与谓语息息

64

相关，如"约""大约"等表示大约值，"分别""各"等表示谓语引导多个主体。部分修饰副词如表 3-3 所示。

表 3-3 谓语修饰副词

类型名称	副词	修饰谓语
估计副词	约、大约	状态谓语
多主体副词	分别、各	状态谓语
时间副词	马上、3 分钟后	状态谓语
范围副词	都、全部	状态谓语

谓语作为语法中重要的组成成分，动词的种类也是多种多样，这就造成多个动词表示相同动作含义的情况。但也有部分动词有相似的含义，而细节含义又很不相同，有些细节甚至对文本语义分析造成很大影响。谓语动词的多变性给文本分析带来了一定的难度，因此在文本的语义分析中需要对谓语动词的含义和类别进行归纳、总结。部分动词总结如表 3-4 所示。

表 3-4 部分动词含义与类别

动词	含 义	类别
移动	改换原来的位置	位移类
滚动	物体沿转动方向的运动称作滚动	
滑动	一个物体在另一物体上接触面不变地移动	
对比	两种事物或一事物的两个方面相对比较	比较类
比较	对比几种同类事物的高下	
相比	相互比较	
转弯	沿着曲线或改变方向走	方位变化类
拐弯	转变方向，多用隐喻	
掉头	指(人)转回头，(车、船等)转成相反的方向	

3.2.2.2 特殊关键词

在应用题句子中,有些词语描述的是情境信息,例如"草地上有 10 只羊","草地""有"和"羊"都是对情境的描述。应用题的情境可以是任意的,只要符合生活常识,这些词语是可以随意替换的。而有些词语是用于表达特定的数学关系的,例如"还剩下多少只?"中的"还剩下"表示了求解的对象是整体中的一部分。再如"小明比小红多种了 3 棵树"中的"比……多"表示比较关系。还有些词语表示了动作发生的时间或先后顺序,例如"小明上午看了 10 页书"中的"上午","面粉厂第一天运出面粉 380 千克"中的"第一天"。这些词语都具有固定的数学含义,若要表达特定的数学关系只能使用这些词。这些词语都称为特殊关键词。

3.2.3 数量词

数量是数词和量词连用的并称,是应用题分析的核心元素,初中、小学的代数应用题中的列方程,就是寻找等量关系。对应用题所有的语义理解,最终都要归结到对数量以及数量关系的描述上。

3.2.3.1 数词

数词表示数据对象的数值,分为已知数和未知数,是进行数学运算的基本单位。数词又分为基数词和序数词,序数词在应用题中常常使用中文字符表达,需通过与基数词的对应关系作转换。未知数词用 x、y、z 等英文字母表示。应用题常通过表示疑问的限定词"哪"等对未知数词进行提问,具体如表 3-5 所示。

表 3-5 　　　　　　　　　数词的说明表

类型名称	数词	说　　明
基数词(数字)	1、2、3、4……	已知数词,阿拉伯数字

类型名称	数词	说 明
基数词(汉语)	每、一、两、二、三	已知数词,列方程时对应为基数词数字形式
序数词	第一、第二、第三	已知数词,表示顺序的描述
未知数词	几若干多少	未知数词,列方程时用 x、y、z 等英文字母表示
疑问限定	哪	未知限定词,列方程时用 x、y、z 等英文字母表示

3.2.3.2 量词

量词是表示事物或动作的计量单位的词。实用现代汉语语法中把量词分为名量词和动量词两大类。名量词指又称物量词,表示人或事物的单位的量词。动量词是表示动作行为的单位,根据是否要借用其他词表示动作又分为专用动量词和借用动量词。具体如表3-6所示。

表 3-6 量词类型

类别	量词类型	量 词
名量词	高度、长度量词	厘米、米
	重量量词	斤、公斤
	年龄量词	岁
	数量量词	只
动量词	专用动量词	次、回、遍、趟、顿
	借用动量词	打一针、打一拳、喊一声、看一看、听一听

量词在应用题分析中具有重要的作用:(1)通过量词,可以分析出数量所属的量范畴,可知其是事物量、时间量、空间量还是动

作量等；并且可进一步根据量词类型判断子句所描述的属性类型，如量词为"千米"时可知子句描述的属性为"距离"，量词为"立方米"时可知子句描述的是"体积"。(2)在列方程以及后续运算过程中，涉及量词的消除和不同级别的量词关系转换，可考查学生的换算和运算能力。

3.2.3.3　时间

时间量是应用题中的关键信息。因此，对时间量词的准确判断和获取以及换算非常重要。句子中的时间信息，能从多种句法短语中得到，例如时间定位语(LCP)，时间名词短语(NP)和时间限定短语(DP)等。

(1)时间定位语

定位短语分时间定位语和空间定位语两种，其在句子中的作用是确定句子的时间或空间情境，如"四点十分起"和"乙地旁"分别表示时间和空间定位。一个定位短语通常会包含一个标记其为定位短语的定位词，如上两例中的"起"和"旁"，并且通过该定位词，通常能够确定该定位短语的类型。能够确定时间定位语的定位词为时间定位词，能够确定空间定位语的定位词为空间定位词，当然也存在一些定位词既可表时间亦可表空间，如"之间""到"等，该类词可称为时空定位词。

(2)时间名词短语

时间名词短语是名词短语的一种常见类型，由若干个时间名词构成。如"今天""本周""今年"等均为时间名词短语，句子中常常通过这些时间名词短语说明时间信息。常见时间名词如表 3-7 所示。

表 3-7　　　　　　　部分时间名词短语

时间名词	是否基数词	当前量
秒、秒钟	是	
分、分钟	否	

续表

时间名词	是否基数词	当前量
小时	否	
天、日	否	今天
周	否	本周
年	否	今年

"年、月、日、时、分、秒"前可使用基数词表示时间点值，此时这些词不作为量词使用，而是与基数词合在一起作为时间名词使用。因此，在题目文本中，"3 日"既可表示 3 天，也可作为时间名词表示一月中的第 3 天，如"2012 年 4 月 3 日"。"今年"既可视为数词为"1"、量词为"年"的时间数量短语。在年龄情境应用题中，只涉及时间量词和年龄量词两种量词类型，并且年龄问题均以年为单位，因此不存在单位的换算问题。

（3）时间限定短语

限定短语在句子中起特指、类指以及表示确定数量和非确定数量等限定作用的短语。限定短语通常由量词前加"这、那、该、哪、什么"等限定词组成，如"哪年"由限定词"哪"和时间量词"年"组成，起到确定年份的限定作用。限定短语中的量词类型决定了限定短语的类型，当限定短语中的量词为时间量词时，该限定短语为时间限定短语，表示时间限定信息。

（4）其他时间短语

除以上三种短语类型，中文句法中用于描述时间的短语类型还有很多，如："经过、过了 3 年"是"动词+数量"的动词短语结构，"从去年 3 月到今年 5 月"是"介宾短语+介宾短语"的介宾短语结构。

3.2.4　短语结构分析

一道应用题通常由若干个子句组成，通常子句中又包含着子

69

句，最小的子句又包含着若干短句，层层叠叠，陈述和被陈述，支配和被支配关系链环嵌套，因此出现了句子成分的省略、隐含或空语类。应用题的这些特点给计算机理解句子带来了困难。理解短句是理解句子的基础，对短语结构进行分析，有利于机器对句子的理解。

短句结构其实也是满足一定的句法关系的，且这些句法关系是有规律可循的、可总结的、而非杂乱无章的①。例如"一台织布机3 小时织布 240 米""一个水龙头完全打开时 1 分钟流出 7 升水"均是双数量结构，分别表示了织布机的速度和水龙头的流水速度。

面向描述命题集合的子句，分析其短语结构具有可行性。从现代汉语短语功能分类的角度，短语包含单句型短语、名词性短语、动词性短语等 10 种，具体如表 3-8 所示。

表 3-8　　　　　　　　　　**短语功能分类表**

序号	标记	功能类名称	序号	标记	功能类名称
1	dj	单句型短语	6	pp	介词性短语
2	np	名词性短语	7	sp	处所词性短语
3	vp	动词性短语	8	tp	时间词性短语
4	ap	形容词性短语	9	mp	数量短语
5	dp	副词性短语	10	mcp	数词短语

从内部结构角度看，短语结构包括主谓结构、述宾结构、述补结构、定中结构、状中结构、连谓结构、联合结构、附加结构、的字结构共 9 个基本结构类型。

应用题中最为常见的功能性短语有 np、vp 和 ap，其相应的内部结构与例句见表 3-9。

---

① 王娟，曹树金，谢建国. 基于短语句法结构和依存句法分析的情感评价单元抽取[J]. 情报理论与实践，2017，40（3）：107-113.

表 3-9　　　　　　　　　常见功能性短语内部结构

功能结构	序号	内部结构	组合模式	实　　例
np	1	的字 np	np->! np u<的>	老师的(年龄)、笔记本的(单价)、钢笔的(数量)、松树的(棵树)、小明的(速度)
			np->! vp u<的>	打乒乓球的(有多少人)、种玫瑰花的(面积)
			……	……
	2	定中式	np->ap ! np	圆形钢丝环(的直径)、圆形水池(的周长)、大卧室(的面积)
			np->mp ! np	一个长方形的花坛、一个 28 元的花瓶
			……	……
	3	联合式	np->! np np	(有 15000 个)观众座位、(经过的)路程总长
			np->! np c np	松树和柏树(各种几棵?)、(有若干只)鸡和兔
vp	1	述补式	vp->! vp vp	参加劳动(的有多少人?)、参加锻炼(的同学有 35 名)
			vp->! vp ap	(15 头牛 4 天把草地的草)吃完、(20 小时就把水)装满
			……	……
	2	述宾式	vp->! vp np	(在池的内壁与底面)抹上水泥、(在路的两侧)栽松树
			vp->! vp vp	(甲、乙两人)比赛爬楼梯、(任选 4 人参加演讲比赛
			……	……

功能结构	序号	内部结构	组合模式	实 例
vp	3	状中式	vp->dp！vp	(相遇后)立刻返回、恰好跑了(3层楼)
			vp->pp！vp	从甲厂调走(多少人)、把西瓜切成(16块)
			vp->ap！vp	平均分成(5段)、(牧草每天)均匀生长
	4	连谓式	vp->！vp vp	(电信局现有600部电话已)申请待装、选用(直径为70毫米的圆钢)锻造
			vp->！vp ap	(三个牧场上的草)长得一样密
			vp->！vp pp	(电线杆顶)落在(距杆底部12米处)、要在(相距72米的两个楼房之间种8棵杨树)
	5	联合式	vp->！vp c vp	答错或不答(1题扣2分)、做错或不做(扣1分)
		……	……	……
ap 的结构	1	的字 ap	ap->！ap u<的>	相同的(速度)、相等的(距离)
	2	状中式	ap->dp！ap	(一桶油连桶)一共重(8千克)、(草地每天)都均匀(生长)
			ap->pp！ap	比(上底)长(20米)、比(花气球)多(3倍)
		……	……	……
	3	联合式	ap->！ap ap	(两个贮水池内水)一样多、(草地上的草)一样厚
		……	……	……

3.2.5 句模分析

数学应用题题目文本往往以文字、图形和表格的形式展现，以供阅读和理解。虽然从言语表达角度看，数学应用题是无限的"句子"的集合，但从语言角度看，其是有限的句子"模型"（model）的集合。在句法平面上的句子模型叫作"句型"，在语义平面上的句子模型叫作"句模"。

句模的分析，有利于进一步明晰应用题题目文本的特征，对代数应用题的语义理解具有重要的参考价值。如果定义了一个句模，且该句模能与某个数学语句成功匹配，就能对该句子中的信息进行抽取，然后生成相应的知识表示，也就完成了对该数学语句的理解。

中小学应用题的语言表述简洁性，往往不使用具有主观色彩的修饰语。简洁的表达方式为机器理解题意带来了方便；同时，代数应用题语言表达主要面向数量以及数量之间的关系，表达清晰，歧义性特征不明显。这些使得应用题的短语结构和句模特征更加明显。

部分命题集合对应的句模与例句如表 3-10 所示。

表 3-10　　　　部分命题集合对应句模和例句

命题集合类型	句模	例句
赋值命题集	[对象]+数量+数量单位+[对象]	青年 100 人
	所属+动词+[对象]+数量+数量单位+[对象]	水果店进货 300 个苹果
	数量+数量单位+对象+数量+量词+重|体重|身高	一头小象重 200 千克
情境命题集	所属[和所属]+[在]+[地点]+动词+对象[和对象]	明明和红红在公园拍球

续表

命题集合类型	句　　模	例　　句
子集命题集	其中/还+[动词]+数量+数量单位+对象	其中买了 15 个苹果
总量命题集	[所属和所属]+一共｜共+动词｜有+数量+数量单位+[对象]	学校共有 1000 个学生
比较命题集	所属+比+所属+多｜少+动词+数量+数量单位	小红比小明多折了 20 个千纸鹤
	对象+量词+数+是+对象+数量+倍	红花是黄花的 3 倍
	所属+[又]+动词+所属+同样｜一样+[对象]	小红有和小明同样多的红花
单位量命题集	[平均]+每+[量词]+[对象]+动词+数量+数量单位+[对象]	平均每 2 小时完成 7 个螺丝头
等分命题集	数量+数量单位+对象+平均+分给+数量单位+量词+对象	25 个大红花平均分给 5 个小朋友
起始量命题集	[所属]+[原来｜原]+动词｜有+数量+数量单位+[对象]	学校准备叠 3000 个千纸鹤
转移命题集	[又｜已经]+动词｜有+数量+数量单位+[对象]	已经卖掉 30 斤苹果
结果量命题集	[现在｜最后]+所属+动词｜有+数量+数量单位+[对象]	最后所有男生种了 300 棵树
概率问题集	从+[所属]+动词+数量+数量单位+[对象]	从盒子中拿出 3 个白球

不同的命题集合，均由实体、动词、特殊关键词和数量词，遵循一定的短语结构、语义搭配模式和句模结构组合而成。命题集合文本蕴含着一定的三阶组合，根据句模和语义搭配模式，就可以对

命题集合文本进行分析，抽取其中的信息，构建相应的三阶组合，以实现命题集合所表述的含义。

3.3 应用题的综合结构分析

根据其层次结构分析，应用题在拆分为一步、两步计算之后，可继续拆分为系列命题集合、三阶组合。其中的命题集合可以由题目文本拆分所得，但三阶组合需要通过学生理解才能获取。根据应用题的特征分析，可以认为应用题是由动词，数量词、时间等关键词组成，遵循一定的短语结构和句模结构，描述了实体及其之间的

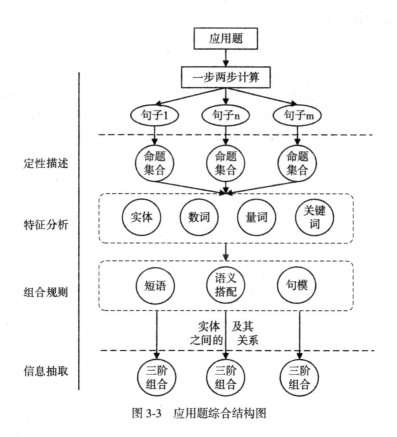

图 3-3 应用题综合结构图

数量关系。

　　尽管应用题言语表达方式丰富，但是在逐步细分的情况下，综合其层次结构分析和特征分析，就可得出应用题的综合结构。该综合结构指出：从构成要素、短语结构和句模等视角，对命题集合进行再分析，可以提炼三阶组合。这就能进一步支持机器对应用题题目文本的信息抽取，有利于机器对题意的理解。应用题的综合结构如图 3-3 所示。

　　根据图 3-3 可以看出：命题集合表述了一定的实体及其之间的数量关系，其中的表述文本具有一定的短语特征和句模特征。机器根据命题集合表述所对应的句模，就能抽取信息、识别题意。

小　结

　　本章对应用题的特征进行了分析。首先根据应用题中的信息构成和数量关系提出了应用题的层次结构；然后从实体、关键词、数量词、短语结构和句模等角度分析了应用题的特征；最后根据应用题的层次结构分析和特征分析，提出了应用题的综合结构，指出对命题集合的构成进行再分析，有利于机器抽取信息、构建三阶组合。

4 基于情境模型的应用题语义表示方法

　　数学应用题的一个显著特点是通过叙事文本的方式，将抽象的数学关系融入丰富的题目文本中。对数学应用题进行表征辅导，就需要对其题目文本进行有效表示，以便机器能理解题意。这就需要一定的知识表示机制来表示题目叙事文本。叙事文本具有叙事结构的复杂性、叙事模式的多样性等特点，其往往描述具有动态性、过程性的知识。但是目前知识表示方法对知识的情境性表示不够，对动态性、过程性知识的表示能力也不足①。当前面向叙事文本语义表示方面的研究也存在信息缺失等不足。情境模型符合读者的阅读习惯，能有效表示情境知识。本章基于情境模型，对应用题语义表示开展研究。

　　本章首先阐述叙事性文本及其语义表示，介绍情境模型相关理论，包括情境模型的内涵、信息加工和作用等。随后对知识的情境性进行了分析，指出常见知识表示方法以及叙事性语义表示的不足。接着提出一种基于情境模型的应用题语义表示方法 SMKR，该方法增强了知识的情境性、过程性和动态性，以及有效表示应用题题目所包含的问题情境。最后对 SMKR 进行详细的介绍，分析情境模型的关系、构成，总结 SMKR 的特点并列举相关实例。

　　① 周伟祝，宦婧. 新的面向对象知识表示方法 [J]. 计算机应用，2012，32(S2)：16-18+37.

4.1 叙事性文本及其表示

4.1.1 数学应用题与叙事文本

叙事是用语言、图像等符号系统表现一件或一系列真实或虚构的事件与情节。叙事性文本是叙事的文字表示，同时也是人类对世界发展的记录、演绎及再创作。叙事性文本表现样式丰富，风格多样，种类繁多，包括小说、民间故事、回忆录等。相较于结构清晰、观点明确、体例统一的科学文本，叙事性文本具有内容表达的动态性、叙事结构的复杂性、叙事模式的多样性等特点，这就给叙事性文本的机器理解带来了挑战，制约了叙事文本内容数据的处理与开发。

应用题是中小学数学教育的重要组成部分，主要是通过叙事的方式，加强数学与生活的联系，把数理关系融入日常生活情境，并引领学生应用数学知识解决实际问题。"只要有叙事的地方，就会有叙事学，可以在大街上，也可以在图书馆，可以在日常的谈话中，也可以在著名的小说里。"①相对于小说、戏剧、传记、舞蹈、电影等鸿篇意义上的叙事，应用题叙事是一种篇幅精短的微叙事，它就像人们日常生活中使用的短信、微信、留言、广告、电子邮件、笑话、谜语、俚语等一样，具有微叙事的特征。单个的应用题，还不足以构成叙事学的研究对象。但是应用题的试题集，却构成了一定的生活情境与叙事范式。这种集合性的应用题微叙事通常由三个层面组成：基于数理逻辑关系的语义结构、基于生活情境的话语结构，以及基于数学观与数学教育观的深层结构。很明显，数学应用题题目叙事文本包含了陈述性知识、过程性知识，具有很强的情境性，叙事结构复杂、叙事模式多样。

---

① 赫尔曼，马海良. 新叙事学[M]. 北京：北京大学出版社，2002.

4.1.2 事件

根据叙事的基本组成，可以认为：（1）构成叙事性文本的基本语义单位为事件，根据组成元素的不同，事件又具有不同的类型；（2）不同事件之间通过时间及语义上的关系进行关联。因此，事件的组成与类型的分析是对叙事文本进行语义表示的基础。

4.1.2.1 事件的组成

对于事件的理解，哲学①、语言学②③、认知科学④等领域均给出了相应解释。在计算机及信息科学领域，往往将情节作为核心结构，事件作为知识的基本形式与知识表示的基本框架。该形式或框架，必然联系到事件发展过程中相关的要素。这就更加凸显了事件的过程性和动态性⑤。

事件是组成叙事性文本的基本单元，主要由动作（action）、角色（role）、情境（context）组成。动作是事件的核心元素，它代表事件发展的变化过程，具有多种动作类型（action type）。角色代表事件的参与对象，一般情况下包含动作发生的主体（subject）和作用客体（object），分别表示动作的发起者及承受者，可以为人物、机构、团体等。情境是指事件发生的时间和空间信息，其中时间是事件的发生时间，包含发生时间、结束时间等，可以是绝对时间，也

① Kim J. Events as property exemplifications ［M］. Brand M, Walton D. Action theory. Springer, 1976.

② Timberlake A. Aspect, tense, mood［J］. Language Typology and Syntactic Description, 2007, 3: 280-333.

③ Chang J. Event Structure and argument linking in Chinese［J］. Language and Linguistics, 2003, 4(2): 317-351.

④ Speer N K, Zacks J M, Reynolds J R. Human brain activity time-locked to narrative event boundaries［J］. Psychological Science, 2007, 18(5): 449-455.

⑤ 周文, 刘宗田, 孔庆苹. 基于事件的知识处理研究综述［J］. 计算机科学, 2008, 35(2): 160-162.

可以是相对时间；空间为事件发生过程的空间位置信息，体现为场景、场所等。图 4-1 表示了情节、事件及事件构成要素之间的结构关系。

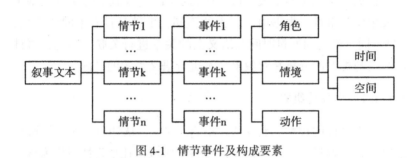

图 4-1　情节事件及构成要素

4.1.2.2　事件的类型

在叙事性文本中，由于构成要素不同事件具有不同的形式和类型。通过对事件类型的界定与揭示，既可以展示事件的不同形式，也可揭示其不同的语义功能。高彦梅将语篇内的事件分为物质事件、心理事件、关系事件、言语事件、行为事件与存在事件六大类①；普林斯将事件定义为状态型和行动型两大类，并从语言结构上给出区分两类事件的依据②。

参照 Kaneiwa 对事件种类的划分，可将事件按照状态的不同划分为动作型事件（active event）和状态型事件（static event）两大类③。其中，动作型事件通常用以对动作过程进行刻画，动作要素为必须要素，通常包括动作发起的主体及客体。状态型事件通常用以表示动作发生的前因、后果及相关情境，侧重于对时空环境及动作客体

80

---

① 高彦梅. 语篇语义框架研究[M]. 北京：北京大学出版社，2015.

② 杰拉德·普林斯. 叙事学：叙事的形式与功能[M]. 徐强，译. 北京：中国人民大学出版社，2013.

③ Kaneiwa K, Iwazume M, Fukuda K. An upper ontology for event classifications and relations[C]. Proceedings of 20th Australian Joint Conference on Artificial Intelligence, 2007.

的描写，较少涉及对动作要素的叙述。

4.1.3 事件与叙事文本的语义表示

近年来叙事文本的研究越来越多，以事件为知识表示单元的本体模型受到学术界广泛关注①。叙事性文本语义表示多在事件知识表示的基础上，通过表征事件间的语义逻辑关系，构建事件序列进而实现对叙事性文本的表示。

4.1.3.1 事件的表示

事件知识表示的研究重点关注事件的结构、要素及关系等。针对事件定义及要素组成，Nelson认为事件由行为人、行动等要素组成②。仲兆满等人认为事件由动作、对象、时间、环境、断言及语言表现等六元素构成③。schema. org项目中也对事件尤其是文学事件(literary event)进行了规范化定义，包括日期(date)、起始时间(start date)、参与者(attendees)、地点(1ocation)等属性④。

事件间的关系较复杂。在事件间关系研究方面，主流研究将事件间关系分为时间关系⑤与因果关系⑥两大类。事件间因果关系常

---

① 仲兆满，刘宗田，李存华. 事件本体模型及事件类排序[J]. 北京大学学报(自然科学版)，2013，49(2)：234-240.

② Nelson K, Gruendel J. Event knowledge：structure and function in development[M]. Structure and function in development. Erlbaum, 1986.

③ 仲兆满，刘宗田，李存华. 事件本体模型及事件类排序[J]. 北京大学学报(自然科学版)，2013，49(2)：234-240.

④ Event in Schema. org［EB/OL］. https：//schema. org. cn/Event，2018-10-19.

⑤ Allen J F, Ferguson G. Actions and events in interval temporal logic［J］. Journal of Logic and Computation，1994，4(5)：531-579.

⑥ Li M, Chen J, Chen T, et al. Probability for disaster chains in emergencies［J］. Journal of Tsinghua University Science and Technology，2010，50(8)：1173-1177.

用于事件推理①，有研究依据新闻事件②、生物医学③中的事件间因果关系构建了相应的事件序列。高彦梅在总结韩礼德、朗埃克等人研究成果的基础上，从语言学的角度将事件间关系分为时间关系、空间关系、联合关系、选择关系、起因—条件关系、解释关系、比较关系和投射关系④。

在此基础上，学者多通过本体的形式，围绕特定任务实现对事件知识的形式化表征⑤。其中，面向通用领域的事件本体以 Event Ontology⑥ 及 Simple Event Model(SEM)⑦为代表，对事件进行了一般描述与表征。LODE(Linking Description of Event)本体⑧以实现事件关联发布为目的，定义了包括事件主体(agent)、客体(object)、时间(time)、地点(place)等要素。Corda 等针对历史事件及历史文本，提出了历史事件本体(History event ontology)，对事件推理的方法、规则等进行了约束⑨。除此之外，还有面向学术领域⑩、语义

① 仲兆满，刘宗田，周文，等．事件关系表示模型[J]．中文信息学报，2009，23(6)：56-60.

② 王佳琪，张均胜 乔晓东．基于文献的科研事件表示与语义链接研究[J]．数据分析与知识发现，2018，2(5)：32-39.

③ Kerlin B, Cooley B C, Isermann B H, et al. Cause-effect relation between hyperfibrinogenemia and vascular disease [J]. Blood, 2004, 103(5): 1728-1734.

④ 高彦梅．语篇语义框架研究[M]．北京：北京大学出版社，2015.

⑤ 刘宗田，黄美丽，周文，等．面向事件的本体研究[J]．计算机科学，2009，36(11)：189-192，199.

⑥ Event in Schema. org [EB/OL].https：//schema. org. cn/Event，2018-10-19.

⑦ Hage W R V, Malaisé V, Segers R, et al. Design and use of the Simple Event Model[J]. Web Semantics Science Services & Agents on the World Wide Web, 2011, 9(2): 128-136.

⑧ Linking description of event [EB/OL]. http：//linkedevents. org/ontology, 2018-10-17.

⑨ Corda I, Bennett B, Dimitrova V. A logical model of an event ontology for exploring connections in historical domains [C]. Tenth International Semantie Web Conferenc, 2011.

⑩ Jeong S, Kim H G. SEDE：an ontology for scholarly event description [J]. Journal of Information Science, 2010, 36(2): 209-227.

分析①、人物建模②等特定使用场景的事件本体，均对事件的一般组成要素进行了定义③。

综合上述，组成事件的要素一般包括动作、时空环境、角色等。其中，动作是事件的核心，也是区分不同类型事件的主要依据。事件间最主要的关系包括时间关系与语义关系两大类，是构成事件网络的基础。时间关系用以表示事件在时间维度上的先后次序，语义关系用以表示关联事件的因果、条件、排斥、跟随、并发等关系。

4.1.3.2　叙事文本的语义表示

在事件表示的基础上，很多学者从本体角度对叙事文本表示开展了研究。故事本体(Stories ontology)定义了故事(story)、事件槽(event slot)、槽(slot)、子故事(substory)等，同时定义了事件序列(event List)，但未能进一步定义事件间存在的具体语义关系④。Damiano 提出了一个叙事与动作本体(narrative & action)，核心由动作、过程和状态等动态要素类(dynamics)以及角色与对象等实体类(entity)组成，并定义了事件的情境信息⑤。该本体对叙述客体的静态特征进行了刻画，并给出了事件的状态属性，但是并未处理叙事对象之间的关联性，因此不能很好地刻画事件的时序和情节特

①　Teymourian K, Paschke A. Towards semantic event processing [C]. Proceedings of the Third ACM International Conference on Distributed Event-Based Systems, 2009.

②　Han Y J, Park S Y, Park S B, et al. Reconstruction of people information based on an event ontology [C]. Proceedings of 2007 International Conference on Natural Language Processing and Knowledge Engineering, 2007.

③　张旭洁, 刘宗田, 刘炜, 等. 事件与事件本体模型研究综述[J]. 计算机工程, 2013(9): 303-307.

④　Stories ontology [EB/OL]. https: //bartoc. org/en/node/18293, 2018-10-17.

⑤　Damiano R, Lieto A. Ontological representations of narratives: a case study on stories and actions [C]. Satellite workshop of the 35th Meeting of the Cognitive Science Society CogSci, 2013.

征。Nakasone 等人采用修辞结构理论定义了事件间存在的语义关系，实现对叙事性文本的语义建模，但却忽略了叙事性文本中必然存在的时序关系①。BBC 的 Storyline Ontology 侧重于新闻事件的组织，通过跟随关系(follows)对时序关系进行表征②，但该模型对于叙事的表达能力较弱，不能较好地解释并表征叙事性文本的结构③。

通过分析现有研究可以发现，叙事本体未能充分考虑叙事学中对于情节的解释，无法准确定义并描述情节，对于叙事性文本中普遍存在的语义关系考虑不足，因而不能较好地表征叙事逻辑。

宋宁远、王晓光等④从情节本体的视角，提出了叙事性文本语义结构化表示方法，提出了叙事文本的"层次—网络"模型，并给出了实例。但是粒度较粗，是一个通用型建模方法，尚不能清晰定义与表示不同类型的叙事结构与叙事风格，难以细粒度表示情境模型，也难以有效支持数学应用题的问题情境可视化。

4.2 阅读中的情境模型

4.2.1 情境模型的内涵

Van Dijk 和 Kintsch 把语篇表征分为表层编码、课文基础表征和情境模型三个层次，认为情境模型是在课文基础表征和读者背景

---

① Nakasone A, Ishizuka M. ISRST: an interest based storytelling model using rhetorical relations [C]. International Conference on Technologies for E-Learning and Digital Entertainment. Springer-Verlag, 2007.

② BBC storyline ontology [EB/OL]. https://www.bbe.co.uk/ontologies/storyline, 2018-10-17.

③ Winer D. Review of ontology based storytelling devices [J]. Lecture Notes in Computer Science, 2014, 8002: 394-405.

④ 宋宁远, 王晓光. 基于情节本体的叙事性文本语义结构化表示方法研究[J]. 中国图书馆学报, 2020, 46(2): 96-113.

知识相互作用下由推理而形成的内容或心理上的微观世界①。情境模型的内容包括三种基本信息类型：时空框架、实体的集结和一系列实体间的关系②。时空框架是课文所描述的情境发生的背景；实体是被周围的事件所影响的或影响着的人和物；实体间关系信息是人们情境理解的线索。

Zwaan 和 Radvansky 认为，读者在理解信息过程中至少需要构建因果、空间、时间、主人公和目的五个维度的情境模型③。时间和空间指事件发生的时空背景，实体是用来理解情境结构的中介因素，因果是指事件之间的引起和结果关系，目的是指在某一情境中中介物的目标。情境模型的组成成分可以独立参与到加工过程中，它们可通过不同方式影响判断④。

（1）空间（spatial）维度：空间维度的研究主要包括空间距离表征和空间方位效应⑤。Perrig 和 Kintsch 的研究证实存在空间情境模型⑥。空间情境模型在阅读过程中会不断得到更新，Zwaan 和 Radvansky 的研究也证明了这一点⑦。

（2）时间（time）维度：时间维度的研究主要包括时间距离和时间转换。Quine 等指出，文本中所有语句都包含显性或隐性的时间

---

① Van Dijk, T. A., Kintsch, W. Strategies of discourse comprehension [M]. Academic Press, 1983.

② Radvansky, G. A., Zacks, R. T. The retrieval of situation-specific information[J]. Cognitive Models of Memory, 1997：173-213.

③ Zwaan, R. A., Radvansky, G. A. Situation models in language comprehension and memory[J]. Psychological Bulletin, 1998, 123(2)：162-185.

④ Strack F., Schwarz, N., Gschneidinger, E. Happiness and reminiscing：the role of time perspective, affect and mode of thinking[J]. Journal of Personality and SocialPsychology, 1985, 49(6)：1460-1469.

⑤ 贺晓玲，陈俊，张积家. 文本加工中情境模型建构的五个维度[J]. 心理科学进展, 2008, 16(2)：193-199.

⑥ Perrig, W., Kintsch, W. Propositional and situational representations of text[J]. Journal of Memory and Language, 1985, 24(5)：503-518.

⑦ Zwaan, R. A., Radvansky, G. A. Situation models in language comprehension and memory[J]. Psychological Bulletin, 1998, 123(2)：162-185.

信息①。情境模型中时间表征理论主要包括印象假设②③、强印象假设④和场景模型⑤。

（3）因果（causation）维度：因果维度的研究主要包括因果连词和因果推理。Deaton 和 Gernsbacher 发现，在文本阅读中含有因果连词比无因果连词的文本更有助于个体对文本的即时性加工，以及提取连词后对所接从句处理⑥。Campion 的研究证实因果推理在情境模型构建中有重要作用⑦。

（4）目标（intentionality）维度：根据情境模型的观点，主人公（实体）行为是持续达到目标的过程。在文本阅读过程中，读者通过已有的认知程序、背景知识等追溯并监控主人公的目标和计划。关于目标维度的研究主要包括：单一目标对情境模型构建影响的一致性⑧⑨，子目标的是否实现以及如何影响目标结构中的信

① Perrig, W. , Kintsch, W. Propositional and situational representations of text[J]. Journal of Memory and Language, 1985, 24(5)：503-518.

② Hopper, P. J. Aspect and foregrounding in discourse[J]. Syntax and Semantics, 1979, 12：213-241.

③ Fleischmam, S. Tense and narrativity[M]. Form Medieval Performance to Modern Fiction, University of Texas Press, 1990.

④ Zwaan, R. A. Processing narrative time shift[J]. Journal of Experimental Psychology：Learning, Memory and Cognition, 1996, 22(5)：1196-1207.

⑤ Anderson, A. , Gsrrod, S. C. , Sanford, A. J. The accessibility of pronominal antecedents as a function of episode shifts in narrative text[J]. Quarter Journal of Experimental Psychology, 1983, 35(3), 427-440.

⑥ Deaton, J. A. , Gernsbacher, M. A. Causal conjunctions and implicit causality：Cue mapping in sentence comprehension[J]. Journal of Memory and Language, 1999, 19：221-252.

⑦ Campion, N. Predictive inferences are represented as hypothetical facts [J]. Journal of Memory and Language, 2004, 50(2)：149-164.

⑧ Guéraud, S. , Harmon, M. E. , Peracchi, K. A. Updating situation models：The memory-based contribution[J]. Discourse Process, 2005, 39(2-3)：243-263.

⑨ 王瑞明, 莫雷, 贾德梅, 等. 文本阅读中情境模型建构和更新的机制[J]. 心理学报, 2006, 38(1)：30-40.

息整合①，行为和目标的一致性如何影响信息整合②，目标的达成情况和时间因素的关系③等。

（5）主人公（protagonist）维度：主人公维度一般包括影响代词的因素、文本主人公和刻板印象。语义和句法结构会影响代词的加工；文本阅读中读者的焦点往往在主角，而忽略了配角信息④⑤；文本加工过程中，情境模型的构建也受刻板印象影响。

4.2.2 情境模型的信息加工

读者对一篇文章的单词、词汇、句子结构和句子之间的连接进行心理表征以建立连贯，并不表示该读者理解文章，这还需要更高层次的表征和理解。情境模型的成功表征是读者的成功理解的标志，这是由于情境模型要求读者将语篇中的各种信息进行关联，从而形成对情境模型完整、连续的理解⑥⑦。情境模型的构建包含一系列的流程，其中最重要的是情境建模与更新。Zwaan 和 Radvansky 认为情境模型有四个加工过程：建构（construction）、更

---

① 冷英，莫雷，吴俊，等. 目标包含结构的文本阅读中目标信息的激活 [J]. 心理学报，2007，39（1）：27-34.

② Egidi, G, Gerrig, R. J. Readers' experiences of characters' goals and actions[J]. Journal of Experimental Psychology: Learning, Memory, and Cognition, 2006, 32(6): 1322-1329.

③ Radvansky, G A., Curiel, J. M. Narrative comprehension and ageing: The fate of completed goal information [J]. Psychology and Aging, 1998, 13(1): 69-79.

④ Morrow, D. G. Prominent characters and events organize narrative understanding[J]. Journal of Memory and Language, 1985, 24(3): 304-319.

⑤ Komeda, H., Kusumi, T. The effect of a protagonist's emotional shift on situation model construction [J]. Memory Cognition, 2006, 34(7): 1548-1556.

⑥ Zwaan, R. A., Radvansky, G. A. Situation models in language comprehension and memory[J]. Psychological Bulletin, 1998, 123(2): 162-185.

⑦ Zwaan, Rolf A. Embodied cognition, perceptual symbols, and situation models[J]. Discourse Processes, 1999, 28(1): 81-88.

新(updating)、激活(retrieval)和聚焦(foregrounding)①。"建构"是指将当前情境中的内容整合到一个粗略的模型;"更新"是将当前模型整合到已有模型中,对已有模型进行更新;"激活"是指工作记忆和长时记忆中与文本相关的背景知识被激活,并被整合到情境模型的过程;"聚焦"是指新的整合模型被成功构建,可以为下一个模型的构建提供线索。

情境模型的构建与叙述相关,叙述文本通常包括多个句子,含有详细的情境模型信息②③。在阅读时也会出现相似的情境模型构建过程,只要文本中描述了足够的情境或事件信息,读者就会进行心理表征④。

情境模型的动态更新主要有三种基本类型⑤,主要如下:(1)引入一个新元素。比如一个新人物走进了故事主角所在的空间,更新过程为使用其他的指示代词表示新人物。例如小明骑车去学校的路上遇到了步行回家的小红。(2)旧的元素变得无关紧要,需要从情境模型中删除。比如一个物体离开描述空间,更新过程为从前景中删除与该物体相关的信息。例如在高温条件下盐水中的水挥发了、浓度变高了。(3)情境中一些元素或特质发生变化,

---

① Zwaan R A, Radvansky G A, Hilliard A E, et al. Constructing Multidimensional Situation Models During Reading [J]. Scientific Studies of Reading, 1998, 2(3): 199-220.

② Radvansky, G. A., Curiel, J. M. Narrative comprehension and ageing: The fate of completed goal information [J]. Psychology and Aging, 1998, 13(1): 69-79.

③ Zwaan, R. A., van Oostendorp, H. Do readers construct spatial representations in naturalistic story comprehension? [J]. Discourse Processes, 1993, 16: 125-143.

④ Radvansky G A, Gerard L D, Zacks R T, et al. Younger and older adults' use of mental models as representations for text materials[J]. Psychology & Aging, 1990, 5(2): 209.

⑤ 王旎撰. 小学高年级儿童文本阅读中更新任务维度情境模型的特点 [D]. 兰州:西北师范大学, 2020.

如改变一个客体的所有权或人物经历的变化。更新过程为添加新元素、删除新元素或改变现有元素的特征。例如小明步行去学校，走了10分钟后，他怕迟到就上了一辆公共汽车，15分钟后到达学校。

4. 2. 3　应用题解决中的情境模型

数学应用题解决的前提是叙事文本的阅读和理解。文本阅读的研究表明，情境模型是文本理解的基础。所以，情境模型的构建对数学应用题的理解有重要作用。Nathan，Klatsch 和 Young 认为，解决者在解题时首先会构建对问题文本的命题表征，即文本库；其次根据日常语言的意义对问题文本所述情境的理解和表征，即情境模型；最后才是解题①。Reusser 认为个体对情境的理解错误导致了情境模型构建困难，最终导致问题图式模型建构困难或两种表征的综合困难②。

数学应用题中情境信息的变化涉及时空信息、实体信息以及实体间关系信息等。文本的改变使得情境模型各维度的信息发生变化，从而影响到情境模型的构建和更新，进而影响数学应用题的理解和解决。许多研究证实，情境模型因素对应用题的理解和解决十分重要③④。数学应用题解题成绩和阅读成绩有

①　Nathan M J, Kintsch W, Young E. A Theory of Algebra-Word-Problem Comprehension and Its Implications for the Design of Learning Environments[J]. Cognition and Instruction，1992，9(4)，329-389.

②　Reusser K. Textual and situational factors in solving mathematical word problems[C]. Association for Information and Image Management，1989.

③　Nathan M J, Kintsch W, Young E. A Theory of Algebra-Word-Problem Comprehension and Its Implications for the Design of Learning Environments[J]. Cognition and Instruction，1992，9(4)，329-389.

④　Reusser K. Textual and situational factors in solving mathematical word problems[C]. Association for Information and Image Management，1989.

较大联系①②③④。数学应用题中文本的微小改变可能影响到问题解决的成绩⑤。一些研究者实验研究表明，不同语言表达方式的应用题，即使其数学解决方案相同，对 5~8 岁儿童而言，也可能产生不同程度的困难，以及可能产生不同的错误类别⑥⑦⑧。有研究者认为：儿童面向题目文本构建了不合适的情境模型，是其解题较差的根本原因⑨⑩⑪。

---

①　Orrantia J, Tarin J, Vicente S. The use of situational information in word problem solving [J]. Infancia y Aprendizaje, 2011, 34(1): 81-94.

②　Vilenius-Tuohimaa P M, Aunola K Nurmi J E. The association between mathematical word problems and reading comprehension [J]. Educational Psychology, 2008, 28(4): 409-426.

③　Light G J, DeFries J C. Comorbidity of reading and mathematics disabilities: Genetic and environmental etiologies [J]. Journal of Learning Disabilities, 1995, 28(2): 96-106.

④　Jordan N C, Kaplan D, Hanich L B. Achievement growth in children with learning difficulties in mathematics: Findings of a two-year longitudinal study[J]. Journal of Educational Psychology, 2002, 94(3): 586-597.

⑤　Mattarella-Micke, A., Bellock, S. L. Situating math word problems: The story matters[J]. Psychonomic Bulletin & Review, 2010, 17 (1): 106-111.

⑥　Fuson, K. C. Research on learning and teaching addition and subtraction whole numbers[J]. Analysis of Arithmetic form Mathematics Teaching, 1992: 53-187.

⑦　Reed, S. K. Word problems: Research and curriculum reform [M]. Erlbaum, 1999.

⑧　Verschaffel, L., De Corte, E. World problems: A vehicle for promoting authentic Mathematical understanding and problem solving in the primary school [J]. An International Perspective, 1997: 69-97.

⑨　Verschaffel, L., De Corte, E. World problems: A vehicle for promoting authentic Mathematical understanding and problem solving in the primary school [J]. An International Perspective, 1997: 69-97.

⑩　Oakhill, J. Mental models in children's text comprehension[J]. Mental Models in Cognitive Science, 1996: 77-94.

⑪　Oakhill, J., Cain, K., Yuill, N. Individual differences in children's comprehension skill: Toward an integrated model [J]. Reading and spelling: Development and Disorders, 1998: 343-367.

4.2.4 情境模型的作用

学生在阅读、理解数学应用题题目文本过程中，对应着多次情境模型的更新。一个情境模型的成功表征，标志着该生成功理解了题目文本中的一段文字；系列连贯的情境模型的成功表征，标志该生成功理解了题目。面对代数应用题题目文本，只有成功构建了系列连贯的情境模型，才能表明该生成功理解了题意。情境模型对学生理解文本有整合文本信息、综合领域知识、解释基础知识等作用。

（1）整合文本信息。情境模型作为理解文本的重要加工过程，Van Dijk 和 Kintsch 认为情境模型首先有整合的作用①。情境模型是以读者的背景知识为基础，对课本中的命题表征信息进行综合和理解后建立。如果仅仅是语句间的信息叠加，无法实现读者对文本的理解。例如"两个修路队修一条公路。甲队单独从南往北修，64天修完。乙队单独从北往南修，50天修完。现甲、乙合作若干天后，乙因故离开几天，甲一直工作30天完成。这条公路长多少米？"这段话中每句话和前一句话之间都有明确的联系，但句子集的简单累加并不能让读者形成很好的理解。针对这段文本中的时间和空间信息可以构建出包含三个事件情境模型，分别是"甲队单独修路""乙队单独修路""甲乙队共同修路"，这三个情境模型通过修路速度进行连接，可以充分地整合文本中的信息。因此，情境模型的作用之一就是对句子中包含的信息进行整合，最终达到理解的目的。

（2）综合领域知识。情境模型可以将不同文本中的信息进行有机结合，以提高读者对特定领域的理解。例如在学习过程中，某一理论的观点只是少数学者的研究和思考，通过对多个理论的学习与融合，读者便可以对该领域有一个完整的认识，其核心就是将不同

91

① Van Dijk, T. A., Kintsch, W. Strategies of discourse comprehension [M]. Academic Press, 1983.

来源的知识高效地集成到一个情境模型中。在数学应用题牛吃草问题中，执行实体可能为吃草的动物，也可能为运水的货车、装电话的师傅，消耗实体为一直生长的草、不断涌出的泉水，或者接连坏掉的电话，但是它们对变化主体的行为都是相似的，如吃掉、运送、拆除，都表示为减少变化主体的数量。所以对这些不同条件下相似的情境关系可以进行总结归纳，提出相应的情境构建与整合方式，能够大大提高情境模型的构建效率，同时提升学生理解题意的质量。

(3)情境模型还具有解释作用，可以解释不同感觉通道理解的相似性。日常生活中存在各种各样的文本，比如科学文章、课文、小册子以及新闻等，为了降低人们的理解难度，通常会配上表格和图画。情境模型理论认为，表格和图画中的信息与文本中的信息联合起来，可以构成完整的情境模型，帮助理解[①]。这也为表征辅导中的问题情境仿真提供了理论支持。比如，在行程问题中通常包含多个运动过程，且运动速度、时间不尽相同，如果利用情境模型将运动物体的运动过程分段建模，使用图表等进行展示，就能够快速对知识进行整理、展现，方便学生理解、教师教学。例如表 4-1 中的情境信息，就可以用图 4-2 来解释和增强。

表 4-1 行程问题各实体状态表

情境实体		状态	速度	时间	到 A 点的距离
情境 1	甲车	运动	V1	t	S1
	乙车	静止	0	0	300km
情境 2	甲车	运动	V2	t	S2
	乙车	运动	V3	t	S3

---

① Glenberg A M, Langston W E. Comprehension of illustrated text: Pictures help to build mental models[J]. Journal of Memory and Language, 1992, 31(2): 129-151.

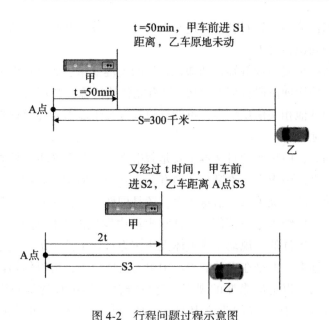

图 4-2　行程问题过程示意图

4.3　提出问题

4.3.1　知识的情境性分析

　　基于机器进行表征辅导的前提就是机器必须能理解题目文本的含义。这就需要一定的知识表示机制。而知识是一定情境下的产物，知识是具备情境属性的信息，在特定的情境之中发挥作用。因此，知识表示方法应该能考虑到知识的情境性。

　　余光胜等强调知识具有情境依赖性，并指出具有情境依赖性的知识所描述的非结构化问题等，难以通过信息化的手段进行处理，其处理需要更进一步地研究①。Williams 也指出知识依赖于情境，

93

───────────

　　①　余光胜，刘卫，唐郁. 知识属性、情境依赖与默会知识共享条件研究[J]. 研究与发展管理，2006(6)：23-29.

对知识情境的理解有利于促进知识的复制、改编和吸收，从而导致成功的知识转移①。

情境是完整理解知识和知识转移的关键要素，是对知识和知识转移所处周期阶段特征的表述。没有完整的情境，知识就会与情境信息和其他相关信息隔离，可能导致其含义不能得到完整地理解或被错误地理解。

同时，应用题题目文本主要是叙事文本，叙事文本的核心就是事件。事件中很多元素都与情境有关，并受到情境的影响，不论是各个元素的层级关系、信息主次，还是词性转换，在必要时都需要把特殊情境纳入考虑范围②。日常生活中发生的事件充满复杂性，因此某一事件的常规动作或事体无法作为日常生活中语言现象解释的统一标准。但是在事件的表示中引入情境模型，可以使知识表示更加灵活，以适应多变的现实。这也符合人类正常的认知思维规律，且其具有一定的哲学基础③。情境模型表征了事件的空间（Space）、时间（Time）等五个维度的信息，有助于学生厘清一些重要问题，例如为什么、怎么了、在哪里、在何时等，这些能很好帮助学生理解题意。情境模型的成功构建才能表示学生正确理解了数学应用题的题目文本。

4.3.2　常见知识表示的不足

目前常见的知识表示方法主要有谓词逻辑表示法、产生式表示法、框架表示法、语义网络表示法、面向对象表示法、本体表示法等，均得到了比较深入的研究。但当前知识表示方法还存在

① Williams C. Transfer in Context: Replication and Adaptation in Knowledge Transfer Relationships [J]. Strategic Management Journal, 2007, 28(9): 867-889.

② 余杨敏. 情境-事件域认知模型——对事件域认知模型的补充[J]. 广东外语外贸大学学报, 2018, 29(6): 13-17.

③ 余杨敏. 情境-事件域认知模型——对事件域认知模型的补充[J]. 广东外语外贸大学学报, 2018, 29(6): 13-17.

以下不足：

（1）难以突出知识的情境性，难以有效表示过程性知识，动态性知识。应用题很多类似于故事叙述，描述了一件或几件事，其中隐含了事情细节之间一定的因果关系和数量关系，以及一定的动态情境与过程情境。例如溶液浓度问题中的"溶液挥发"，以及行程问题中的"在操场跑步"等问题，前者隐含着"浓度的改变"，后者隐含着"多次相遇"。

有研究明确提出：传统知识表示法缺乏过程性知识表示能力，不具备动态特征①。谓词逻辑表示法和框架表示法难以表示过程性知识。例如行程问题，以及牛吃草问题等，具有明显的过程性，显然谓词逻辑表示法和框架表示法不能承载这样的信息。产生式表示法难以表达逻辑关系紧密的知识，难以把事物之间的因果关系表示出来，难以很好表示情境模型。语义网络表示法使用弧代表节点间的联系，但过于简单，表达不出动态情境。目前的语义信息表示方法普遍缺乏情境知识的内容，而在计算机信息处理的智能化方面，情境知识又显得至关重要②。面向对象的方法从理论上可以解决很多问题，但继承性和封装性等比较抽象，相较于框架等表示法，不容易被非专业人员理解。本体表示法中四种基本关系较适合用来描述概念的静态属性，难以描述动态的情境知识。

根据上述分析，当前知识表示方法更多的是对静态知识进行表示，例如概念、公式、定理、法则等；均对知识的情境性支持不够，例如对"相向而行""逆时针旋转""停留10分钟再出发"等情境要素表示不足。

（2）面向数学应用题解题领域，如何表示问题情境，还需进一步研究。知识表示方法仅为一个基础方法，只有将其应用到具体的领域，才能产生应有的作用。数学应用题题目文本表述方式复杂多

95

---

① 赵雪汝，何先友，赵婷婷，等. 情境模型的更新：事件框架依赖假设的进一步证据[J]. 心理学报，2014(7)：901-911.

② 秦雅楠，由丽萍，董文博，等. 一种基于框架的情境知识表示方法[J]. 情报杂志，2011，30(1)：155-158.

样，如何以便于计算机理解的方式表示其特征以及特征之间的关系等，如何有效表示问题情境，还需进一步研究，例如如何表示牛吃草问题、工程问题、植树问题等中的情境信息。

4.3.3 叙事文本表示的不足

4.3.3.1 情境信息的缺失性

作为一种高度抽象的表达方式，自然语言主要用于人类之间的信息交流。人类能够利用丰富的先验知识，尽可能准确地实现语义理解与表示。但对缺乏先验知识，主要依赖输入数据的模型而言，自然语言所具有的歧义性、多义性、模糊性以及情境依赖性等特点，对准确理解模型以及表示自然语言的语义等，造成了巨大的挑战。

事件域认知模型 ECM 认为，缺省信息在现实交流中在所难免①，并认为：实际场景信息=言语信息+缺省信息。事实上现实情况也确实如此，日常谈话需要依赖一些背景知识，这些知识可能未经说明或无法用言语表述。因此，产生了以部分代整体的转喻用法，使得情境中的部分信息缺失。以"甲队单独修一条公路"这一事件为例，事件域认知模型认为这一事件域可能会包括：计划修路的方向、开始修路、修路结束。但是在完整的情境中，就会注意到工程队修路的时间、速度、这条公路的长度、是否与其他工程队合作、中间是否休息等信息。

现有的大多数自然语言语义表示方法，要么没有考虑情境信息，仅依赖文本内容对语义进行建模分析，要么对情境信息与文本核心内容不加区分、同等对待，最后将文本的多重语义压缩到一个向量中进行表示，并将其应用到不同任务中。虽然这些方法在后续自然语言处理任务上取得了不错的成绩，但距离准确理解与表示自然语言语义还有一些差距。其实，应该描述并有效利用合适的情境信息，为自然语言语义理解与表示提供可靠的基础。

---

① 王寅. 认知语法概论[M]. 上海：上海外语教育出版社，2006.

4.3.3.2 表示粒度较粗

赵志耘认为在体现知识共现关系的基础上，应该进行更多语义关系的网络分析，同时融入时空要素，实现对细粒度知识网络的动态演化分析①。如果粒度较粗，就难以对知识进行有效表示。当前叙事文本简单地以事件为研究单位，表示粒度较粗，不利于知识表示。如果以情境模型为单位，就能更好反映情境模型的更新，有利于人们的阅读。这一知识表示粒度就比较合适。当前研究的不足主要表现为不利于情境模型的更新、不利于表示事件之间的关系等。

1. 不利于情境模型的更新

事件具有层次关系，其组成是具有一定的层级结构的。Hard等人在研究中发现学生对熟悉的事件有更精细的划分②。例如小红出门旅行就是一个由买票、乘车、游览等多个不同的小事件组成的大事件图式。

从组成层次角度来看，在大的事件框架内，两种联系密切的事件信息发生改变，会引起读者对小的事件产生知觉变化，从而快速更新情境模型。但是面向大事件框架整体，情境模型就有可能不更新。如果粒度较粗，就不利于表示知识，也不符合人们的认知模式。

知识表示是为了机器的理解和人的理解，如果情境模型不能及时更新，则不能引起人或机器的认知效果。例如，如果仅仅从粗粒度角度考虑做饭，那么就是一个静态情境，而从细粒度角度考虑，就存在洗菜、炒菜等系列小事件相对应的情境模型。这些情境模型的更新，才能促进人们对做饭的认知。

再以应用题为例："甲、乙两人打字，甲先打了600字，乙才开始，已知甲每分钟打35个字，乙每分钟打60个字，多少分钟

97

① 赵志耘，孙星恺，王晓，等．组织情报组织智能与系统情报系统智能：从基于情景的情报到基于模型的情报[J]．情报学报，2020，39(12)：1283-1294.

② Hard B M, Tversky B, Lang D S. Making sense of abstract events: building eventschemas[J]. Memory & Cognition, 2006, 34(6): 1221-1235.

后，甲、乙两人打的字一样多?"从粗粒度角度看，二者的打字数量最后一致，但从细粒度角度考虑，其中就包含"甲先打了600字"、"甲乙具有各自的打字速度""一段时间内持续打字"等情境模型。从细粒度角度，才能把应用题文本知识表示出来。

2. 不利于表示事件的复杂关系

事件还具有因果关系、跟随关系和并发关系等。现实生活中，两个或多个事件相互交叉发生的情况是非常普遍的，且这些事件发生的动作时序很不稳定，存在多变性，这使得事件的发生更加复杂。使用一个或几个事件的典型行为和事件来表示知识，粒度较粗，难以解释清楚。这就使得当前知识表示难以较好地描述该事件。以应用题"两个修路队修一条公路。甲队单独从南往北修，64天修完。乙队单独从北往南修，50天修完。现甲、乙合作若干天后，乙因故离开几天，甲一直工作30天完成。这条公路长多少米?"为例，该文本中包含多个事件："甲单独修路""乙单独修路"，以及"甲乙先共同修路，甲再单独修路"等，但是这些事件都不是独立存在的，从粗粒度的角度单独理解很有可能造成信息误差。

事件总是存在一定的关联。如果从细粒度事件来看，就能改好事件之间的关系。例如上述题目，第二分句中的"甲单独修路"和"乙单独修路"是独立发生的，第二次"甲单独修路"是在"甲乙合作一段时间后，乙有事离开"之后发生的，这两次事件相似但与其他事件之间的关系却不同。所以只有从细粒度来观察才能更深入地了解事件，厘清文本的一些隐含信息，更好地理解文本内容。

4.3.3.3 不利于数学应用题问题情境的仿真

理解问题情境是应用题解题的前提。在数学应用题解决过程中，广大中小学学生普遍存在着忽视问题情境、缺乏数学思考等问题，绝大多数情况下中小学学生的学习更依赖由直接观察所获得的具体化经验和理解①。情境缺乏对中小学学生的影响非常明显，对

---

① 中国教育报. 黄荣怀院长接受中国教育报专访[EB/OL]. http://sli. bnu. edu. cn/a/xinwenkuaibao/meitibaodao/2016/0401/103. html, 2016-04-01.

教育资源相对匮乏的部分中小学学生更是如此。如何通过有效的指导和干预来培养中小学学生的问题情境理解能力很受研究者关注①。

问题情境仿真就是一个很好的途径②。但是当前知识表示难以表示情境信息，这就导致仿真时缺乏有效信息，这大大增加了问题情境仿真的信息代价。牛吃草问题通常包含牛的吃草量和草地的生长量(或衰减量)两个变量，但是这两个变量对应的主体都为草地，且为同一时间内发生，对中小学学生来说想象和理解问题情境都十分困难；同时在更复杂的题目中，牛的数量也可能发生变化，学生理解的难度就更大。但是在问题情境仿真中，可以将牛和草地看成不同的主体，每天对应的草粮变化等，分别用图形、动画展示出来，就可帮助学生很好地理解题意，进而解答题目。如图 4-3 所示，图中将新长出的草、牛正在吃的草与牛已经吃完的草粮分离，将它们分别作为草地和牛的属性改变，加上动画展示，就能够让学生更好地理解问题情境，理清各实体的属性变化。

4.3.3.4 其他

当前研究还对临时性的词义变化、对特殊句法结构的解释等难以进行有效表示。但是，由于数学应用题言语比较简洁，层次比较分明，因此这些不足对表征辅导的影响有限，暂不作为本书的研究范围。

4.3.4 提出对策

综合上述分析，当前知识表示方法虽然一定程度上可以表示知识、有利于应用题的解决，但对知识的情境性突出不够。同时，当

99

① 王丽娜，陈玲．课堂网络环境下操作情境对儿童数学问题解决影响的实证研究[J]．电化教育研究，2014(9)：58-63.

② 余小鹏．面向数学应用题的问题情境仿真支持系统[M]．武汉：武汉大学出版社，2022.

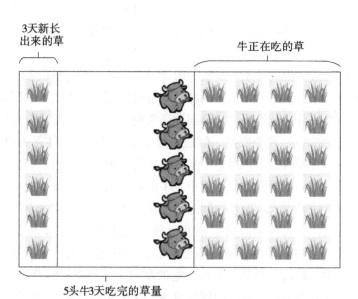

3天新长
出来的草

牛正在吃的草

5头牛3天吃完的草量

图 4-3　牛吃草问题仿真示意图

前叙事文本表示主要从语义网络角度展开研究，还存在着情境信息缺乏、粒度太粗、不利于问题情境仿真等不足。为了更好表示应用题文本知识，提出一种更有效的知识表示方法，就显得很重要。

情境模型来源于文本阅读研究。情境模型的构建包括建构—更新—激活—聚焦四个过程。其中的更新，涉及新元素的增加、旧元素的删除，以及情境实体属性的改变等。

人们阅读文本的过程中，上述过程循环进行，逐步更新并聚焦到一个个情境模型。这些连贯的情境模型的成功构建，标志着读者对篇章的成功理解。

情境模型有整合先后文本含义的作用，能有效解释文本、图表等，还能通过激活专业知识等手段来促进读者对问题情境的理解。

通过情境模型的视角来进行知识表示研究，符合人们的阅读习惯，符合人们正常的认知思维规律，且具有反本质主义和反基础主义等哲学基础。

综合上述分析，本章面向代数应用题领域，从情境模型的角度，提出一种语义知识表示方法（Situation Model based Knowledge Representation，SMKR）。该方法通过系列情境模型对知识进行表示，突出了知识的情境性，对过程性知识、动态知识等能进行有效表示，有利于人和机器的理解，进而有利于表征辅导。

4.4 基于情境模型的知识表示方法

4.4.1 SMKR 知识表示的结构

4.4.1.1 情境模型的粒度分析

情境模型是在文本基础表征和读者背景知识相互作用下由推理而形成的内容或心理上的微观世界，事件是其主要构成。事件中存在时间、空间等要素。在时间、空间转换时，读者关注的信息不同。时间转换时，读者关注活动信息，而空间转换时，读者关注客体信息。时间转换与终止活动共同作用、空间转换与移除客体共同作用，可以引起情境模型的快速更新。只有系列情境模型的成功构建，读者才能理解文本含义。

事件具有层级关系，因此情境模型也具有相应的层级关系。在一个事件框架内，如果事件的层级比较高、粒度比较粗，则情境模型就不会更新①。当然，如果读者非常熟悉一定的事件，看待事件的粒度可以粗一点，可以忽略其内部的更新。

对数学应用题而言，其读者往往是中小学学生，问题情境理解往往是其解题的障碍。从事件的细粒度至粗粒度的视角，只要情境模型产生了更新，就可作为一个可参考的情境模型节点。因此，可以认为：情境模型（Situation Model，SM）描述了一定时空环境下情

101

---

① 赵雪汝，何先友，赵婷婷，等．情境模型的更新：事件框架依赖假设的进一步证据[J]．心理学报，2014(7)：901-911.

境实体的一次状态变化，SM 包含时间、空间属性，实体更新前状态和更新后的状态，以及实体两种状态之间的情境变化。以情境模型更新为线索，系列情境模型节点就形成了一个有向网络图。基于该网络图，就能有效对文本进行有效表示。

以如下应用题为例进行分析：客车与货车分别从 A、B 两地出发。客车与货车经过 15 小时相遇；如果客车速度不变，12 小时到达终点；如果货车在相遇后速度增加了 18 千米每小时，这样就可以同时到达对方的出发点。问两地距离多少米？

其中的"客车与货车经过 15 小时相遇。""客车和货车同时到达对方的出发点"就表示 2 个情境模型 SM1 和 SM2。SM1 描述了客车和货车行驶的时间，终止状态和起始状态的"物体状态""位移量""时间"都进行了更新。SM2 描述了货车的速度，相对 SM1 进行了更新，且 SM2 的终止状态相对其起始状态也进行了"时间"和"位移量"的更新。SM1 和 SM2 中货车的状态变化如所示图 4-4。

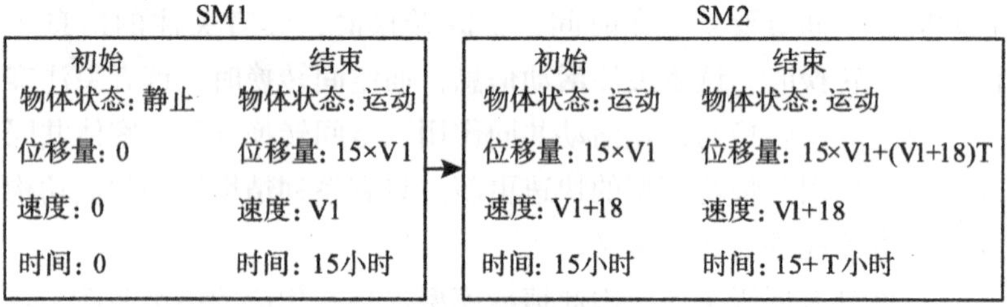

SM1		SM2	
初始	结束	初始	结束
物体状态: 静止	物体状态: 运动	物体状态: 运动	物体状态: 运动
位移量: 0	位移量: 15×V1	位移量: 15×V1	位移量: 15×V1+(V1+18)T
速度: 0	速度: V1	速度: V1+18	速度: V1+18
时间: 0	时间: 15小时	时间: 15小时	时间: 15+ T 小时

图 4-4　货车状态变化图示

如果把 SM1 和 SM2 合并，作为一个粒度更大的事件来考虑，例如"客车和货车同时行驶，同时到达对方的出发点"，那么就失去了"增加了 18 千米每小时"等详细的情境信息，这样的文字理解就过于抽象、宏观，对中小学学生而言，就难以理解题意，导致不能正确表征该应用题。

4.4.1.2　SMKR 文件的结构

知识表示需要一定的描述语言，XML 是一个开放标准，是一

种跨平台的数据表示、交换技术；它是一种元语言，突破了 HTML
固定标记集合的约束，可以用来定义语义标记①。SMKR 采用 XML
语言进行知识表示。SMKR 文件主要包括两个部分：情境流程控制
部分 FlowControl 和情境模型说明部分 SMDesc。情境流程控制部分
包括关系部分 Relations 和情境模型节点部分 SMNode，其中
SMNode 对情境模型节点进行一定的说明，FlowControl 采用有向图
的结构进行表示。Relations 部分用 Line 表示 SMNode 之间的时序关
系和语义关系。SMDesc 部分对情境模型节点 SMNode 进行详细说
明。SMKR 的结构示意图如图 4-5 所示。

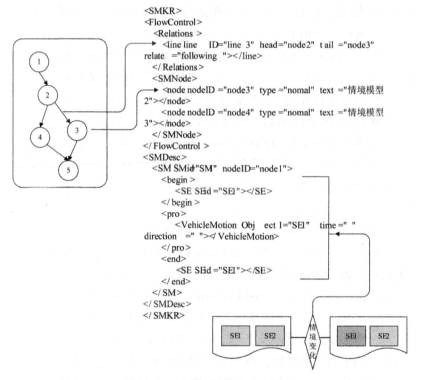

图 4-5 SMKR 结构的示意图

---

① 赖朝安. 基于 XML 与 Web 的产品设计知识表示与知识库系统[J].
计算机工程，2005，31(16)：27-29，85.

4.4.2　情境模型之间的关系分析

情境模型之间的关系主要有流程控制关系和语义关系。前者主要从有向图表示的角度来看，描述了情境模型更新的流程。后者表示了情境模型之间的因果等语义关系，表征了应用题题目文本的叙事逻辑。

4.4.2.1　流程控制关系

从有向图表示的角度来看，即情境模型发生流程角度，情境模型之间有顺序发生、分支发生和循环发生几种情况。根据 SMKR 结构，这些关系用 Line 来表示。关系 Line 的 2 个端点连接着 2 个情境模型 Node，表示了二者的顺序关系。两个相连的情境模型 SM1 和 SM2，在时间上是连续的。即 SM2 的开始态是 SM1 的结束态。例如上述行程问题"客车与货车分别从 A、B 两地出发. 客车与货车经过 15 小时相遇，如果客车速度不变，12 小时到达终点"这段文本中有两个情境模型，SM1 为"客车与货车经过 15 小时相遇"，SM2 为"客车速度不变，12 小时到达终点"。SM1 的结束态和 SM2 的开始态都是"客车、货车都经过了 15 个小时的行驶，位移量分别为 $15 \times V_甲$、$15 \times V_乙$"。

SMKR 增加表示分支结构的虚拟情境模型，分支开始用节点 Switch 表示，分支结束用节点 EndSwitch 表示。如上述例题中，货车速度有改变和不改变两种情况因此增加虚拟情境模型，使用 Switch 表示分支开始，使用 EndSwitch 表示所有分支均结束，具体如图 4-6 所示。该部分的情境流程控制演示脚本如图 4-7 所示。

一些数学应用题涉及了一定情境模型的反复更新，这就涉及了循环。如果用线性结构，该部分的情境模型序列就会延长很多，非常不利于其表示。例如，牛吃草问题中，由于牛吃草的同时草也在长，牛就可能需要多次回到草地边缘吃草才能吃完所有的草，如图 4-8 所示。由于循环问题比较复杂，SMKR 通过领域构件来表述，例如<CattleGrass number = "10" days = "10" grass = "20" width = "60"

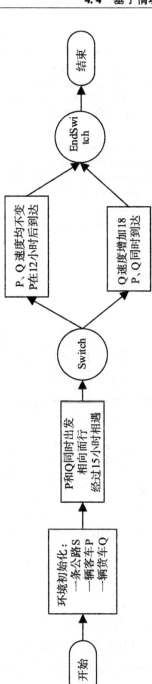

图4-6 Switch分支模型图

```
<Relations>
    <line lineID ="line3" head ="switch" tail ="node2" relate="following"></line>
    <line lineID ="line4" head ="switch" tail ="node3" relate="following"></line>
    <line lineID ="line5" head ="node2" tail =" endswitch" relate="following"></line>
    <line lineID ="line6" head ="node3" tail ="endswitch" relate="following"></line>
</Relations>
<SMNode>
    <node nodeID ="switch" type="functional" text="分支 1"></node>
    <node nodeID ="node2" type="nomal" text="情境模型 2"></node>
    <node nodeID ="node3" type="nomal" text="情境模型 3"></node>
    <node nodeID ="endswitch" type="functional" text="分支 1 结束"></node>
</SMNode>
```

图 4-7   流程控制部分脚本表示

height = " 40 " ></ CattleGrass >。

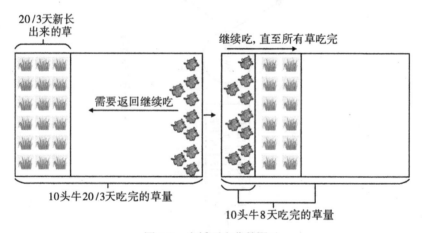

图 4-8   牛循环吃草的图示

4. 4. 2. 2   语义关系

语义关系表示情境模型之间的叙事逻辑。SM 之间的语义关系包括因果关系、跟随关系、条件关系和排斥关系等。这些关系可以作为 Line 的属性，通过"属性：属性值"的方式进行表示。SM 之间的语义关系说明以及例句如表 4-2 所示。

表 4-2   **SM 语义关系表**

关系名	说明	例句
因果关系	SM1 的发生导致了 SM2 的发生	一杯盐水在太阳下暴晒，水分蒸发，溶液浓度变为原来的两倍
跟随关系	在一定长度的时间段内，SM1 的事件发生后，SM2 中的事件跟随发生	狗和兔子比赛跑步，狗先出发，5 分钟后兔子出发，经过 7 分钟追上狗
条件关系	SM2 的发生，需要满足 SM1 的发生，即 SM1 是 SM2 的条件，反之为结论	如果师傅每个小时多加工两个零件，徒弟每小时也多加工两个，全部加工完毕时，两人加工零件总量的差比之前相差 4 个
排斥关系	SM1 和 SM2 不可能同时发生，即一个 SM1 的发生。隐含了另一个事件的不发生	一个牧场，草每天匀速生长。这个牧场上的草可供 17 头牛吃 30 天或者可供 11 头牛和 24 只羊吃 24 天

厘清这些关系，有利于表征辅导，帮助中小学学生进一步明白文本含义、理解题意。不同于事件，SM 之间不存在并发关系。并发的事件发生于同一时间，包含在一次情境模型更新的范围之内，因此并发的事件属于同一个情境模型。例如："客车与货车从两地同时出发，最后于某处相遇"，其中"客车的移动"和"货车的移动"是两个事件，属于并发关系，但从"二者出发"至相遇，包含于一次情境模型更新之内。

107

4.4.3　情境模型的构成分析

4.4.3.1　形式化描述

情境模型(Situation Model，SM)描述了一定时空环境下情境实体的一次状态变化。SM 用计数器 index 来表示时间要素、用画布 Canvas 来表示空间要素;画布描述了情境模型开始态至结束态之间变化的空间场景,往往展示为一个窗体等。SM 用开始态 begin 描述当前情境模型更新前所有情境实体 SE 的状态;用结束态 end 描述当前情境模型更新后所有 SE 的状态;用过程态 pro 来表示当前情境模型的更新过程,即所有 SE 开始状态和结束状态之间的情境变化。过程态 pro 往往使用情境关系描述对象 SCDO 来表示。SM 形式化描述为:

$$SM = \{index,\ Canvas,\ begin,\ pro,\ end\}$$
$$begin = \{SE_{b1},\ SE_{b2},\ \cdots,\ SE_{bn}\}$$
$$end = \{SE_{e1},\ SE_{e2},\ \cdots,\ SE_{em}\}$$
$$pro = \{SCDO_1,\ SCDO_2,\ \cdots,\ SCDO_h\}$$

4.4.3.2 情境实体

情境实体(Situation Entity, SE),是情境模型的重要组成。就应用题而言,SE 描述了构成数学应用题的情境角色。SE 用面向对象的方法进行描述,包括属性和方法等。其中属性为该对象的情境特征,描述了某个情境特征的状态,例如小明步行的速度,小亮拥有的书本数量,以及混合液的浓度等。方法执行时修改对象的属性数据,以反映该对象情境状态的改变。SE 的属性和方法有一个或者多个,因此分别用属性列表 PropertyList 和方法列表 MethodList 来表示。

SE 的属性之间往往存在一定的约束关系 Constraint,例如汽车移动的距离 s、速度 v 和时间 t 存在"$s=vt$"的约束关系。上述 SE 的形式化描述为:

$$SE = \{ID,\ Name,\ Desc,\ PropertyList,\ MethodList,\ Constraint\}$$

例如客车和货车分别从 A、B 出发的过程中,客车和货车就是情境实体 SE,各自具有 ID、位置、命名、描述等属性,也具有"移动"等方法,其中的速度、时间和距离具有一定的约束关系。

情境实体可分为简单对象和复杂对象。简单对象的数据结构较为简单，可以作为复杂对象的构成要素。这里的简单对象和复杂对象之间的构成关系，一种是客观的，另一种是动态的、根据文本含义抽取出来的。例如：钟表问题中的钟表是复杂对象，需要复杂的数据结构来表示表盘、时针、分针和秒针，以及指针之间的约束关系。这类情境实体之间的构成关系是客观的，需要根据题意将实体的值进行填充，应用题"钟表时间为5时14分56秒"中钟表实体表示如图4-9中 a 所示。

再如应用题"妈妈买了4盒月饼，其中每盒月饼有3块，每块月饼100克重"，其中的"妈妈"就为复杂对象，"盒装月饼"就为"妈妈"的属性，其属性值为4。"每盒月饼"为简单对象，其属性为块，其值为4。这些情境实体之间的关系，是动态的，可以根据题目含义抽取出来，如图4-9中 b 所示。

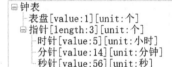

a. 情境实体-钟表   b. 情境实体-妈妈

图 4-9   情境实体图

4.4.3.3   情境变化

情境变化(Situation Change，SC)描述了情境模型内情境实体开始状态与结束状态之间的变化，包括情境实体属性发生变化、情境实体的新增、删除等。例如"移入""移出""蒸发""遇到"等。

1. SC 分析

SC 主要有静态和动态两种。其中静态 SC 描述了有关联的情境实体属性之间的静态情境关系，该情境关系仅仅为静态关系的描述，而没有过程性或动态性的变化。例如比较大小等于、求和等，这些仅仅描述了一些数据之间的关系，不涉及"移动"等动作变化。

动态 SC 描述了两种情况：（1）描述了情境实体 SE 自身属性发生的变化，例如其特征值的增加、减少等，即仅仅 SE 的属性值发生变化，而其本身还存在于情境模型之中。例如"自行车的移动"，其位置发生变化，但车子还在情境模型中。（2）描述了情境实体 SE 的新增或者删除，例如"容器里溶剂挥发了"等，在情境模型的结束态中，表示"溶剂"的情境实体 SE 就被删除了。在一个情境模型内，情境实体的新增有分裂和出现两种，删除有聚集和消失两种。具体如图 4-10 所示。

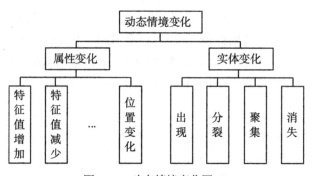

图 4-10 动态情境变化图 SC

"出现"描述了一个或多个情境实体仅仅在结束态中出现。例如"小明在前往学校的路上和小亮相遇"，在当前情境模型更新时，小亮才出现。而在开始态中，小亮不存在，可以表示为 NULL。

"分裂"描述了一个情境实体或多个情境实体从另一个对象中分离出来的情形。例如"液体挥发""旅客下火车""班级分组"等。以旅客下车为例，"旅客下车之前"为一个情境模型的初始态，其中的情境实体只有车；"旅客下车之后"为该情境模型的结束态，其中的情境实体就分裂为旅客和火车了。

"聚集"描述了一个或多个情境实体加入另一个对象的情形。例如"食盐加水""旅客上火车""班上来了一个新同学"等。以"旅客上车"为例，初始态中的情境实体为车和旅客；在结束态中，旅客上车了，此时旅客和车就聚集为"车"这一个情境实体了，尽管其中包含有"旅客"；后续描述车子的移动，就包含了旅客的移动。

"消失"描述了一个或多个情境实体仅仅在情境模型的开始态中出现。例如盐水混合液，其初始态包含了盐和水；在水挥发完毕之后，容器中只剩下盐，水就消失了。即在结束态中，水就不存在了。

2. 情境变化描述对象 SCDO

情境变化描述（Situation Change Description Object，SCDO）是对情境变化的表示与实现，是一系列对情境变化进行可视化、动态化描述的构件。这些构件非常有利于机器对知识表示的解释与仿真。

SCDO 主要面向领域情境，而不是领域知识，因此 SCDO 与 SE 不同。SE 表示情境实体，是领域中一个事件的角色；而 SCDO 是对事件过程的描述和实现。例如"小红给了小明一个苹果"，其中的"小红"和"小明"为情境实体 SE，"给"就是事件过程，表示了一种情境变化"转移"，可用 SCDO 来表示该事件过程。SCDO 涉及情境实体 SE 及其属性，以及一些领域参数。例如，"经过 15 小时""客车与货车相遇"等 SCDO 的表示如图 4-11 所示，其中 VehicleMotion 表示机动车移动，ObjectMeet 表示两个情境实体相遇。

```
<VehicleMotion  Object1="SE1" t="15 小时"></VehicleMotion >
<VehicleMotion  Object1="SE2" t="15 小时"></VehicleMotion >
< ObjectMeet type="SCDO" Obejct1="SE1"  Object="SE2"  label="15 小 时 相 遇 "></
ObjectMeet >
```

图 4-11　情境变化 SCDO 示例

4.4.4　SMKR 实例与特点

4.4.4.1　实例

综合 SMKR 的知识表示方法，对例题"客车与货车分别从 A、B 两地出发。客车与货车经过 15 小时相遇，如果客车速度不变，

12 小时到达终点；如果货车在相遇后速度增加了 18 千米每小时，这样就可以同时到达对方的出发点。问两地距离多少米？"的表示脚本如图 4-12 所示。

4. 4. 4. 2 特点

数学应用题的问题情境具有动态性、过程性等特征，常见知识表示方式难以对其进行有效表达。SMKR 通过情境模型、情境实体、情境变化等要素，能较好地表示题目文本。SMKR 的主要特点如下：

1. 有效支持表征

数学应用题在基础教育中的地位不言而喻，但中小学学生广泛存在问题情境理解障碍，难以理解题意，导致不能有效列式子来表征应用题。帮助学生理解问题情境、列算式或者方程式，就是辅导他们表征的有效途径。SMKR 能有效支持表征，主要表现在 3 个方面：①符合用户的阅读习惯；②有利于问题情境仿真；③有利于表征问卷的生成。

（1）符合用户的阅读习惯

数学应用题解决的前提是叙事文本的阅读和理解，情境模型是文本理解的基础。情境模型的构建包括构建—更新—激活—聚焦四个过程。人们阅读文本的过程中，上述过程循环进行，逐步更新并聚焦到一个个情境模型。这些连贯的情境模型的成功构建，标志着读者对篇章的成功理解。

基于情境模型对知识进行表示，粒度较合适，有利于中小学学生逐句理解题意、构建情境模型，有利于他们理清情境要素之间的关系，这就非常符合人们的阅读习惯。

由于基于 SMKR 的表征面向系列情境模型进行表征，且每个情境模型仅仅包含一次情境更新，情境变化比较简单，一个情境模型相当于简单应用题，其表征本就相对容易。

（2）有利于问题情境的仿真

问题情境仿真是常用且有效的表征辅导手段。问题情境仿真能够对文本题意进行可视化仿真，"一幅图胜过一千句话"，非常有

```
<SMKR>
  <FlowControl>
    <Relations>
        <line lineID ="line1" head ="start" tail ="node1" relate="ordinal"></line>
        <line lineID ="line2" head ="node1" tail ="switch" relate="conditional"></line>
        <line lineID ="line3" head ="switch" tail ="node2" relate="following"></line>
        <line lineID ="line4" head ="switch" tail ="node3" relate="following"></line>
        <line lineID ="line5" head ="node2" tail =" endswitch" relate="following"></line>
        <line lineID ="line6" head ="node3" tail ="endswitch" relate="following"></line>
        <line lineID ="line7" head ="endswitch" tail="end " relate="ordinal"></line>
    </Relations>
    <SMNode>
        <node nodeID ="start " type="initialized" text="开始"></node>
        <node nodeID ="node1" type="nomal" text="情境模型 1"></node>
        <node nodeID ="switch" type="functional" text="分支 1"></node>
        <node nodeID ="node2" type="nomal" text="情境模型 2"></node>
        <node nodeID ="node3" type="nomal" text="情境模型 3"></node>
        <node nodeID ="endswitch" type="functional" text="分支 1 结束"></node>
        <node nodeID ="end " type="initialized" text="结束"></node>
    </SMNode>
  </FlowControl>
  <SMDesc>
    <SM SMid="SM1" nodeID ="node1">
        <begin>
            <SE SEid="SE1" speed="Vp"></SE>
            <SE SEid="SE2" speed="Vq"></SE>
        </begin>
        <pro>
            <VehicleMotion   Object1="SE1"   time="15" direction="AB"></VehicleMotion >
            <VehicleMotion   Object2="SE2"   time="15" direction="BA"></VehicleMotion >
            <ObjectMeet type="SCDO" Object1="SE1"   Object2="SE2"   label="15 小时相遇
"></ObjectMeet >
        </pro>
        <end>
            <SE SEid="SE1" speed="Vp" distance="15Vp"></SE>
            <SE SEid="SE2" speed="Vq" distance="15Vq"></SE>
        </end>
    </SM>
    <SM SMid="SM2" nodeID ="node2">
        ……
    </SM>
    <SM SMid="SM3" nodeID ="node3">
        ……
    </SM>
  </SMDesc>
</SMKR>
```

113

图 4-12　SMKR 的知识表示脚本

利于学生对题意的理解。

在 SMKR 中，每一个情境模型都分解为情境实体的起始状态、情境变化和结束状态，其各种状态均用 XML 描述，见图 4-13。因此，SMKR 在一定程度上把非结构化、半结构化的应用题文本，表示为结构化的知识。如果从 SMKR 中获取数据，调用实现 SE、SCDO 的构件，就可以把数学应用题文本可视化、对其问题情境进行仿真。

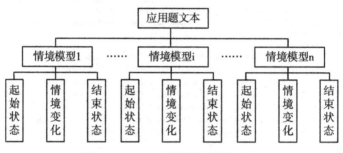

图 4-13　SMKR 情境模型状态表示

（3）有利于表征问卷的生成

问卷调查法是常用的表征研究手段。该方法能把学生的内在表征完全展示出来、反馈给机器和教师。情境模型的数量及其之间的关系、情境实体的描述、属性与属性值，以及情境实体之间的情境变化等，均是问卷生成的有效对象。基于 SMKR 知识表示的脚本，以及情境模型所对应的题目文本，能很方便生成填空题和选择题等问卷内容。学生完成问卷中每一个问题的过程，就是学生列式子、表征的过程；根据情境模型，对这些式子逐步进行消元处理，就能得到题目文本的表征算式。

2. 有效支持知识的情境性

SMKR 知识表示方法以传统知识表示为基础，突出了知识的情境性，是对当前研究的有效补充。SMKR 用情境实体面向主角，用情境变化对象面向因果、目标维度，以表示静态情境和动态情境，充分体现了知识的情境性；用情境变化过程 pro 来表示情境模型中begin 与 end 之间的一次情境变化，根据时间顺序把系列情境模型联系起来表示问题情境，充分体现了知识的动态性和过程性。这些也增强了 SMKR 过程性知识表示能力。

同时，基于情境模型进行知识表示，能进一步解决信息缺失、转喻等问题，有利于人和机器的理解。

3. 管理成本低

在 SMKR 表示法中的节点为情境模型 SM，SM 不是一个知识对象，而是一个或者几个细粒度的事件，反映了一次情境模型更新。框架表示法等知识表示方法以知识对象为节点。相较而言，SM 的粒度比框架表示法等知识表示方法的知识对象粗。这就使得中 SMKR 的节点数量比较少。并且，由于 SMKR 的节点为情境模型，彼此之间的逻辑语义关系简单，而其他知识表示方法中节点之间的关系表示的是知识对象之间的关系，这些关系要复杂得多。

SMKR 知识表示方法把所描述的应用题文本知识分解为系列有语义逻辑关系的 SM 节点。这决定着一个情境模型 SM 仅仅表述了题目文本中的一个部分，使得 SM 内部的实体对象比较少，且其关系也比较简单；并且，SMKR 中 SM 序列隐含了时间要素，这也使得不同 SM 内部之间也不存在复杂的关系。

综合上述，SMKR 表示法中的节点数量少、节点之间的关系简单；节点内部的实体对象也比较少，彼此之间的关系也简单。这些使得 SMKR 表示的有向图易于维护，管理成本低。

小 结

本章主要提出了基于情境模型的应用题语义表示方法 SMKR，该方法以情境模型更新为线索，从更细粒度建立系列情境模型的有向网络图，增强了文本信息的情境性，能更好表示动态性和过程性的知识。首先阐述了数学应用题与叙事文本、叙事文本的语义表示、情境模型内涵和信息加工等相关理论，接着分析了常见知识表示方法的不足，以及叙事性文本语义表示方法的不足，针对这些不足提出了基于情境模型的应用题语义表示方法 SMKR。之后对 SMKR 表示方法进行了详细的介绍，包括情境模型之间的控制结构、情境模型之间的关系，以及情境模型的构成等。该表示方法能更好地表示知识，为后续实体和关系抽取奠定理论基础。

5　面向代数应用题的框架语义知识库

代数应用题最显著的特点是将抽象的数学关系融入丰富的情境中。这些情境可以是真实的，也可以是虚拟的。理解应用题必须理解问题中千变万化的情境，并从中抽取出抽象的数量关系。这也是造成应用题表征困难的原因之一。当前很多中小学学生存在着应用题表征障碍，表征辅导可以辅助学生理解问题情境、理解题意，但是表征辅导需要机器理解问题情境。

框架(Frame)把词义、句子意和文本意义统一进行描述，能够表达特定情境的语义结构，支持词一级语言单位的语义研究，能够有效支持理解问题情境。该方面的主要研究有框架语义网（FrameNet，FN）①和汉语框架语义知识库（Chinese FrameNet，CFN）②③。但是，FN 和 CFN 对代数应用题的支持有限，还不能有效支持面向代数应用题的题意理解、自动解题、问题情境的自动仿真等特定应用，其框架库、词元库还需进一步拓展。代数应用题虽然题型多、题目多，但是其题目文本依然具有一定的结构性，其核心元素、词元的复杂性相对有限，存在被表示的可能。因此，本章以框架语义学为理论基础，以 FN 和 CFN 为参考，对面向代数应用

①　Fillmore. Frame semantics[C]. Linguistics in the Morning Calm，1982.

②　刘开瑛，由丽萍. 汉语框架语义知识库构建工程[C]. 中文信息处理前沿进展——中国中文信息学会二十五周年学术会议，2006.

③　李茹，王文晶，梁吉业，等. 基于汉语框架网的旅游信息问答系统设计[J]. 中文信息学报，2009，23(2)：34-40.

题的汉语框架语义知识库进行研究。

本章首先描述了框架语义知识库的研究现状并对其进行分析；然后介绍了 CFN，包括其框架库、句子库和词元库；接着根据 CFN 的构建思想，面向代数应用题领域，从框架库和规则库角度对汉语框架语义知识库展开了一定的拓展研究，并提出了基于规则的词元匹配模式，最后提出了相应的实例。

5.1 框架语义知识库研究现状及分析

当前自然语言处理研究逐渐从句法处理转移到语义处理和语用处理方面，而语义研究是重点，词一级语言单位的语义研究又是重中之重。语义研究对应用题实体识别、数量关系提取和词汇语义排歧（WSD）等，都很有意义。词一级的语义知识库是所有这些应用的不可或缺的一项基础性资源，没有词一级的语义知识库，就无法切实分析出语言的意义。框架语义学把词义、句子意义和文本意义统一用"框架"进行描述，框架是跟一些激活性语境（motivating context）相一致的一个结构化范畴的系统，是储存在人类经验中的图式化情境。目前比较有代表性的框架语义知识库有英语框架网和汉语框架语义知识库。

英语框架网（FrameNet，FN）是美国加州大学伯克利分校 1997 年开始进行的一项以 Fillmore 的框架语义学为理论基础、以语料库为事实依据的计算词典编纂工程。它以容易被人理解和易被计算机处理的形式存储，为自然语言语义理解提供了一种有效途径，已经成功应用到不同的自然语言处理任务中[1]，比如文本蕴含[2][3]、句

---

① Fillmore C J, Baker Collin. Frame Semantics for Text Understanding [C]. Proceedings of WordNet and Other Lexical Resources Workshop, 2001.

② 赵红燕, 刘鹏, 李茹, 王智强. 多特征文本蕴涵识别研究[J]. 中文信息学报, 2014, 28(2)：46-51.

③ 张鹏, 李国臣, 李茹, 刘海静, 石向荣. 基于 FrameNet 框架关系的文本蕴含识别[J]. 中文信息学报, 2012, 26(2)：46-50.

子相似度计算①、阅读理解②、事件识别③等。

汉语框架语义知识库(Chinese FrameNet, CFN)是在山西大学刘开瑛教授主持下,以框架语义学为基础,以真实语料为支持,以伯克利 FrameNet 提供的数据为参照而构建。截至 2023 年 1 月, CFN 共构建了框架 1 327 个,涉及词元 21 283 个,标注例句 103 394 条,全文标注 600 篇以上。当前基于 CFN 的研究比较多,主要有语义角色识别、语义角色标注、框架排歧、目标词识别、零形式识别与消解等,并成功应用于问答系统④⑤、中文机器阅读理解⑥、汉语框架自动识别中的歧义消解⑦⑧、汉语句子的语义相似度计算⑨等自然语言处理任务。

但是面向代数应用题题目文本理解、自动解题、问题情境的自动仿真等特定应用,当前的研究还不突出。马玉慧从框架表征角度开展了自动解题研究,但是其中的"框架"更多的是基于金氏框架

① 李茹,王智强,李双红,梁吉业,Collin Baker. 基于框架语义分析的汉语句子相似度计算[J]. 计算机研究与发展,2013,50(8):1728-1736.

② 王智强,李茹,梁吉业,张旭华,武娟,苏娜. 基于汉语篇章框架语义分析的阅读理解问答研究[J]. 计算机学报,2016,39(4):795-807.

③ Shulin Liu, Yubo Chen, Shizhu He, Kang Liu, Jun Zhao. Leveraging FrameNet to Improve Automatic Event Detection [C]. Meeting of the Association for Computational Linguistics,2016.

④ 李茹,王文晶,梁吉业,等. 基于汉语框架网的旅游信息问答系统设计[J]. 中文信息学报,2009,23(2):34-40.

⑤ 李茹. 汉语句子框架语义结构分析技术研究[D]. 山西大学,2012.

⑥ 王凯华. 基于最大熵模型的中文阅读理解问答系统研究[D]. 山西大学,2008.

⑦ 李济洪,高亚慧,王瑞波,等. 汉语框架自动识别中的歧义消解[J]. 中文信息学报,2011,25(3):38-44.

⑧ Ru Li, HaijingLiu, Shuanghong Li. Chinese Frame Identification using T-CRF Model[C]. International Conference on Computational Linguistics,2010.

⑨ Ru Li, Shuanghong, Li. The semantic computing Model of Sentence Similarity Based on Chinese FrameNet [C]. Web Intelligence/IAT Workshops 2009.

的知识表示方式，而不是 CFN 中所指的框架语义①。当前框架语义知识研究主要存在两个不足：

（1）对代数应用题的支持不够

代数应用题虽然题型多、题目多，但是其题目文本依然具有一定的结构性，其核心元素、词元的复杂性相对有限，存在被表示的可能。对代数应用题而言，当前 FN、CFN 词库比较复杂，并且框架库构建还不足。广大中小学学生主要存在问题情境理解障碍、不理解题意等问题。针对具备一定情境特征的关键词进行表示，就非常有利于机器对题目文本的理解。例如 CFN"量变"框架其实相当于应用题中的移入和移出，可以归纳为：（1）某个实体的属性量自增；（2）相对增加；（3）空间位置增加等。但是"湖里有 12 只白天鹅，飞走了 7 只"中的"飞走""12 周吃完牧草"中的"吃完"，也表示了移入和移出。行程问题中的"相距""相遇"等，也具备了较为明显的情境特征，也需要一定的框架表述。综上，面向代数应用题这一特定领域，CFN 框架库还需进一步梳理、补充。

（2）词元语义搭配模式等研究还需进一步延伸

词元能够激活框架，并根据其语义搭配模式与框架所包含的框架元素相连接。FN、CFN 词元库就包括了数千词和短语的配价表示，包括语义搭配模式和框架元素句法表现形式。词元的搭配模式有一种或者多种，在应用时具体采用哪一种搭配模式，同时，某些词元的配价成分的语义信息存在歧义，不能准确被机器理解和处理，还需要进一步地补充。例如："这次考试成绩比上次考试增加了 60%"，仅仅依靠"60%"的"短语类型""句法功能""框架元素"，机器就会默认"60%"与"这次考试成绩增加了 20 分"中的"20 分"具有相同属性，导致机器直接对"60%"进行加减运算，不利于机器对代数应用题的题意理解和自动解题等。

自然语言的语义知识在信息处理中的作用之一，是为句子中各个语言成分所对应的概念之间的关系提供支持。增强需要搭配

---

① 马玉慧. 小学算术应用题自动解答的框架表征及演算方法研究——以小学第一学段整数应用题为例[D]. 北京师范大学, 2010.

的语言成分的语义知识的深度和广度，能为句法分析、语言成分之间的搭配提供更大的支持。因此，CFN 词元的语义搭配模式需要进一步地延伸研究，以使机器能更准确地理解与抽取文本语义信息。

因此，本书以框架语义学为理论基础，根据 CFN 的构建思想，以 FN 和 CFN 为参照，构建面向应用题的汉语框架语义知识库（Word Problem Chinese FrameNet，WPCFN）。

5.2 CFN 数据库

CFN 由框架库、句子库和词元库三部分组成。框架库以框架为单位，对词语进行分类描述，明确给出框架的定义，用框架元素表示这些词语共有的语义角色，并描述框架之间的抽象关系；句子库记录了按照框架库所提供的框架和用框架元素标注信息的句子，这些句子被标注了框架语义信息和句法信息，可以作为自然语言处理的数据集使用；词元库记录词元的语义搭配模式和框架元素的句法实现方式，它们是从句子库中标注了信息的句子中自动生成的①。

5.2.1 框架库

框架库中每个框架主要包括四个内容，分别为框架的定义、框架元素的基本定义以及例句说明、词元和框架之间的抽象关系。例如"波动、增加、减少、上升、下降、提高、降低"等词语都表示数量变化即量变，可以使用"量变"框架进行描述。"量变"框架见表 5-1。

121

---

① 由丽萍，杨翠．汉语框架语义知识库概述［J］．电脑开发与应用，2007，20(6)：2-4，7.

表 5-1 CFN 框架样例

框架名	量 变			
定义	该框架表示实体在某个维度上(即某属性)的相对位置发生变化,其属性值从初值变至终值。			
核心框架元素	实体(Ent)	属性(Att)	初值(Val1)	终值(Val2)
	初状态(Inis)	终状态(Finis)	变幅(Diff)	值区间(Val_ran)
非核心框架元素	环境条件(Cir)	倚变因素(Cor)	动作时间量(Dur)	倚变起点(Cor1)	倚变终点(Cor2)
	修饰(Manr)	路径(Path)	空间(Place)	速度(Speed)	时间(Time)
框架关系	父框架:无		总框架:无		后续过程:无
	子框架:[增殖]		分框架:无		结果状态:[数量]
	参照:无				
词元	波动 v、增加 v、增长 v、提高 v、减少 v、降低 v、上升 v、攀升 v、升 v、增 v、下降 v、降 v				

其中,框架元素分为核心框架元素和非核心框架元素。核心框架元素可使该框架区别于其他框架,是一个框架在概念理解上的必要成分,不同框架中的核心框架元素类型和数量不同。非核心框架元素属于通用框架元素,可以出现在不同的框架中,不能将该框架与其他框架区分开来。

框架间的关系主要有四种,分别为继承关系、总分关系、因果关系和参照。其中,继承关系分为父框架与子框架;总分关系分为总框架与分框架;因果关系分为后续过程与结果状态,有些事件的发生会导致另一个动作发生,称为后续过程;后续过程的动作发生以后,总会引起事物的状态发生变化,称为结果状态。参照是为了更加准确地理解框架的含义,提示一些与该框架类似、容易引起混淆的框架。

5.2.2 句子库

CFN 的句子库是由有框架语义标记标注的句子构成的。CFN

句子标注是针对一个句子，首先确定一个词元和该词元所属框架，然后根据所属框架给句子的成分标记框架元素、短语类型和句法功能三种信息。例如，句子"（人口）近40年增加了一倍"的标注结果如下：

<time-tp-adva 近 40 年><tgt 增加><null 了><diff-mp-obj 一倍>

其中，tgt 表示目标词，对应于"量变"框架词元中的"增加"，ent 表示核心框架元素中的实体，time 表示非核心框架元素中的时间，diff 表示核心框架元素中的变幅，tp 表示短语类型中的时间短语，mp 表示短语类型中的数量短语，adva 表示句法功能中的状语，obj 表示句法功能中的宾语。一个框架中涉及的词元都可以用该框架的元素来表示，若一个词元在多个框架中出现，可用不同框架中的框架元素进行表示，以便区分同一个词元在不同使用环境下的不同含义。

5.2.3 词元库

词元库的每条记录都是由词元释义、句法实现方式汇总报告、语义搭配模式汇总报告三个部分构成的，其中后两个部分可以概括为词元的句子标注报告，是利用软件工具，从已经标注的句子中自动汇总出来的。CFN 的词元库主要包含三类词，分别是动词、名词和形容词，也包含少量的固定短语，如"等同于 v""适用于 v"等。表 5-2 是目标词元"增加"的语义搭配模式汇总报告的一部分。

表 5-2　　　　　　　　　CFN 词元库记录样例

标注数量	语义搭配模式		
3total	ent（实体）	att（属性）	tgt（增加）
1	np	np	
	ext	subj	
1	np	np	
	subj	subj	

续表

标注数量	语义搭配模式		
1	np	np	
	ext	ext	
1total	cor1(倚变起点)	tgt(增加)	diff(变幅)
1	pp		mp
	adva		obj
1total	ent(实体)	tgt(增加)	att(属性)
1	np		np
	ext		obj

5.3 WPCFN 框架语义知识库构建

5.3.1 WPCFN 的结构

WPCFN 是在 FN 和 CFN 的基础上，构建面向代数应用题的汉语框架语义知识库。虽然 FN 和 CFN 建设已经取得了较明显的成果，但是 FN 和 CFN 的领域特征不强，对代应用题的支持不够。同时，为了使机器能够更准确地理解与抽取文本语义信息，CFN 中词元语义搭配模式等研究还需进一步延伸。

因此，WPCFN 主要从框架库的扩展和规则库的构建两个角度开展研究，其主要思想可以分为以下两个方面：

（1）代数应用题的题意理解、自动解题、问题情境的自动仿真等应用的语义分析，需要落实到词一级语言单位上。WPCFN 将面向应用题构建词一级的语义框架库，能够更好地分析应用题的语义表示深度和语义表示标准，为数学应用题的题意理解、自动解题、问题情境的自动仿真等应用提供基础性资源。

124

(2)代数应用题题目文本属于叙事类短文本，相对长篇小说而言，其文法、句法较为简单，情境特征非常明显，词语搭配的规律性比较强。针对代数应用题上述特征，WPCFN 将从规则的角度出发，对词元的语义搭配规则进行提炼，构建规则库，以利于搭配模式的确定和解释，使得机器能够更准确地抽取与理解文本语义信息。

　　WPCFN 在保持 CFN 中的框架库、句子库、词汇库基础上，增加了规则库。框架库、句子库、词汇库和规则库四部分内容如下：

　　(1)框架库是根据应用题一定题型中的情境关键词，对 CFN 框架库进行扩展，使得更多的情境词能满足代数应用题的题意理解等应用的语义需求。

　　(2)句子库是针对每一个句子，标注各个词元在句中的使用情况，为框架的构建及标注报告的生成提供素材。

　　(3)词汇库是对词元所对应的句子标注结果进行汇总统计，包括框架元素的句法实现方式汇总报告和目标词的语义搭配模式汇总报告。

　　(4)规则库根据框架中的词元构建的，对语义成分之间的语义搭配模式进行进一步的延伸，增强应用题语义信息，使机器能更准确地抽取语义信息。

　　WPCFN 根据应用题题型构建框架，根据框架中的词元构建规则。其主要结构如图 5-1 所示。

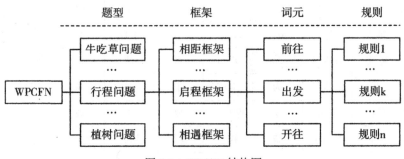

图 5-1　WPCFN 结构图

125

5.3.2 框架库的构建

5.3.2.1 构建思路

WPCFN 中的框架库是 FN 和 CFN 框架库的扩展，进一步在词一级语言单位上提供代数应用题领域的语义资源。其构建步骤主要分为以下四步：

第一步，筛选同一题型下的关键动词和名词等，形成词元，如表 5-3 所示。

表 5-3　　　　　　　关键词词表（部分）

牛吃草问题		行程问题		鸡兔同笼问题		植树问题	
动词	名词	动词	名词	动词	名词	动词	名词
吃	牛	走	飞机	有	兔	需要	公路
供	羊	出发	汽车	是	脚	要	距离
有	马	行	自行车	得到	题	有	路
吊	鹅	相遇	吉普车	得了	动物	是	全长
是	牧场	是	客车	带	运费	种	花坛
割	草地	到达	货车	做	腿	栽	路灯
打开	牧草	到	车	买	羊	隔	正方形
排队	草量	相距	火车	为	卡片	敲	速度
吃完	存水量	行驶	轿车	多	球	走	圆形
开	降水量	为	卡车	走	茶杯	插	周长
死亡	酒量	要	摩托车	要	头	放	大道
用	漏酒量	骑	轮船	参加	翅膀	相距	方阵
到达	排水量	去	飞机	损坏	单价	安装	纵队

牛吃草问题		行程问题		鸡兔同笼问题		植树问题	
卖掉	生长量	提前	汽车	运送	桌子	锯	长度
抽干	进水量	有	自行车	装	鸡	锯成	时间
开放	饮酒量	距离	吉普车	获得	羚羊	相隔	水池
运完	用煤量	前往	客车	增加	孔雀	栽种	小路

第二步，将同一题型下意义相同或近似的词元，归入一定的情境类别，该类别名就是框架名。

第三步，建立类别之间的关系，如总分关系，继承关系等，类别关系就是框架关系。

第四步，根据情境类别，构建 WPCFN 框架；根据情境类别关系，形成框架库。

例如牛吃草问题中的吃、吊、割、卖掉、死亡等关键动词表示了动作主体或者动作接受者的某个属性上的数量相对减少这一情境，可以将其归入"移出"类别，构建"移出"框架；行程问题中的出发、前往、开往、飞出等关键词表示了自移者从起点开始出发这一情境，可以将其归入"启程"类别，构建"启程"框架；行程问题中的货车、汽车关键名词属于机动车，具备速度、路程、位移、时间等属性，可以将其归入"机动车"类别，构建"机动车"框架。鸡兔同笼问题中的鸡、兔、羊等关键名词属于动物，具备头、脚等属性，可以将其归入"动物"类别，构建"动物"框架。

5.3.2.2　框架示例

本节以牛吃草问题中的"移出"框架和行程问题中的"启程"框架为例，说明 WPCFN 的框架内容。

1."移出"框架

表 5-4 为牛吃草问题下的"移出"框架，具体如表 5-4 所示。

表 5-4 "移出"框架样例

框架名	移出	
定义	该框架表示动作主体或者动作接受者的某个属性的数量相对减少了，其属性值从初值降低至终值。	
所属题型	牛吃草问题、工作问题	
核心框架元素	动作主体（Act_sub）	动作的发出者。 可供 8 只羊吃 20 天。
	动作接受者（Act_rece）	动作的接受者。 现在这片牧草可供 20 头牛吃 12 天。
	属性（Att）	动作主体或者动作接受者的有数量减少的属性。 一个水池，池底有水流均匀涌出。
	初值（Val_1）	动作主体或者动作接受者的属性值减少前的起点。 现有若干头牛吃了 6 天后，卖掉了 4 头牛。
	终值（Val_2）	动作主体或者动作接受者的属性值最后达到的量值。 45 分钟就可把池中的水放完。终值：0
	移出量（Redu）	动作主体或者动作接受者在某属性上减少的量。 现有若干头牛吃了 6 天后，卖掉了 4 头牛。
非核心框架元素	动作时间量（Dur）	动作行为本身持续的时间数量或者动作重复进行所用的时间数量。 17 头牛 30 天可将草吃完。
	时间（Time）	事件的发生、发展在时间维度上所处的相对位置。 现有若干只羊吃了 6 天后卖掉 4 只羊
	频率（Freq）	事件在单位时间内所发生的次数。 如果每分钟吊 8 桶，则 7 分钟吊干
	动作序数（Part_iter）	说明动作是第几次发生的。 这样又吃了 5 天，草吃完了
	工具（Instru）	进行某种动作行为所使用的工具。 用 5 匹马运，6 天可以运完

续表

框架关系	父框架：无	总框架：［量变］	后续过程：无
	子框架：无	分框架：无	结果状态：［数量］
	参照：［减少］		
词元	抽干 v、吃 v、吃了 v、吃完 v、吃光 v、吃尽 v、吊 v、吊干 v、割 v、割完 v、饮 v、饮完 v、喝 v、喝完 v、淘 v、淘完 v、担水 v、担完 v、挑 v、挑完 v、排水 v、排空 v、抽水 v、抽完 v、放完 v、运 v、运完 v、消失 v、卖掉 v、放水 v、放完 v、死亡 v、搬空 v、检完 v		

（1）框架名"移出"指的是动作主体或者动作接受者的某个属性的数量相对减少了，其属性值从初值降低至终值。

（2）WPCFN 是根据应用题题型构建框架，题型与框架是多对多的对应关系，即一个框架可以属于多种应用题题型，一个题型中含有多个框架。"移出"框架的所属题型是牛吃草问题、工作问题。

（3）框架元素分为核心框架元素和非核心框架元素，二者均由真实语料库中应用题的语义成分所决定的。"移出"框架中的"动作主体""动作接受者""属性""初值""终值""移出量"都属于核心框架元素。核心框架元素"终值"中的例句"45 分钟就可把池中的水放完。""放完"表示水池中已经没有水了，即终值为 0。

"动作时间量""时间""频率""动作序数""工具"属于非核心框架元素。非核心框架元素"时间"常常在句中作为状语、主语，可以用"时间名词""介词+时间名词""时间名词+方位词"表示；"频率"通常是用"'每'+时间单位+'多少次'"这一形式表示，也可以用"'每'+时量词或时量短语"等形式表示；"动作序数"一般用"序数词+动量词表示"，或者用副词"又""再"这种形式表示。

（4）框架关系指的是框架与框架之间的抽象关系，WPCFN 主要参考 CFN 的框架关系，主要包括四种语义关系，分别是：继承关系、总分关系、因果关系和参照关系。

（5）词元是指在一个特定意义上的词，也是应用题中的关键

129

词。"移出"框架中涉及的动词词元有：抽干、吃、吃了、吃完、吃光、吃尽、吊、吊干、割、割完、饮、饮完、喝、喝完等，表5-4 中的词元后续英文缩写表示该词元的词性。

(6)目标词是一个句子中能够激活框架的词，例如句子"现有若干头牛吃了 6 天后，卖掉了 4 头牛。"中的"卖掉"属于"移出"框架中的一个词元，对于句子而言则是属于该句的一个目标词。表5-4 例句中，下方带有实点的词均为目标词。

2."启程"框架

表5-5 为行程问题下的"启程"框架。由于牛吃草问题中的"移出"框架已详细描述框架的内容，"启程"框架不再展开描述框架内容。

表 5-5   **"启程"框架样例**

框架名	启程	
所属题型	行程问题、植树问题	
定义	自移者从某源点出发。这里的自移者也包括由制动者操纵的运载工具。	
核心框架元素	起点 （Src）	源点指自移者运动的出发点。 两人同时从家里出发相向而行。
	自移体 （S_mov）	自移者是自身进行移动的有意志主体，或由有意志主体操纵的某种运载工具。 两人同时从家里出发相向而行。
非核心框架元素	自移者位置 （Loc_sel）	自移者在位置移动过程中所处的位置。 两辆汽车同时从两地相对开出，甲车行了 164 千米时与乙车相遇。
	动作时间量 （Dur）	自移者从源点离开的时间的长度。 同时一艘轮船从乙港开往丙港，行驶了 4 小时，两船同时到达丙港。
	旅程 （Journey）	旅程就是自移者的行程。 通信员要从营地前往相距 2400 米的哨所去送信，然后立即按原路返回。

续表

非核心框架元素	方式（Manr）	这个框架元素是与运动特征相关的词或短语，可以用来描述运动的速度。 一辆汽车以45千米/小时的速度从甲地开往乙地。	
	位移方式（Mot）	运输工具指人这种自移者用来旅行的运输设备。 小丁丁步行去少年官。	
	路径（Path）	路径是对自移者运动的轨迹的描述，但不包括源点和目标。 一列火车从甲站出发，经过50分钟，到达甲乙两站的中点。	
	时间（Time）	这个框架元素是指自移者开始离开源点运动的时间。 一列火车从甲站出发，经过50分钟。	
	终点（Goal）	目的地是自移者出发后欲到达的地方。 小丁丁步行去少年官。	
	方向（Dir）	自移者移动的方向。 两人同时从家里出发相向而行。	

框架关系	父框架：无	总框架：[位移]	后续过程：[相遇]
	子框架：无	分框架：无	结果状态：无
	参照：无		

词元	出发v、开出v、飞出v、起飞v、进发v、前往v、开往v、去v

5.3.3 规则库的构建

WPCFN规则库是对词元的语义搭配模式进行的延伸研究，是为了增强搭配成分的语义知识的深度和广度，构建规则，并提出基于规则的词元匹配模式，使机器能更准确地理解与抽取文本语义信息，进一步满足中文信息处理的应用需要。例如，词语"两地"通常会被标注为框架元素"起点"（src），但这并不能表达出"两地"的

真正含义，需要制订规则，使机器理解"两地"的含义，并抽取出
两个地点。

5.3.3.1 构建思路

代数应用题题目文本属于叙事类短文本，其文法、句法较简
单，情境特征非常明显，词语搭配的规律性比较强。对词元的搭配
规则进行提炼，就可以形成 WPCFN 规则库。规则库构建的主要思
路如下：

(1)面对一定题型的应用题，根据框架中的词元，利用依存句
法识别题目中词元的配价成分；

(2)将配价成分进行统计和分类；

(3)筛选需要提炼规则的配价成分；

(4)根据配价成分的语义信息和语义特征、词元外部的语境，
提炼相应规则，构建规则库。

5.3.3.2 规则的形式化描述

WPCFN 规则库主要根据配价成分的语义特征和语义信息，以
及词元外部的语境来提炼规则。该规则可以采用 IF-THEN 语句来
表示规则，形式如下：

IF <条件表达式> [<条件表达式>]……

THEN <Rule>

该语句的含义是，根据 IF 子句的条件表达式，在 THEN 子句
中标注相应的规则。同时，一条规则中可以多次使用 IF-THEN 语
句。为了使机器能够准确和有效的理解条件和规则，IF-THEN 语句
中除了应用十分广泛的逻辑表达式符号，还采用自定义的符号，例
如表 5-6 的"[Frame]. lexUnit"表示框架[Frame]中的词元，其中
"[Frame]"表示框架名 "lexUnit"表示词元。比如"增加. lexUnit"表
示框架"增加"中的所有词元。常用的逻辑表达式具体如表 5-6 所
示。

表 5-6　　　　　　　　　规则库常用符号

符　　号		含　　义
比较运算符	=	等于
	! =	不等于
多重条件	AND	和
	OR	或
	NOT	否
匹配	LIKE	如某种模式
	EXIST	存在
	IN	属于
	IS	是
其它符号	tgt. LEFT	目标词的左边
	tgt. RIGHT	目标词的右边
	［Frame］. lexUnit	框架 Frame 中的词元

5.3.3.3　规则的匹配流程

　　根据词元的配价成分提炼词元的语义搭配规则，有利于其语义搭配模式的确定与解释，但机器应用该规则，需要一个匹配过程。WPCFN 词元的语义搭配模式的匹配流程如下：（1）识别应用题语句中的目标词（target，tgt）；（2）用目标词激活相应的框架；（3）根据框架元素确定目标词所支配的相应的配价成分；（4）根据目标词配价成分的特征，确定搭配模式；（5）判断目标词在框架中所对应的词元是否存在规则，若存在，则调用相应的规则，若不存在，则结束匹配流程。

　　本节以"增加"框架和"启程"框架中的规则为例，说明 WPCFN 规则及其匹配流程。

　　1. 框架"增加"中的词元的规则

　　如果目标词 tgt 属于"增加"框架中的词元，tgt 后的词语的语义特征为分数、百分数或者倍数，且被标注的框架元素为变幅（diff）

133

时，那么该词元的搭配模式为变幅(diff)，此时不可直接在目标实体的属性值上进行加减运算。而是需要根据词元相应的规则，对目标实体的属性值进行更改。

(1) 目标词前出现"比"

应用题语句中出现词语"比"时，可分为两种情况：①若词语"比"前后存在两个实体，则描述的是该两个实体间某个相同属性的对比；②若只存在一个实体，则描述的是同一实体的某个属性在不同时间或空间状态下的对比。下面对②中的两种情况进行讨论。

第一种情况为句子中存在初值。如果 tgt 所在的句子中出现由词语"比"引导的一个属性，且其属性值存在，则该值被标注为初值(val_1)，此时需要根据规则，对目标实体的终值(val_2)进行更改。相应的规则描述形式如图 5-2 所示。

```
IF    tgt IN "增加".lexUnit
      AND diff IS (fraction OR percent OR multiple)
      AND tgt.LEFT EXIST "比"
      AND val_1 IS NOT null
THEN val_2= val_1* (1+diff)
```

图 5-2 存在词语"比"和初值的规则

以如下应用题为例：某县去年植树造林 80 公顷，今年植树造林比去年植树造林增加了 25%。具体分析见表 5-7。根据上述规则，可以计算出 val_2 的值为 100。

表 5-7　　　　　　　　　题目信息及其激活的条件

步骤	题目信息	激活的条件
1	增加	可以激活"增加"框架，属于"增加"框架中词元
2	25%	被标注为变幅(diff)，且语义特征为百分数
3	比	目标词前存在词语"比"
4	去年	属性值存在并被标注为 val_1
5	80 公顷	属于"去年"的属性值，被标注为初值(val_1)

第二种情况为句子中存在终值。如果 tgt 前存在词语"比"，且其所在的句子中存在一个属性的值被标注为终值（val_2），那么对目标实体的初值（val_1）的计算则不同，同时 diff 的语义特征对 val_1 的计算公式也有影响，规则描述形式如图 5-3 所示。

```
IF tgt IN "增加".lexUnit
    AND diff IS (fraction OR percent)
    AND tgt.LEFT EXIST "比"
    AND val_2 IS NOT null
THEN val_1= val_2 /(1+diff)
IF tgt IN "增加".lexUnit
    AND diff IS multiple
    AND tgt.LEFT EXIST "比"
    AND val_2 IS NOT null
THEN val_1= val_2 /diff
```

图 5-3　存在词语"比"和终值的规则

以如下应用题为例：小红今年重 22 千克，小红今年的体重比去年的体重增加了 10%。具体分析见表 5-8。根据上述规则，可以计算出 val_1 的值为 20。

表 5-8　　　　　　　　　　题目信息及其激活的条件

步骤	题目信息	激活的条件
1	增加	可以激活"增加"框架，属于"增加"框架中词元
2	10%	被标注为变幅（diff），且语义特征为百分数
3	比	目标词前存在词语"比"
4	今年	属性值存在并被标注为终值（val_2）
5	22 千克	属于"今年"的属性值，被标注为终值（val_2）

（2）目标词所在句中不存在"比"

如果 tgt 所在的句子中不存在词语"比"，那么采用就近原则，向前抽取离目标词最近的一个实体，其属性值被标注为初值（val_1），然后对终值（val_2）进行更正处理，规则描述形式如图 5-4 所示。

135

```
IF tgt IN "增加".lexUnit
    AND diff IS (fraction OR percent OR multiple)
    AND tgt.LEFT NOT EXIST "比"
    AND val_1 IS NOT null
THEN val_2= val_1 * diff
```

图 5-4   不存在词语"比"的规则

以如下应用题为例：一种商品的售价是 220 元，如果商品的售价先提价 20%。具体分析见表 5-9。根据上述规则，可以得出 val_2 的值为 264。

表 5-9   题目信息及其激活的条件

步骤	题目信息	激活的条件
1	提价	可以激活"增加"框架，属于"增加"框架中词元
2	20%	被标注为变幅(diff)，且语义特征为百分数
3	不存在"比"	目标词前不存在词语"比"
4	售价	属性值存在并被标注为终值(val_1)
5	220 元	属于"售价"的属性值，被标注为初值(val_1)

2. 框架"启程"中的词元的规则

在行程问题中，词语"两地"是高频词，但是在行程问题中"启程"框架的词元所在句中，词语"两地"通常会被标注为"起点"（src），但"起点"在框架中的释义为"自移者运动的出发点"，并不能准确表达词语"两地"的语义，需要通过标注规则使机器抽取"两个地方"。

应用题中出现词语"两地"时的情况分为两种：①题目中给出具体的两个地方，记作 case_1；②题目中只出现"两地"，省略两个地方的地名，记作 case_2。规则描述形式如图 5-5 所示。

以如下应用题为例：甲乙两地相距 550 千米，A、B 两车同时从两地相对开出。具体分析见表 5-10。根据上述规则，机器可以抽

```
IF tgt IN "启程".lexUnit
    AND src = "两地"
    AND case_1
THEN extract src_1, src_2
IF tgt IN "启程".lexUnit
    AND src = "两地"
    AND case_2
THEN continue
```

图 5-5 "两地"的规则

取出两个地方,即 src1 为"甲", src2 为"乙"。

表 5-10   **题目信息及其激活的条件**

步骤	题目信息	激活的条件
1	开出	可以激活"启程"框架,属于"启程"框架中词元
2	两地	存在词语"两地",且被标注为起点(src)
3	甲乙	存在两个地点,分别为甲和乙,属于 case_1

以如下应用题为例:两汽车从相距 525 千米的两地同时相对开出。具体分析见表 5-11。该题目可以调用上述规则,但不会引起任何变化,continue 表示跳过此语句,继续下一步操作。即如果题目中存在词语"两地"但不存在两个地点,调用上述规则,机器便不会抽取出"两个地方"。

表 5-11   **题目信息及其激活的条件**

步骤	题目信息	激活的条件
1	开出	可以激活"启程"框架,属于"启程"框架中词元
2	两地	存在词语"两地",且被标注的框架元素为起点(src)
3	不存在两个地点	不存在两个地点,属于 case_2

≣ 小　结

　　本章主要提出了面向代数应用题汉语框架语义知识库 WPCFN，WPCFN 是面向应用题的词一级语义知识库，可以为机器理解问题情境、表征辅导等应用提供基础性资源，并通过构建规则，使机器能够更准确地理解与抽取应用题文本语义信息。本章首先描述了框架语义知识库的研究现状并对其进行分析，总结了框架语义知识库的不足，接着阐述了 CFN 的框架库、句子库和词元库，最后详细介绍了 WPCFN 的构建，包括 WPCFN 的结构、框架库和规则库的构建，以及规则的匹配流程。本章为第 8 章表征辅导奠定了理论基础。

6 基于多层句模的应用题题意理解

代数应用题表征辅导系统，需要计算机能够理解题意，识别题目文本显式或者隐式描述的系列情境实体及其彼此之间的数量关系。常见的题意理解研究主要包括基于神经网络的题意理解和基于句模的题意理解。前者的学习过程难以被解释，其所获取的知识难以被理解和呈现，难以有效支持表征辅导。基于句模的题意理解一定程度上有利于辅导表征；但由于代数应用题的题目文本表达存在一定的灵活性和多样性，一个单向线性的句模难以对其进行概括，这使得基于句模的题意理解研究存在匹配精度低等不足。其实，对一个句子进行抽象，就需要多个句模且根据一定的层次结构对这些句模进行组织。

本章在当前研究的基础上，提出基于层次结构的句模 HSST，以及基于 HSST 句模进行题意理解的策略。本章首先阐述了句模相关理论，然后描述并分析了代数应用题题意理解方面的研究现状，再提出了 HSST 句模的构建思路，最后提出基于句模的题意理解策略，包括情境流程的抽取、情境模型的抽取和指代消解等。本章为第八章的表征辅导奠定了理论基础。

6.1 句模相关理论

句模源自于语言学研究。在 20 世纪 80 年代，汉语语言学研究者把国外研究成果与汉语实际相结合，提出"三个平面"理论。该理论提出了语义和语用元素，并详细阐述了句法、语义和语用的关系；这打破了以前汉语语言研究的思维限制①。范晓在"三个平面"理论的基础上，分析了句法、语用和语义结构层次，提出了句模的定义，使得句模理论逐渐成为一个研究的重要主题②。

言语是无限的"句子"的集合，语言是有限的句子"模型"的集合。句模研究的关键是弄清造句规则，即：在造句时需要弄清作为核心的动词必须有哪些从属成分接受该动核的支配，以及这些成分在句中的位置。依据造句规则，就可以构建句子。这对机器题意理解、自动解题、翻译句子和对外汉语教学等有着十分积极的价值。

6.1.1 基本概念

句型、句模、句类和句族是常见的与句子相关的概念。根据句子句法平面的特征分出来的类别称为句型，根据句子语义平面的特征分出来的类别称为句模，根据句子语用平面的特征分出来的类别称为句类。

句模的语义单位有概念（concept）、事元（argument）、事件（event）。一个句模代表一种句子模式，表达一类语用"句意"，其语义成分是"中枢事元"和"周边事元"。一个"事件"由一个"中枢事元"和若干个相关的"周边事元"所组成。中枢事元和周边事元所充当的语义角色分别叫作"中枢角色"和"周边角色"。

从形式上看，句模就是具有造句功能的各式各样的框架。基干句模的句模框架意义等于其谓词框架意义，只由"谓词"及其配价成分所构成，没有非配价成分。

与句模相关的概念有模标、模槽、动核结构等。模标是句模中不变的部分，句族中相同的部分就是句模的模标。模槽是句模中的

---

① 何传勇. 论三个平面的语法观——三个平面理论的产生形成及主要内容[J]. 心事, 2014(12)：33-33.

② 范晓. 动词的配价与句子的生成[J]. 汉语学习, 1996(1)：3-7.

空位，句族中变化的部分就是句模的模槽。句族就是具有共同特征，基于句模生成的句子的集合。利用句模，把模标照写出来，在模槽空位"X"处填上适当的词或短语就可以生成大批新句子，形成句族。句模、模标、模槽和句族的示例见表 6-1。

表 6-1　　　　　　　　　　句模相关示例

句　　模	模　　标	模　槽	句　　族
把 X 分给 Y	把……分给……	X、Y	把一包糖分给 5 个小朋友
X 比 Y 多	……比……多	X、Y	篮球比足球多、黄花比红花多
从 X 到 Y	从……到……	X、Y	从家到学校、从 5 点到 7 点
X 只 Y 吃了 Z 天	……只……吃了……天	X、Y、Z	13 头牛吃了 8 天

语义结构往往由两个或两个以上的语义成分组成，其核心为动词所表示的语义成分，即动核。动核包括一般所说的动词和形容词。由动核及其所联系的语义成分组成的动核结构，是句子语义结构的基底。

句模是由动核结构形成的，是动核结构生成句子时与句型结合在一起的语义成分的配置模式。动核结构是无序的，而句模是有序的。如动词"吃"和名词"牛""草"组成的动核结构，动词"种"和名词"同学们""树"组成的动核结构，这两个动核结构是一样的，都有动核、施事和受事。动核结构在句中形成了句模，就形成了有序的形式。

141

6.1.2　确定句模的思路

确定句模需要遵循一定的原则和方法，主要为如下：（1）动核和动元为句模基本成分、动核结构为基本骨架的原则。句模是句子的语义结构类型，而动词是动核结构和句子的核心、重心和中心。

(2)语序影响句模的原则。同一个动核结构，其语义成分的排列顺序不同，那么句模就可能不同。如"动核、施事、受事"这一动核结构可以有以下几种四排列方式，可形成四种句模：①施-动-受(工程队修一条路)；②受-施-动(剩下的部分乙去完成)；③施-受-动(电影院 812 张票卖完了)；④在特定情况下还可以有"受-动-施"式排列(一张桌子坐 8 人)。

构建句模的整体思路如下：(1)从动词的语义类出发，观察不同小类的动词成句时在所组成的动核结构中各带有几个动元，以及这些动元在动核结构中所扮演的语义角色。这样就可以动词的小类和动元的语义角色的搭配建立起最基本的语义结构类型。比如有一类动词，成句时必须带两个动元，这两个动元分别表示动作的发出者和动作的承受者，组成"施事、受事、动核"这一动核结构。这个动核结构中的语义成分排列顺序的差异，形成了不同语义成分的组合形式，如"施-动-受""受-施-动""施-受-动"等不同类型的基干句模。(2)在此基础上，还有不同小类的动词带状元的情况，总结出扩展句模的类型。(3)最后，通过一定的方式，可将这些简单的基干句模和扩展句模构成复合句模，并总结出复杂句模的类型。

在上述整体思路的基础上，确定句模时还需注意以下两点：

(1)基本语义成分角色的决定。动元角色的确定主要由动词的类型来规定，例如动作动词规定施事、性状动词规定系事。

(2)句模主要根据动词构成的动核结构来确定，但有时名词也可能会对句模产生影响，例如有价名词，同时有些名词在某些动名搭配构成的语义结构中也起到一定的作用。例如"起-动-止"句模，如果"止事"是特殊集合名词，那么"起事"就必定包括两个成分。例如"龟和兔进行 1500 米的赛跑"，"止事"为"赛跑"，起事部分就须有"龟"和"兔"两个名词性成分。这与"汽车的速度是 36 千米/小时"这样的"起-动-止"句有些不同。

6.1.3 鲁川句模

鲁川将句模中的中枢角色分为八个大类，分别为状态、心理、关系、进化、自动、关涉、改动、转移，每个大类下又细分为多个小类，总共有 26 小类；周边角色分类同样分为八个大类，分别为主体、客体、邻体、系体、情由、时空、状况、幅度，每个大类下也细分为多个小类，总共有 26 小类，如表 6-2、表 6-3 所示，表中第一行为大类，每一列为大类中的小类。

表 6-2　　　　　　　　　　中枢角色分类

状态	心理	关系	进化	自动	关涉	改动	转移
存在	感受	领属	变化	移动	遭受	作用	探求
特征	思想	包括	进展	活动	对待	控制	传播
态度		类同				创建	索取
		关联				促使	给予
						改变	交易
							搬移

表 6-3　　　　　　　　　　周边角色分类

主体	客体	系体	邻体	情由	时空	状况	幅度
施事	受事	属事	涉事	缘由	时间	方式	数量
当事	致事	分事	经事	意图	空间	工具	历时
感事	结果	类事	源事			材料	频次
领事	内容		向事				
			范围				

143

6.2　数学应用题题意理解研究现状及分析

6.2.1　研究现状

应用题题意理解的研究主要从自动解题和句模两个角度开展，其中自动解题研究包括题意理解方面的研究。

6.2.1.1　自动解题方面

当前，数学应用题自动解题研究大致分为三个方面，分别是基于规则的自动解题、基于统计方法的自动解题和基于神经网络的应用题自动解题。(1)基于规则的应用题自动解题。早期的应用题自动解题系统是基于规则的智能解题系统，1964 年 Bobrow 构建的 STUDENT 系统是最早的应用题自动解题系统，该系统以规则和模式匹配为基础，根据关键字将句子转化为预先定义好的标准式，然后使用模式匹配的方法将标准句映射成相应的数学表达式，实现自动解题①。Matsuzaki 提出基于逻辑的架构，以语义逻辑的形式表示文字应用题，并用一定的规则表示应用题，但该方法只适用于解决简单一元一次应用题②。(2)基于统计方法的应用题自动解题。随着统计学习的研究热度日益高涨，研究者们将统计学习法应用于应用题自动解题研究中。Kushman 将统计学习应用于代数文字应用题自动解题中，将题中的数字和名词分别映射成方程组中的系数和变

---

①　Singh R, Saleem M, Pradhan P, et al. Feedback during web-based homework：Therole of hints[C]. AIED. Artificial intelligence in education, 2011.

②　Matsuzaki T, Iwane H, Anai H, et al. The Complexity of Math Problems_ Liguistic, or Computional？ [C]. International Joint Conference on Natural Language Processing. Nagoya. Springer, 2013.

量，用联合线性对数分布函数制定评分函数①。(3)基于神经网络的应用题自动解题。随着深度学习在自然语言中取得重大的突破，研究者们开始将神经网络应用于应用题自动解题中，刘永宜提出基于词向量的题意理解方法，通过无监督学习算法训练语料库的词，生成词向量，并赋予词向量一定的语义信息，由此实现题意理解，其学习过程难以被解释，获取的信息也难以被呈现，难以支持对学生的表征辅导②。

6.2.1.2　句模方面

随着句模广泛应用于语义理解，研究者逐渐使用句模来帮助计算机理解应用题的题意。马玉慧等人指出应用题中存在丰富的问题情境，这导致了语义理解困难等问题，并针对该问题，构建语义句模，例如"其中~[动词]~数量~数量单位~对象"，以实现小学算术应用题的语义理解③。李周面向初等数学概率应用题，指出句模的基本组成元素有数学实体、动词、数量词以及表示数学信息的关键词，并构建了句模库，例如用"@ LINE~垂直~@ LINE"来表示"AB 垂直于 CD"；通过赋予句模语义信息，在一定的匹配规则下，使用句模库的句模与经过预处理的数学应用题进行匹配，若二者匹配成功，则实现了题意理解④。汪中科认为句模的主要构成元素包括数学命名实体、动词和关键词，并认为由于初等数学题目的表达方式多样化，需要多个句模才能完全覆盖，例如"直线 m 与 n 平

① Kushman N, Artzi Y, Zettlemoyer L, et al. Learning to Automatically Solve Algebra Word Problems[C]. Proceedings of Meeting of the Association for Computational Linguistics. Baltimore：Association for Computational Linguistics, 2014.

② 刘永宜. 基于词向量的初等数学问题题意理解[D]. 电子科技大学, 2017.

③ 马玉慧，谭凯，尚晓晶. 基于语义句模的语义理解方法研究[J]. 计算机技术与发展, 2012, 22(10)：117-120, 124.

④ 李周. 初等数学问题题意理解关键技术研究及其应用[D]. 电子科技大学, 2016.

行"需要两个句模，分别是"％Line％与％Line％平行"和"％Line％
//％Line％"；该研究定义了句模的形式与匹配的方式，将语义理
解过程转化为句模匹配过程，以实现题意理解①。吴林静等人认为
句模包含所属、对象、关系、动词、数词、量词六个核心组成部
分，例如，"其中教学人员与教辅人员之比为10∶1"可用句模"对
象+对象+关系+动词+数词"，并构建了句模库；采用依存句法与句
模相结合的策略进行题意理解，并证明了该方法对信息抽取的准确
率有一定提升②。

　　当前基于句模的研究极大促进了数学应用题题意理解、自动解
题等的研究与发展，但其所面对的题型有限，较少涉及参数多、情
境复杂的题目。

6.2.2　问题分析

　　题意理解的研究主要从自动解题和基于句模两个角度开展，下
面从这两个方面作进一步分析。

6.2.2.1　自动解题方面

　　自动解题研究的主要任务是通过理解题意，使得机器能自动解
题，而不是面向表征辅导。其实，在机器理解题意之后，具备着表
征辅导的可能。自动解题研究往往基于规则、统计、神经网络和深
度学习等开展，其学习过程难以被解释，很难用学生可以理解的方
式来提取和呈现。王松构建了基于深层神经网络的文字代数应用题
模型，可用于自动解题，但其解题过程和获取的信息也难以被呈
现，难以支持对学生的表征辅导③。

---

　　①　汪中科．初等数学问题题意理解方法研究及应用［D］．电子科技大
学，2018．

　　②　吴林静，劳传媛，刘清堂，等．基于依存句法的初等数学分层抽样
应用题题意理解［J］．计算机应用与软件，2019，36(5)：126-132，177．

　　③　王松．基于数字相关特征的文字应用题自动求解模型研究［D］．辽宁
工程技术大学，2019．

同时，在机器理解题意过程中，动词自身的情境含义被弱化了，甚至消失。这使得机器不能较好获取情境信息，难以有效帮助学生理解问题情境。例如，以上所提到的 STUDENT 系统、Matsuzaki 和 Kushman 和刘永宜等人各自构建的系统，在题意理解过程中，动词的情境含义都有所消失，机器仅仅实现自动解题，不注重帮助学生理解问题情境。

6.2.2.2 句模方面

基于句模的题意理解研究，一定程度上解决了代数题意理解中的问题，能够较好解决一些标准的题目①②③。

由于汉语句子层次结构的不确定性和造句的灵活性，使得当前基于句模的题意理解研究存在如下不足：

(1)采用的知识表示法不利于表示题意。该方面的研究往往基于金里奇框架的知识表示法表征题意。金里奇的框架包括对象、数量、单位和槽等，这些相较于 SMKR 知识表示方法，不便于被理解；同时，基于框架的知识表示法，不利于表示情境知识、过程性知识。而数学应用题的叙事性较强，往往有一些过程性描述，情境特征很明显。基于框架知识表示法难以对题意进行表示，不利于面向中小学学生进行表征辅导。

(2)匹配精度要求高。当前句模往往是单向线性的，由一定的固定搭配模式，或者标准的正则表达式等构造，采用匹配方式进行信息抽取。但代数应用题题目文本描述却是灵活、多样化的，即使相同变式的应用题，其题目文本也往往不一致。这使得当前基于句模的信息抽取存在匹配不精准等问题。对于语义相同，形式不同的句子，即使几个字的区别，也会导致匹配失败。例如，句模"其

147

① 马玉慧. 小学算术应用题自动解答的框架表征及演算方法研究——以小学第一学段整数应用题为例[D]. 北京师范大学，2010.

② 李周. 初等数学问题题意理解关键技术研究及其应用[D]. 电子科技大学，2016.

③ 吴宣乐. 基于句模的初等数学问题题意理解方法研究及应用[D]. 电子科技大学，2016.

中+所属+有+名词+数词+数量单位"，可以匹配句子"其中小明有苹果 5 个"，但造句时"有"字后边的情况是难以确定的，例如其后边可以是"有 5 个苹果，桔子 10 个"等很多情况。这些使得句模匹配的准确度降低。

（3）句模数量多。如需提高匹配质量，就必须面向不同的表达方式构建句模，这就使得句模数量多。如果一个句子有 n 个成分，每个成分有 m 种表述形式，则合计就需要 $n*m$ 种形式的句模。例如 Math23k 数据集中"其中"后续的句子结构有 821 种，这就需要提出 821 种与之相匹配的句模；上述例子中，如果还要表示苹果和桔子之外的水果，句模就更复杂。

（4）难以完全覆盖所有句子。由于汉语表述的灵活性，很难面向所有的表述方式一一构建句模，句模难以全覆盖所有的表述方式。汉语句子在形式上没有明确的结句方式，句号根据语义需要，可写在任何地方，且句子的层次结构和短语修饰的灵活性均不确定。这些就使得句子在整体角度上看，没有确定的模板。例如"甲数比乙数多 0.8""乙数"后面的表述方式很多，有"的 85% 多 0.8"、"2 倍的 85% 多 0.8"，很难对所有的表述进行一一表示。

6.2.3 提出问题

从句子的构造看，除了非主谓句里的独词句外，句子可以看成一个结构体，构成句子的内部成分可以理解为结构项；同时结构项可能又是一个结构体。层层的结构体遵从"逐层二分"的结构方式。结构体的这种构造特性可称为结构体的成分性和层次性，可以看作句子构造的两大性质。任何一个汉语句子，都属于一个"二元嵌套结构"，或称作"二元合成结构""短语嵌套结构"。

从上层往下层看，句子的构成不是"主+谓语+宾语"三个成分并列，而是遵从"逐层二分"的结构方式逐层分解为系列结构体或者结构项。从下层往上层看，句子就是结构体或者结构项递归合一的结果。这就使得句子的层次结构是不确定的。再根据"两两对称原理"，二元结构中的一个元素只对其中的另一个元素负责，而无视句子整体，这使得汉语造句非常灵活。

句子是嵌套的、有层次结构的，其结构并非单向线性的；同时，句子层次的数量并不是一个定值，而是一个动态的变量。因此，通过一个单向、线性的句模来抽取句子中的信息比较困难。其实，根据句子的层次结构，可将句子分解为系列结构体或结构项；把这些结构体或结构项称作信息抽取目标，则底层目标相对整个句子而言，就会简单很多；再基于句模面向简单的目标，从底层逐渐向上进行信息抽取，则抽取质量就会提升。

鉴于题意理解在表征辅导中的重要意义，针对基于句模的题意理解研究的不足，本章根据句子的层次结构，提出基于层次结构的句模（Hierarchical Structure-based Sentence Template，HSST），然后基于 HSST 句模，提出一种题意理解策略。

6.3 基于层次结构的 HSST 句模构建

HSST 句模主要用于信息抽取，并不是用于造句、创设应用题。下面将从 HSST 的结构、谓词的情境性等角度开展分析。

6.3.1 句模的结构

对于一个已经存在的句子，其谓词和配价成分是可以确定的。其中的配价成分，就是结构项，可以从向内和向外两个角度分类。向内看，是其结构类型，这主要依赖它的内部结构；向外看，是功能类型，具体依据该成分在上一层单位里充当的句法成分来确定。HSST 句模可以分为两类：①面向结构体的句模，即基干句模；②面向结构项的句模，即短语句模。

HSST 的基干句模和短语句模都为单向线性结构；由于配价成分是有功能类型的，且配价成分可以用句槽来表示，因此 HSST 为句槽增加属性，用来表示其功能类型。代数应用题的题目文本为叙事文本，往往描述了一定的目标词或事件，例如"小王同学的打字

149

速度是每分钟 30 字"，该句就用谓词"是"描述了"速度"这个词。因此，HSST 句模还应包含目标词，表示一个句子或者一个短语所描述的目标对象。

HSST 句模中句槽部分的表示，接受配价成分功能类型的约束，也有相应的表示其功能类型的句模。该句槽的内容，为下一层结构体或者结构项。该结构体或者结构项的内容，可面向该句槽的功能类型，根据其句模生成。

因此，HSST 句模的结构，也是一个层次结构，由基干句模和句槽相应的短语句模共同组成。例如表示速度的句模为：（X：速度的所属）+的+速度+是｜为+（Y：速度的值），其中"速度"就是目标词，X 和 Y 为配价成分，即模槽，且都加上了各自的功能类型说明。其中，X、Y 的功能类型分别表示速度的所属和速度的值，分别也有相应的短语句模。表示速度的句模的结构见图 6-1。

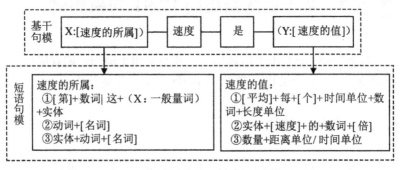

图 6-1　表示速度的句模

6.3.2　谓词的情境性分析

谓词具有情境性，在表示句模时应该突出谓词的情境性。对中小学学生的代数应用题解题而言，一个主要的障碍是难以理解题中的问题情境。如果句模中谓词的情境性不同，即使基干句模相似，也应该对句模分别进行表示，而不是用统一的符号"［V］"等表示动核。例如："王师傅购入了 5 斤麻油"、"张同学售出了 1 斤鸡蛋"，其句模都可以表示为"施事+[V]+受事"，二者的语义依存图，见图 6-2。虽然句模类似，但情境动核分别为"购入"和"售出"，前者是"移入"，后者是"移出"，二者的语义关系明显不一样。

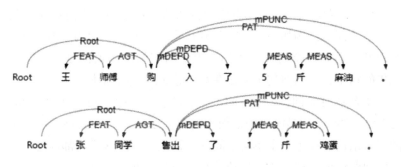

图 6-2　例句语义依存分析图

相同的句模，如果谓词不同，其表示的情境也可能相同。例如，"甲乙两人要从 A 地前往 B 地""甲乙两船要从乙港开往丙港"，二者句模相同，其情境动核分别为"前往"和"开往"，虽然情境动核不同，但其表示的情境是相同的。如果使用不同的情境动核，则就增加了句模的数量、增加匹配难度。

根据框架语义理论，谓词可以理解为词元。根据第五章的应用题框架语义的研究成果，谓词可以进一步理解为语义框架名，可称为情境动核。上述例句中的"售出"表示了"移出"的情境含义，其相应的词元还有很多，例如"卖出""销售"等。

151

6.3.3 句模的构成要素

金氏对框架表征的研究认为应用题语义句模的基本元素由动词、数量和数量单位、所属、对象和关键词构成。其中关键词是用于表达特定的数学关系的词语，例如"还剩下""从……到……"等。

根据上一节分析的结果，HSST 句模认为句模包含数量词、情境特殊词、情境动核、配价成分与说明、目标词等组成。

（1）数量和数量单位。数学应用题处理的核心就是找出数据对象的属性特征，及其彼此之间的数量关系。由于数量和数量单位的特征明显、易于识别，其必然是构成句模的基本元素之一。例如表示重量的"5 千克"、表示速度的"100 公里/小时"等。

（2）特殊情境词。应用题中的特殊情境词是用于表达特定的数学关系的词语，例如"小王买了 10 斤水果，其中苹果有 5 斤"中的"其中"，就是一个特殊情境词，表示当前句子的前面是一个描述总集的句子，且当前句子就是在对该总集组成的描述。

还有系列虚词，例如"的、地、的、着、了、过、关于、和、与"等，这些虚词是汉语中最根本的语法手段之一，能够规定一定的二元结构、标记多个单句之间的某种关系等。这些词都描述了一定的问题情境，都属于特殊情境词，对题意理解很重要。例如"小王用 5 斤重的食用油换了 1 支笔和 3 个本"，其中"的、了、和"等词也表示了一定的情境含义。

在代数应用题领域，这些特殊情境词数量有限，Math23K 数据集中部分特殊情境词见表 6-4。

表 6-4　　　　　　　　　　**特殊情境词**

序号	词语	序号	词语	序号	词语	序号	词语
1	还	9	已经	17	如果	25	从
2	倍	10	都	18	得	26	到
3	计划	11	可	19	其余	27	可以
4	的	12	了	20	后	28	一样
5	原来	13	还剩	21	共	29	那么
6	时	14	同样	22	后来	30	一共
7	与	15	分别	23	每	31	各
8	又	16	和	24	比	32	平均

序号	词语	序号	词语	序号	词语	序号	词语
33	着	36	又	39	再	42	及
34	现在	37	其中	40	地	43	原计划
35	过	38	还剩下	41	关于	44	剩下

（3）情境动核。动词是句子的核心。情境动核是对具有系列相同或相似情境的词元的归纳。有学者认为在机器自动解题过程中，动词的情境信息被弱化甚至消失。但面向问题情境仿真、表征辅导等研究，动词的情境信息很重要。例如，"袋子中装有 2 个红球"，动词"装有"表示某个容器里面内部包含有一定的物体，"红球"就可以理解为该容器的属性。还有"购买、出售、存钱、吃完"等动词，均含有明显的情境信息。

应用题的叙事文本主要通过问题情境的描述，隐含了实体之间的数量关系或者情境事件；不同的句子描述的对象可能不一样，有的描述的是实体，有的描述的是情境事件。例如"甲车的速度是 5 千米/小时，走完川藏高速花了 10 个钟头"，前一分句是对实体"甲车"属性的描述，后一分句描述的是"甲车走完川藏高速"这一件事。根据动核的情境信息，就可以判断出该句子描述的对象是实体或者情境事件。

（4）目标词。在鲁川等句模中，施事、受事、成事、共事等语义角色构成了句模的基本元素。但在应用题题意理解领域，这些要素的语义其实就是实体与属性，以及属性与属性之间的数量关系，其中的部分属性，就是通过目标词反映出来的。目标词主要是指应用题中出现的一些具有数学意义的名词，这些词具有一定的确定的含义，例如"速度""长度"等。一定的目标词与情境动核之间的搭配关系具有一定的特征，其所代表的内容也有一定的特征，例如"速度"与"是、为"等动核之间的搭配关系，往往表示了速度的值，值的形式为"数词+距离单位/时间单位"或"［平均］+每+［个］+时间单位+数词+距离单位"。

153

(5)句槽及其功能类型。句槽对应着配价成分，从句子的搭配关系角度来看，句槽具有功能类型，该功能类型依据该成分在上一层单位里充当的句法成分来确定。在信息抽取过程中，句槽的功能类型有利于确定句模的搜索范围，也有利于为信息抽取确定目标词进而确定具体句模。例如，根据情境关键词"从…到…"可以确定句模范围："从+（X：地点）+［动词］+到+（Y：地点）"、"从+（X：时间长度）+［动词］+到+（Y：时间长度）""从+（X：通用事件）+［动词］+到+（Y：通用事件）"和"从+（X：实体）+［动词］+到+（Y：实体）"等；再根据目标结构项"从北京到广州"中的"北京/ns""广州/ns"，就可以确定具体的句模。该结构项句模和例句见表 6-5。

表 6-5   "从……到……"的句模

序号	句　　模	例　　句
1	从+（X：地点）+［动词］+到+（Y：地点）	从一楼到五楼
2	从+（X：时间长度）+［动词］+到+（Y：时间长度）	从 10 点到 12 点
3	从+（X：通用事件）+［动词］+到+（Y：通用事件）	从逃跑到被歼灭
4	从+（X：实体）+［动词］+到+（Y：实体）	从第 1 棵树到第 16 棵树

(6)语义描述。该部分主要是根据句模的构成成分之间搭配关系，定义三种关系：①数量与实体之间的关系；②数量与事件之间的关系；③数量之间的关系。根据 SMKR 知识表示机制，根据句模提取数量词之后，需要将其作为属性值赋予一定知识表示节点的属性，此时需要定义一些情境规则。例如"每隔 3 米种 1 棵树"中的"3""1"等，均有确定的含义，这需要一定的规则来定义。再如"小红的速度是小明速度的 1.5 倍"，在提取实体"小红""速度"和"1.5 倍"等之后，此时需要规定它们彼此之间的关系，即"小红.速度=小明.速度*1.5"。

6.3.4 句模的构建

6.3.4.1 思路

在对数学应用题进行整理分类后，需要在每种题型里探寻可能的表述方式来构建句模。HSST 构建的主要思路如下：

（1）首先根据目标词、谓词及其配价成分，构建基干模板。

（2）再根据模槽的功能类型，为相应的配价成分构建句模。如果配价成分为结构体，则为基干句模，否则为结构项句模，且把功能类型作为该结构项句模的属性。

（3）最后再逐层递归分析句槽对应的配价成分，直至该配价成分不再分层。

下面以行程问题中的句子"小王同学步行的速度是每分钟 5 米。"为例，说明句模的生成方法。

（1）预处理，将该句子进行分词和词性标注处理，结果为"小王/nh 同学/n 步行/v 的/u 速度/n 是/v 每/r 分钟/q 5/m 米/q。/wp"。

（2）对句子进行语义依存图，见图 6-3。根据动核和目标词，提取句子主干"……的速度是……"形成句子级别的句模"（X：速度的所属）+的+速度+是 | 为+（Y：速度的值）"，即面向结构体的句模，或者基干句模。

图 6-3 例句语义依存分析图

（3）对结构项进行语义依存分析，形成面向结构项的短语句模。"（X）"所对应的短语为"小王同学步行"，"（Y）"所对应的短

155

语为"每分钟 5 米",其语义分析结果见图 6-3。

根据"(X)"构建的句模为"速度的所属:实体+移动动核",表示实体一定的移动方式的速度;根据"(Y)"构建的句模为"速度的值:每+时间单位+数词+距离单位",表示速度的值。

(4)归纳与分类。结合应用题题型和功能类型,对上述面向结构体和结构项的句模的描述规则进行归纳、分类。

由于上述生成句模的思路是根据句子及其层次结构中的结构项或结构体逐步生成,一个句子的基干部分和结构项比其自身简单,因此根据基干和结构项生成的 HSST 句模也比较简单。由于句子低层的结构项的表述方式其实有限,故句模的总量并不会太多。例如,Math23K 数据集中包含"速度是"的例句有 306 个,Ape210K 数据集中有 2362 个,但"速度是"后一部分结构项表示的是"速度的值",只有 5 种情况,因此其句模数量也只有 5 种情况,具体见表 6-6。

表 6-6   **"速度的值"的部分句模配价成分的表示方式**

基干句模	例句数量		结构项 Y 所对应的句模	例　　句
	Math23K	Ape210K		
(X:速度的所属)速度是(Y:速度的值)	306	2362	[平均]+每+[个]+时间单位+数词+长度单位	(速度是)每小时 950 公里
			实体｜动词+[速度]+的+数词+[倍]	(速度是)小明的 1.5 倍
			数词+距离单位/时间单位	(飞机的速度是)每小时 950 公里/小时

6.3.4.2　优势分析

基于上述方法表示的句模,优点非常明显,主要如下:

（1）句模数量少。面向结构体的句模其实是句子级别的句模，其配价成分用模槽及其功能属性来表示。模槽的内容依然也是一个层次结构组成的结构体或者结构项，其本身就非常灵活。假设一个句模包含 m 个模槽，每个模槽的表述方式有 m_i 种句模与之匹配。如果用单向线性的句模来表示该句子的所有形式，就需要 $\prod_{i=1}^{m} m_i$ 种形式的句模。而一个模槽与其他模槽之间的搭配，从模槽功能属性角度考虑，只有 1 种形式，则就表示该句模。而要表示该句子的所有形式，则只需 $\sum_{i=1}^{m} m_i$ 种情形的句模。

（2）句模更简单。由于 HSST 句模的生成思路是根据句子主干及其层次结构中的结构项或配价成分逐步生成，一个句子的基干部分和结构项肯定比其自身简单，因此 HSST 句模比较简单。由于用配价成分的功能属性来表示模槽，不用考虑配价成分的层次结构和多种表述方式，这也是 HSST 句模比较简单的原因。

（3）覆盖面更广。在根据句子层次结构分解句子之后，该句子的各个结构项或结构体的规律性就更加明显；同时数学应用题题目文本本身就具有简洁性等特点。因此，HSST 句模就能覆盖更多表达方式。

（4）匹配精度高。当前研究中句模的匹配是根据句模中的目标词和动核进行的，具体有正则表达式等方法，但个别文字的不一致就会导致匹配失败。由于 HSST 句模简单，用情境动核来表示一般动核，用配价成分的功能属性来表示模槽，使得可用短语句模等来匹配配价成分。这大大降低了因为个别文字不匹配而导致匹配失败的概率。

以如下句子为例"一辆小汽车的速度是 40 千米/时"，用 HSST 句模可以将其表示为"（X：速度的所属）+的+速度+是 | 为+（Y：速度的值）"，其中"速度"就是目标词。首先，该句模用 X 与 Y 表示其配价成分，用配价成分的功能属性来表示模槽，只留下句子的基干部分，不考虑配价成分的层次结构和多种表述方式，因此 HSST 句模比较简单。其次，配价成分 X 表示速度的所属，其表示

方法有 3 种，具体见图 6-1；配价成分 Y 表示速度的值，其表示方法有 3 种，具体见图 6-1；如果用单向线性的句模来表示该句子的所有形式，则需要 9 种形式的句模，而用 HSST 句模表示该句子的所有形式，则需要 6 种形式的句模。

又如例句"小明的苹果比小红多 16 个"，"小红"后面的表述方式很多，有"的 80% 多 5 个""2 倍的 80% 多 5 个"，由于 HSST 句模是按照句子的层次结构，逐层递归地分析句槽的配价成分，直到配价成分不再分层，在分析句槽配价成分的过程中，生成相应的子句模。因此，HSST 句模的覆盖面更广，能够覆盖更多的表达方式，并且降低了因个别文字不一致所导致匹配失败的概率。

6.3.5　应用题语义句模的分类

6.3.5.1　分类依据

模槽具有功能类型，其实基干句模也有功能类型。不同题型的题目文本，其叙事描述具有一定的目标功能。该目标功能要么是描述一件事，要么是描述一个情境实体。例如"植树问题"中的"每隔多少米种 1 棵树"，描述的就是事；行程问题中的"小明的步行速度是 4 公里/小时"，速度就是目标词，描述的是情境实体。句子有目标功能，与句子相应的基干句模，也就有目标功能。与模槽中的功能类型相一致，基干也就具有功能类型。因此，句模具有题型和功能类型等属性。

有一些表述方式为多个题型所共有，则该部分句模为公共句模，其功能类型为命题集类型，包括情境命题集、赋值命题集、子集命题集、总量命题集、比较命题集、单位量命题集、等分命题集、起始量命题集、转移命题集、结果量命题集等。

因此，HSST 句模主要根据题型和公共类型进行分类。还有一些功能类型也为多个题型所包含，例如表示"时间"的结构项，被行程、工作效率等多个题型所包含，因此该类句模也可作为公共句模。

6.3.5.2　存储表示

句模除具有类别属性之外，还具有详情信息。因此句模的存储表示包括句模类型表和句模详情表两部分。类型表包括题型、功能类型、功能描述、目标类型等属性。其中功能描述主要对功能类型进行扩充。目标类型的域值为"实体 | 事件 | 集合"，表示该句模描述的是实体，还是事件，或者一定功能类型的集合。句模详情表包括句模描述和语义描述等。句模类型表和句模详情表之间的 E-R 图如图 6-4 所示。

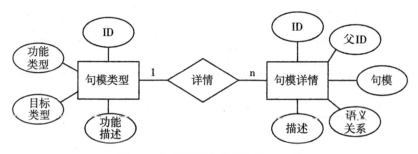

图 6-4　句模类型和详情之间 E-R 图

6.3.5.3　句模示例

下面以部分公共句模、行程问题、牛吃草问题、植树问题为例，分别列出典型功能类型的基干句模和短语句模。

1. 公共句模

公共句主要从比较命题集、总量命题集和等分命题集等，以及时间等通用句模几方面进行说明，其句模类型表和句模详情表分别如表 6-7 和表 6-8 所示。

表6-7 公共句模类型表

序号	功能类型	目标类型	功能描述
1	比较命题集	事件	表示两个实体相比较的基干句模
2	总量命题集	事件	表示实体总量的基干句模
3	等分命题集	事件	表示实体等分的基干句模
4	从到区间	事件	"从……到……"区间的表示方式
5	实体	实体	常见实体的一般表示方式
6	数量值	实体	数量值的表示方式
7	比较句特殊形容词	集合	比较句特殊形容词的表示方式
8	比较句特殊动词	集合	比较句特殊动词的表示方式
9	时间长度	实体	时间长度的表示方式
10	地点	集合	一般地点的表示方式
11	通用事件	实体	常见事件的一般表示方式
12	实体列表	集合	一般多个实体并列的表示方式
13	一般量词	集合	一般量词的表示方式

表6-8 公共句模详情表

ID	句模	例句	父ID
1	[X：实体]+比+（Y：实体）+[的]+[数词]+[倍]+(Z：比较句特殊形容词)+(W：数量值)	甲比乙多3分、松树的棵数比柏树的2倍多17棵	
2	[X：实体]+比+（Y：实体）+[的]+[数词]+[倍]+(Z：比较句特殊动词)+(W：数量值)	今年的总产值比去年的总产量增加15%	
3	[X：实体]+比+（Y：实体）+先|早|后|晚+动词+(W：数量值)	甲比乙先出发2/3小时	1
4	[X：实体]+[正好]+是+（Y：实体)+的+数词+倍	妈妈的年龄正好是小明的年龄的2.5倍	
5	(X：实体)+和+（Y：实体)+同样|一样+(Z：比较句特殊形容词)	苹果的数量和香蕉的数量一样多	

续表

ID	句　　模	例　　句	父 ID
6	[X：实体列表]+共|一共|总共+[有|是|动词]+(Y：数量值)	共栽了 40 棵、小明和小红一共有 10 个苹果	2
7	[名词]+有|动词+(X：实体列表)+共|一共|总共+(Y：数量值)	小云买了康乃馨和玫瑰两种花共 10 枝	
8	[名词]+把+(X：实体)+[平均|一共]+分成+(Y：数量值)	妈妈把西瓜切分成 16 块	
9	(X：实体)+[平均]+分给+(Y：数量值)	一包糖分给 7 个小朋友	3
10	(X：实体)+[各]+分|分到+(Y：数量值)	3 个同学分到 6 个苹果	
11	从+(X：地点)+[动词]+到+(Y：地点)	从一楼到五楼	
12	从+(X：时间长度)+[动词]+到+(Y：时间长度)	从 10 点到 12 点	4
13	从+(X：通用事件)+[动词]+到+(Y：通用事件)	从逃跑到被歼灭	
14	从+(X：实体)+[动词]+到+(Y：实体)	从第 1 棵树到第 16 棵树	
15	(X：通用事件)	卖出录像机(比录音机多收款 50 元)	
16	剩下+的+[实体]	剩下的煤(比用去的煤的 4 倍少 5 吨)	5
17	[第]+数词|这|那+(X：一般量词)+实体	1 个篮球、1 包糖、第 1 棵树、这辆汽车	
18	实体+[的]+[实体]	爸爸的年龄	
19	数词+[面积单位|(X：一般量词)|重量单位|长度单位|距离单位/时间单位]	10 平方米、30 米/秒	6
20	(X：时间长度)	5 分钟	

续表

ID	句 模	例 句	父ID
21	比较句特殊形容词集合	多、少、大、小、长、短、快、慢、高、重	7
22	比较句特殊动词集合	减少、增加、节约、降低、提前、增长	8
23	数词+[个]+时间单位	3个星期、3小时	
24	数词+时间单位+数词+时间单位	1小时20分钟	9
25	[平均]+每+[个]+时间单位	平均每小时、平均每个星期	
26	地点集合	(敌人离)桥头(24公里)、电影院、小明的家	10
27	动词+[名词]	从逃跑到被歼灭、去电影院(的速度是)	11
28	实体+动词+[名词]	通信员去送信时的速度是	
29	通用实体的并列集合	康乃馨和玫瑰 蜘蛛、蜻蜓和蝉	12
30	一般量词集合	个、包、岁、棵、枝	13

2. 行程问题

行程问题的功能类型主要有速度的描述、位移与时间事件、两个实体的距离、位移事件等,其句模类型表和句模详情表分别如表6-9和表6-10所示。

162

表6-9　　　　　　　　　行程问题句模类型表

序号	功能类型	目标类型	功能描述
1	速度的描述	实体	表示实体的速度的基干句模
2	位移与时间事件	事件	表示位移与时间的基干句模
3	两个实体的距离	实体	表示两个实体间的距离或路程

续表

序号	功能类型	目标类型	功能描述
4	位移事件	事件	表示实体位移的距离
5	相隔时间相遇	事件	表示两个实体相遇或在一定时间的基干句模
6	速度的所属	实体	速度的所属的表示方式
7	速度的值	实体	速度的值的表示方式
8	位移的实体	实体	位移的实体的表示方式
9	距离的值	实体	距离的值的表示方式
10	两个实体	实体	相遇或间距的两个实体，或者同时移动的两个实体的表示方式
11	地点	实体	地点的表示方式
12	时间路程区间	事件	时间或路程区间的表示方式
13	时间长度	实体	时间长度的表示方式
14	一般量词	集合	一般量词的表示方式
15	位移动核	集合	表示实体移动的动词

表 6-10　　　　　　　行程问题句模详情表

ID	句模	例句	父ID
1	（X：速度的所属）+的+速度+是 ∣ 为+（Y：速度的值）	小明的速度是 30 米/分钟	1
2	（X：位移的实体）+（Y：时间长度）+位移动核+（Z：距离的值）	小汽车 2 小时行驶 200 公里	
3	（X：速度的所属）+以+（Y：速度的值）+的+速度+位移动核+（X：时间长度）	爷爷以每分钟 30 米的速度走了 10 分钟	2
4	（X：速度的所属）+以+（Y：速度的值）+的+速度+（Z：时间和路程区间）	爷爷以每分钟 30 米的速度从甲地走到乙地	

续表

ID	句　　模	例　　句	父 ID
5	（X：两个实体）+路程｜距离+为｜有+（Y：距离的值）	甲乙两地的路程为 2 公里	3
6	实体+去+相距+（X：距离的值）+（Y：地点）	小亚去相距 200 米的电影院	4
7	（X：两个实体）+相距+（Y：距离的值）	甲乙两人相距 200 米	
8	实体+［先］+走+（X：距离的值）	甲先走 30 米	
9	实体+离+（X：地点）+［有］+（Y：距离的值）	甲离山脚有 150 米	
10	实体+（X：时间路程区间）+［共］+有｜位移动核+（Y：距离的值）	甲从 A 地到 B 地行驶了 500 米	
11	每+相隔动核+（X：时间长度）+相遇+数词+次	每隔 4 分钟相遇一次	5
12	经过+（X：时间长度）+［后］+相遇+数词+次	经过 4 分钟后相遇一次	
13	（X：实体）+相遇+［后］	两人相遇、两车相遇	
14	见公共句模的实体	一辆小汽车（的速度是）	6
15	见公共句模的通用事件	通信员去送信时（的速度是）	
16	（X：时间长度）+数词+长度单位	每小时 950 公里	
17	实体｜动词+［速度］+的+数词+［倍］	（速度是）小明的 1.5 倍	7
18	见公共句模的数量值	48 千米/小时	
19	见公共句模的实体	这辆汽车（平均每小时行 60 千米）	8
20	见公共句模的数量值	2 米	9

续表

ID	句　　模	例　　句	父 ID
21	[实体]+[实体]+数词+名词	甲乙两车	10
22	见公共句模的地点	(敌人离)桥头(24 公里)	
23	数词+名词+[的]+中点丨两端丨分数词	两地中点	11
24	见公共句模的从到区间	(爷爷以每分钟 30 米的速度)从甲地走到乙地	12
25	见公共句模的时间长度	每小时(950 公里)	13
26	见公共句模的一般量词	(这)辆(汽车)	14
27	位移动核集合	行驶、走、走了、行	15

3. 牛吃草问题

牛吃草问题的功能类型主要有牛吃草、实体移出、资源供给等，其句模类型表和句模详情表分别如表 6-11 和表 6-12 所示。

表 6-11　　　　　　　　牛吃草问题句模类型表

序号	功能类型	目标类型	功能描述
1	牛吃草	事件	表示牛吃草事件的基干句模
2	实体移出	事件	表示实体移出的基干句模
3	资源供给	事件	表示实体供给另一实体的基干句模
4	执行实体	实体	表示执行动作的实体的表示方式
5	消耗实体	实体	表示资源的表示方式
6	消耗完成	集合	表示消耗完成的表示方式
7	时间长度	实体	时间长度的表示方式
8	一般量词	集合	一般量词的表示方式
9	移出动核	集合	表示执行实体移出的动词
10	供给动核	集合	表示供给的动词

表 6-12 　　　　　　　　　　牛吃草问题句模详情表

ID	句　　模	例　　句	父 ID
1	［X：执行实体］+（Y：时间长度）+［可｜可以］+（W：消耗完成）+［Z：消耗实体］	7 头牛 4 天可以吃完这片牧草	1
2	（X：执行实体）+［再｜又］+移出动核+（Y：时间长度）+［将｜把］+（Z：消耗实体）+（W：消耗完成）	5 头牛又吃了 3 天将牧草吃完	
3	（X：执行实体）+移出动核	5 头牛死亡	2
4	移出动核+（X：执行实体）	卖掉 3 只	
5	［X：消耗实体］+［最多］+［可］+供给动核+（Y：执行实体）+移出动核+［Y：时间长度］	最多可供 10 头牛吃 7 天	3
6	见公共句模的实体	5 头牛、剩下的牛	4
7	［这｜数词］+［（X：一般量词）］+［数词+面积单位］+［全部｜所有］+［的］+实体	这片 20 公顷的草地	5
8	见公共句模的实体	第一块草地	
10	消耗完成集合	吃完、割完、吊完	6
11	见公共句模的时间长度	5 天、3 小时	7
12	见公共句模的一般量词	(7) 头 (牛)、(5) 只 (羊)	8
13	移出动核集合	吃、割、死亡、卖掉	9
14	供给动核集合	供、供给、放、放牧	10

4. 植树问题

植树问题的功能类型主要有间隔一定距离植树、公路一侧/两侧植树、相邻实体的间距描述等，其句模类型表和句模详情表分别如表 6-13 和表 6-14 所示。

表 6-13 植树问题句模类型表

序号	功 能 类 型	目标类型	功 能 描 述
1	间隔一定距离植树	事件	表示植树事件的基干句模
2	公路一侧/两侧植树	事件	表示在公路等一侧或两侧植树
3	相邻实体的间距描述	事件	表示相邻实体的间距描述
4	完成区间位移所花时间	事件	表示完成区间位移所花时间
5	距离的值	实体	表示距离的值的表示方式
6	地点区间	实体	表示地点的表示方式
7	相邻的实体	实体	表示相邻的实体的表示方式
8	时间长度	实体	时间长度的表示方式
9	地点	实体	地点的表示方式
10	一般量词	集合	一般量词的表示方式
11	植树动核	集合	表示植树、列队等动词

表 6-14 植树问题句模详情表

ID	句 模	例 句	父 ID
1	在+(X：地点)+[两旁｜两侧｜两边]每+相隔动核+(Y：距离的值)+植树动核+一+(Z：一般量词)+实体	每隔 7 米挂一盏灯	1
2	[名词]+在+(X：地点)+一旁｜一边｜一侧+植树动核+数词+(Y：一般量词)+实体	少先队员在一段公路的一旁栽 95 棵树	2
3	(X：相邻的实体)+间距｜距离+是+(Y：距离的值)	两棵树的间距是 50 米	3
5	(X：地点区间)+用了｜花了+(Y：时间长度)	从一条直道的一端到另一端用了 11 分钟	
6	从+第+数词+(X：一般量词)+名词+动词+到+第+数词+(Y：一般量词)+名词+用了｜花了+(Z：时间长度)	从第 1 棵树走到第 11 棵树用了 11 分钟	4

167

续表

ID	句　　　模	例　　　句	父 ID
7	见公共句模的数量值	50 米	5
8	见公共句模的从到区间	从一条直道的一端到另一端（用了 11 分钟）	6
9	［相邻的］+两+(X：一般量词)+名词	相邻的两棵树（的间距是 50 米）	7
10	见公共句模的时间长度	11 分钟	8
11	见公共句模的地点	公路、公园、通道	9
12	见公共句模的一般量词	(一) 盏 (灯)、(第 1) 棵 (树)	10
13	植树动核集合	种、栽、挂、站、换成	11

6.4　基于 HSST 句模的题意理解

6.4.1　知识表示方式的选择

机器理解题意，必须以一定的知识表示方式对题意进行描述。不同的知识表示方法都有各自的优点和缺点，表示效果不一样。针对特定的领域问题，要合理地选择知识表示方法。选择知识表示方法时需要考虑该方法是否具备足够的表示能力、是否能有效表示陈述性知识与过程性知识等①。

代数应用题就是代数故事题，其题目文本描述的问题情境往往包含了过程性知识和动态知识，例如牛吃草问题、植树问题、行程问题等。

---

①　史忠植，王文杰. 人工智能[M]. 国防工业出版社，2007.

在常见基于句模的题意理解研究中，采用框架知识表示的研究比较多。该方法使用槽等来表示所提取的知识，但对情境性知识、过程性知识表示不足。SMKR 通过情境模型、情境实体、情境变化等要素表示题意知识，其中的情境实体和情境变化均采用面向对象的思路构建，采用 XML 语句表示，通过领域构件来实现情境功能①。SMKR 能较好地表示题目文本，有效支持知识的情境性，有效支持表征；SMKR 更加符合面向对象的思想，更加符合人们的思维和阅读习惯，更加有利于学生的理解。

6.4.2 题意理解的关键思路

SMKR 方法表示的知识脚本包含了情境流程控制部分 FlowControl 和情境模型说明部分 SMDesc。情境模型 SM 内部主要由情境实体 SE 和情境变化 SCDO 组成。因此，面向 SMKR 提取知识、理解题意的思路是：首先基于句模，从题目文本中识别情境模型，再根据情境模型之间的关系，构建控制流程部分；然后面向一定的情境模型，抽取出其中情境实体和情境变化信息，构建该情境模型的开始部分、中间部分和结束部分。面向 SMKR 的题意理解主要包括情境流程的抽取和情境模型的抽取，下面分别进行说明。

6.4.2.1 情境流程的抽取

当前题意理解研究，往往基于分词、分句、句法分析和语义依存分析等 NLP 技术。然而这些技术目前对中文叙事文本还不能进行精准处理，在问题情境复杂时尤其明显。例如运用 Python 调用 LTP 对"……已知甲打 6 小时的稿件……"进行分词时，LTP 把"已知甲打"作为一个词；对"……每辆车载煤 8 吨……""每辆车载煤"被作为一个词。

叙事文本所描述的故事情节有线性情节、非线性情节和虚拟情

169

---

① 余小鹏. 面向数学应用题的问题情境仿真支持系统[M]. 武汉：武汉大学出版社，2022.

节。其中的非线性情节和虚拟情节，散落在故事进程各处，它与整个故事有着显示或者隐式的联系，但是关联性没有线性情节那样直接。非线性情节和虚拟情节中的时间要素，需要读者理解且把情节嵌入整个故事合适的时间位置。这些很大程度增加了机器理解叙事文本的难度。中小学代数应用题中的叙事文本没有小说、杂志等出版物中描述的故事那般复杂，语句表述比较简洁，具有一定的规律，其层次嵌套的深度有限，在一定程度上降低了题意理解的复杂度。

由于作为技术基础的 NLP 技术还有待进一步完善，以及叙事文本的复杂性，本节主要面向线性情节的代数应用题开展研究。这一类情节往往具有明确的时间方向性，呈线性发展，它串联在整个故事的时间轴上。

在代数应用题中，题目文本所描述的事件，从粗粒度角度看是线性的，但从情境模型更新的角度看，其流程可能包含存在分支和循环。其中具有分支情境的句子主要是用"如果"等作为关键词。在 Math23K 和 Ape210K 数据集中，出现"如果"的题目分别为 1337 个 和 19325 个。在 SMKR 知识表示中，此类情况使用分支语句，表示几种情况之间"或"的关系。

循环往往隐藏在情境模型中，例如牛吃草问题中，在牛吃草的同时草也在生长，因此牛要吃完所有的草，就有可能需要多次反复才能吃完所有的草。在 SMKR 中，循环往往用领域构件来实现。领域构件存放于一定的模板中，不同的题型有不同的模板，以支持一定的情境实体和情境变化的表示。这样，题意理解需要确定题型。

情境流程表示了情境模型之间的控制关系。情境流程的抽取主要思路是：首先确定题目类型，再对代数应用题题目文本进行分句处理，然后对分句逐个进行处理。该抽取过程的伪代码如图 6-5 所示。相应的流程图见图 6-6。

以如下应用题"甲乙两人从一地同向出发，甲骑自行车，乙步行。如果乙先走 12 公里，甲用 1 小时就能追上乙。如果乙先走 1 小时，甲只用 1/2 小时就能追上乙。甲乙两人的速度各是多少？"

```
题型识别, 以确定模板
分句处理
创建以 Switch 为元素的堆栈 Stack, 以及表示当前节点的变量 CurrentNode
while 分句 S 不为空   then
  if   S 中包含"如果"   then
    if Stack 为空  then
        创建 Switch 节点, 进栈
    endif
        解析分句 S
        创建情境模型节点 SM
        连接栈顶
        设置该分支的末尾
  else
    if Stack 不为空  then
        创建 EndSwitch 节点, 前向连接所有分支的末尾
        设置 CurrentNode=EndSwitch
    endif
        解析分句 S
        创建情境模型节点 SM
        连接 CurrentNode
        设置 CurrentNode=SM
  endif
endwhile
```

图 6-5   情境流程抽取代码

为例, 说明情境流程的抽取过程, 具体见图 6-7。

第一步, 将该应用题进行分句, 可分为四个分句, 具体见图 6-8。然后对分句进行处理。

第二步, 处理分句①。分句①中没有"如果", 则创建情境模型节点 SM1, 连接栈顶, 设置普通流程末尾。

第三步, 处理分句②。分句②中存在"如果", 且堆栈 Stack 为空, 则连接上一普通流程末尾, 然后创建 Switch 节点, 并进栈; 分句②中存在两次情境模型更新, 分别创建情境模型节点 SM2 和 SM3, SM2 连接 Switch 节点, 设置分支末尾 SM3。

第四步, 处理分句③。分句③中存在"如果", 堆栈 Stack 不为空, 分句③中存在两次情境模型更新, 则分别创建情境模型节点 SM4 和 SM5, SM4 连接 Switch 节点, 设置分支末尾 SM5。

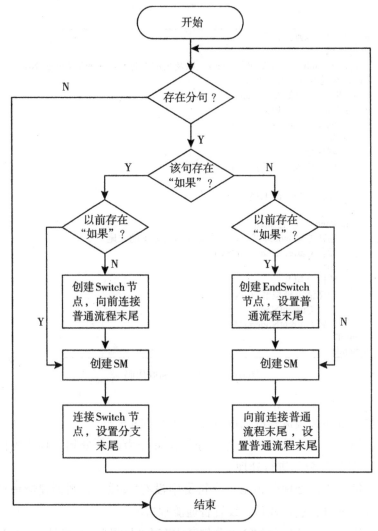

图 6-6　情境流程的抽取流程图

　　第五步，处理分句④。分句④中不存在"如果"，堆栈 Stack 不为空，则创建 EndSwitch 节点，连接分支末尾 SM3、SM5，设置 EndSwitch 为普通流程末尾；然后创建情境模型节点 SM6，连接 EndSwitch 节点，设置 SM6 为普通流程末尾。

　　第六步，分句处理完毕，结束。

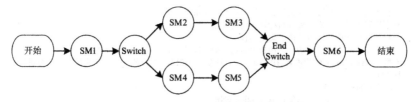

图 6-7 情境流程的抽取示例

分句：
①甲乙两人从一地同向出发，甲骑自行车，乙步行。
②如果乙先走 12 公里，甲用 1 小时就能追上乙。
③如果乙只走 1 小时，甲只用 1/2 小时就能追上乙。
④甲乙两人的速度各是多少？

图 6-8 应用题分句

6.4.2.2 情境模型的抽取

情境模型包括开始部分、中间部分和结束部分，主要描述了一次情境模型的更新。情境模型的抽取主要分为两步：首先对句子进行切分，构建其层次结构树 HSTree；再根据深度优先的原则，按照树的层次进行信息抽取处理。HSTree 的节点为一个单向链表结构 HSList，HSList 的节点类型有配价成分与功能类型、情境特殊词和情境动核等。

1. 层次结构树的构建

构建句子层次结构树 HSTree 的步骤如图 6-9 所示。

下面以"黄阿姨那辆行驶了 5 个小时的货车的速度是李阿姨那辆小轿车速度的 0.75 倍。"为例，说明层次结构树的形成过程。

第一步，对句子进行分词和语义依存分析，结果图 6-10 所示。

第二步，获取目标词为"速度""倍"，特殊情境词"的"，情境动核为"是"。

第三步，根据句子的构成以及上述关键词，确定句模"（X：速度的所属）+的+速度+是 | 为+（Y：速度的值）"。

第四步，根据句模，对句子进行切分，构建层次结构树的顶

173

对输入语句或者短语进行分词、句法分析和语义依存分析
根据框架语义等，确定领域目标词和情境动核
根据领域目标词和情境动核，确定句模
根据句模，对句子进行切分，构建表示句子的单向链表 HSList，并增加到 HSTree 中
获取 HSTreeNode 中的内容 HSList；从右到左将 HSList 中的各个模槽相应的配价成分进栈
HSStack
While HSStack 不为空
        出栈，获取配价成分 valenceNP
        切分 valenceNP，构建其相应的单向链表 HSList
        把 HSList 作为节点增加到树 HRTree
    HSList 配价成分进栈
EndWhile

图 6-9　层次结构树 HSTree 构建步骤

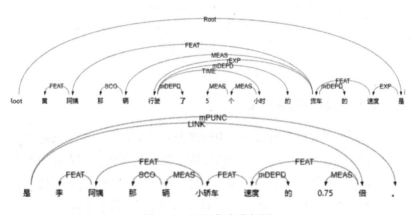

图 6-10　语义依存分析图

层，见图 6-11。

    第五步，对结构项①"李阿姨那辆小轿车速度"、结构项②"黄阿姨那辆行驶了 5 个小时的货车"进栈。

    第六步，出栈并对结构项②进行切分，直至底层"5 个小时"被处理，其结果见图 6-11。

    第七步，出栈并对结构项①进行处理。

    第八步，结束。

2. 层次结构树的解析

    在构建层次结构树之后，就需要对该树进行解析，以抽取信息，主要思路是：用情境对象表示实体，用情境变化描述对象表示

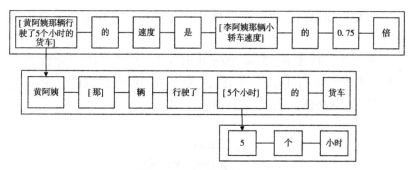

图 6-11 层次结构树 HSTree

事件，从低层到高层逐步解析各层的 HSList，抽取信息。主要步骤如图 6-12 所示。

初始化情境实体表 SEList，情境变化描述对象列表 SCDOList
根据深度优先的原则，寻找句子层次结构树的底层链表 HSList
While HSList 不为空//且 HSList 不为顶层
　　获取 HSList 模槽相应的配价成分列表 ValentList
　　获取 HSList 中的目标词 ThemeWords、情境特殊词和情境动核 VerbCore
　　设置对象列表 TempSEList 为空
　　Foreach valent in ValentList
　　　　根据 valent 和目标词、情境特殊词和情境动核之间的搭配，确定句模
　　　　根据句模，面向 valent 抽取信息，构建情境实体 O
　　　　把 O 增加到 TempSEList
　　EndForeach
　　根据 TempSEList 元素之间的隶属关系，对其中所有元素进行集成，表示为 CurrentSEList
　　CurrentSEList 代入上一层模槽，且增加到 SEList
　　深度优先搜索下一个节点
Endwhile
根据句模解析顶层 HSList 的动核 VerbCore，生成情境变化列表 SCDOList
Foreach e in SCDOList
　　if　e 为过程性事件　then
　　　　　　　把 e 之前的情境实体，增加到开始部分 begin
　　　　　　　把 e 节点加到中间部分 pro
　　　　　　　把 e 之后的情境对象，增加到结束部分 end
　　else
　　　　　　　把 e 增加到开始部分
　　endif
EndForeach
SEList 中的元素增加到开始部分 begin
结束

图 6-12 层次结构树抽取信息步骤

175

根据上述思路，现对图 6-11 中例子进行信息抽取的主要步骤如下：

第一步，搜索到"5/m 个/q 小时/n"，其语义依存分析如图 6-13。根据词性和目标词"小时"，就可匹配到句模"数词+[个]+时间单位"，其功能类型为"表示时间长度"。

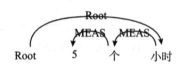

图 6-13　语义依存分析图

第二步，对结构项①"黄阿姨那辆行驶了 5 个小时的货车"进行处理，其语义依存分析如图 6-14。该结构项可以分为三块"黄阿姨货车""那辆货车"和"行驶了 5 个小时的货车"，其相应的句模和语义见表 6-15，对该三块的语义进行集成，可以用图 6-15 所示的结构来表示结构项①的语义功能。

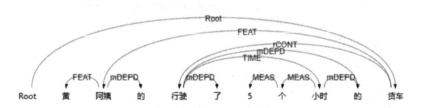

图 6-14　语义依存分析图

表 6-15　　　　　　　　　结构项①相应的句模和语义

结构项	句　　模	语　　义
黄阿姨的货车	人名+[的]+实体	"黄阿姨"为对象，"货车"为其属性，表示为"黄阿姨.货车"

续表

结构项	句　　模	语　　义
那辆货车	这丨那+(X：一般量词)+实体	根据指示消解策略，不做处理
行驶了 5 个小时的货车	位移动核+(X：时间长度)+[的]+实体	"货车"为机动车对象，具有情境属性(位移、速度、时间和位移方式)，时间长度为其属性，表示移动时间

图 6-15　情境实体-黄阿姨

第三步，对结构项②进行处理，其语义依存分析如图 6-16 所示。该结构项可以分为三块"李阿姨小轿车""那辆小轿车"和"小轿车速度"，其相应的句模和语义见表 6-16，对该两块的语义进行集成，可以用图 6-17 所示的结构来表示。

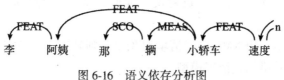

图 6-16　语义依存分析图

表 6-16　　　　　　　　结构项②句模和语义

结构项	句　　模	语　　义
李阿姨小轿车	人物+[的]+实体	"李阿姨"为对象，"小轿车"为其属性，表示为"李阿姨.小轿车"

177

续表

结构项	句　模	语　义
那辆小轿车	这｜那+（X：一般量词）+实体	根据指示消解策略，不做处理
小轿车速度	实体+[的]+[实体]	"小轿车"为机动车对象，具有情境属性（位移、速度、时间和位移方式），时间长度为其属性，表示移动时间

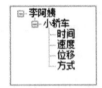

图 6-17　情境实体-李阿姨

第四步，语句就变为"黄阿姨．货车"的速度是"李阿姨．小轿车"的 0.75 倍。根据搜索可以确定基干句模"（X：速度的所属）+的+速度+是｜为+（Y：速度的值）"，其中，"Y"的短语句模为"实体+[速度]+的+数词+[倍]"，情境动核"是"为状态描述，因此可以抽取状态描述事件："黄阿姨．货车．速度 = 李阿姨．小轿车．速度 * 0.75"。

第五步，用 XML 描述情境对象"黄阿姨""李阿姨"和状态描述事件，并增加到情境模型。

6.4.2.3　指代消解

指代也称照应，是指语句中的一个词或短语与之前出现的词或短语存在特殊的语义关联，其语义解释依赖于前者。用于指向的语言单位，称为照应语，或称指代语 Anaphor；被指向的语言单位称为先行语，或先行词 Antecedent。确定照应语所指的先行语的过程称为指代消解(Anaphora Resolusion)①。当照应语被消解后,指称语义也就明确了,该照应语又可以作为后面新的照应语的先行语。

1. 指代的种类

指代主要包括零指代、人称代词指代、指示代词指代和一般名词短语指代四类。其中名词短语之间存在的指代关系称为一般名词短语指代。指代是一种复杂的语言现象,不同类型的指代之间存在较大的差异。代数应用题题目文本中的指代主要有前三种。

(1)零指代

零指代是指在语言表达中再次提到某个指称实体时,采用零形式进行指代,表面上没有具体的语言符号或语音形式的指代现象。零指代又称省略,指出这种指代关系的过程也称为省略恢复。零形式指代是汉语中一种常见的语言现象,主要形式为承前省略。在应用题中,存在大量的零形式指代。例如"甲、乙两地之间的道路分上坡和下坡两种路段,共 24 千米"。其中"共 24 千米"之前的位置上没有有形的词语,省略了"甲、乙两地之间的上坡路和下坡路"。

(2)人称代词指代

照应语为人称代词的指代为人称代词指代。汉语中常用的人称代词有"我、你、他、她、它、我们、你们、他们、她们、它们"。其中的"我、我们"表示第一人称,在代数应用题中可以作为特殊代词对待。同时,由于"我、我们"在 Ape210K 数据集中只出现1595 次,而"他、他们"出现 8519 次,"她、她们"出现 2220 次,"它、它们"出现 16280 次,因此需要处理的主要是"他、她、它、他们、她们、它们"。这些人称代词也具有明显的情境性;根据其情境性,非常有利于指代消解处理。

在构建对象和属性之间的隶属关系时,需要厘清"人物"和"物体",以及人物中"男、女"。例如"爸爸买回一个大西瓜,他把它平均切成了 10 块"中的"他"和"它"就需要区别;"小明和小丽都参加了考试。他的成绩是 95,她的成绩是 98。"中的"他"指的是小

179

---

① 韩东初. 基于自然语言分层结构的文本信息隐藏算法研究[D]. 长沙:湖南科技大学,2008.

明，"她"指的是小丽。也需要根据单数和复数来进行指代，例如"爸爸给小明买了 5 个本子后，他（们）一共有 20 个本子"，这里"他"指的小明，"他们"指的是"爸爸和小明"。

（3）指示代词指代

照应语为指示代词的指代为指示代词指代。汉语中常见的指示代词有"这、那、这些、那些、这里、那里、其他、各、这样、同样、一样"等。

2. 人称代词指代消解

代数应用题的句子复杂度有限，其中的人称代词指代往往比较清晰，基本不具有歧义性，中小学代数应用题尤其如此。在这些题目中，人称代词主要是"他、她、它、他们、他们俩、他俩、它们、她们"，其先行词的语义角色基本上都是所属角色，即其先行词要么是一个情境实体，要么是情境实体的属性。根据汉语的含义，机器可以根据如图 6-18 所示的分类规则对这几个人称代词进行区别，其中复数的表现形式及其例句见表 6-17。

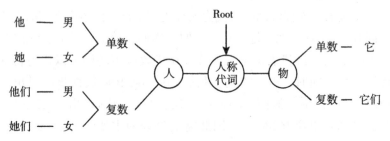

图 6-18　人称代词分类规则

表 6-17　　　　　　人称代词复数的应用形式

序号	应用形式	例　句
①	他｜她｜它+们+俩	它俩的萝卜数量一样多
②	他｜她+们+数词+人	她们三人一共采茶 10 斤
③	他｜她｜它+们+数词+量词+名词	他们五名同学的平均分是 90

　　人称代词所指代的类型不同，其处理的方式也不尽相同。人称代词的指代消解处理，需要先根据图 6-19 所示的规则区分人、物，再区分单数还是复数；如果是复数，则要对复数的使用形式进行进一步分析。其流程图如图 6-19 所示。

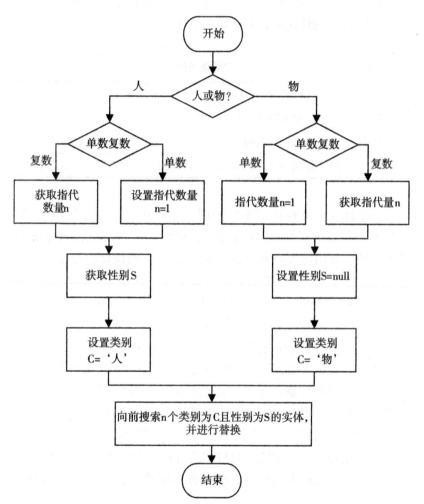

图 6-19　人称代词的指代消解流程图

3. 指示代词指代消解

应用题中需要处理的指示代词是"这""这些"。下面分别进行阐述。

（1）"这"的消解

在已有的应用题语料库中，包含"这"的题目有 59143 个，排除"这么、这样、这些"等之后，使用"这"进行指代的有 46181 个题目。"这"字的使用形式和例句主要有 2 种，见表 6-18。

表 6-18   "这"字的使用形式

序号	使 用 形 式	例 句
①	这+名词	这同学、这天
②	这+数词+名词	这一工程、这 3 人
③	这+[数词]+ 量词+名词	这名同学、这 3 名同学、这 3 小时

当上述 3 种情形中，当"[数词]"不存在或者其值为 1 时，则"这"指代最近出现的一个对象角色，例如"一个筑路队修筑一条 18 千米的路，开始每天修筑 0.3 千米，15 天后加快修路速度，每天修筑 0.375 千米。这条路共修筑了多少天？"由于"这条路"匹配的句模是"这+[数词]+（X：一般量词）+名词"，句中的"这"指代的就是之前出现的"一条 18 千米的路"。当时"[数词]"存在且其值大于 1 时，使用"这"表示复数的指代，例如"小胖将 174 张邮票放在大、小两本集邮册中，大集邮册中的邮票张数比小集邮册多 58 张，这两本集邮册中分别有多少张邮票？"通过句模匹配，可提取其中的数词"两"、单位"本"和名词"邮册"，再往前就可找出其先行词。该例中的"这两本集邮册"就是"大集邮册"和"小集邮册"。

以下是对上述两种情况的"这"进行指代消解的处理流程。

①当指示代词为"这"时，根据表 6-18 中"这"字句模，进行匹配；

②获取其中"名词"的值 nameValue 和数量 number；

③如果 number＝null，则 number＝1；

④搜索前 number 个与 nameValue 同类的情境实体，进行指代。

下面以"①王红买了语文、数学和英语三本书。②这三本书的平均价格是 20 块钱。"为例，说明"这"的消解过程。

　　第一步，根据分句①"王红买了语文、数学和英语三本书"的语义依存图，把分句①分为 3 层，底层结构项为"语文、数学和英语"、中间层为"…三本书"。可以很容易获取"王红"为人名，"语文、数学和英语"为"书"的修饰说明，"三"为书的数量，"本"为"书"的单位。分句①的情境实体及其属性见图 6-20。

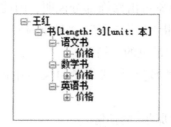

图 6-20　情境实体-王红

　　第二步，解析子句②"这三本书的平均价格是 20 块钱"。根据表 1 的规则，可识别出具有"这"的结构项"这三本书"。

　　第三步，根据"name = '书'，length = 3，unit = '本'"往前搜索同类型的实体和属性，就可以找到目标"王红 . 书"。

　　第四步，用"王红 . 书"替代"这三本书"，完成指代消解。

　　（2）"那"的消解

　　在已有的应用题语料库中，包含"那"的题目有 13296 个，排除"那么、那样、那儿丨里"，以及"这边丨头丨侧…那边丨头丨侧"等之后，使用"那"进行指代的有 448 个题目。"那"字的使用形式主要有 3 种，见表 6-19。

表 6-19　　　　　　　　　　　"那"字的使用形式

序号	使 用 形 式	例　　句
①	（X：修饰）+［的］+那+［数词］+［量词］+名词	最重的那一箱水果重 10 千克、出生那年、春游那个星期

续表

序号	使用形式	例　句
②	(节日:修饰)+那+[数词]+天｜月｜年	母亲节那天、春节那 7 天
③	那+[数词]+[量词]+名词	那 3 头黄牛

当上述①②种情形中，当时"[数词]"不存在或者其值为 1 时，则"那"所指代的对象可由修饰部分说明，因此可以不考虑。例如"春节那 7 天"就是指"春节 7 天"，"最重的那一箱水果重 10 千克"中的"那一箱"就是"最重的一箱"。

在上述③中的"那"，指代了题目文本中出现过的情境实体，其处理方式同"这"。

(3)"这些"和"那些"的消解

在数据集中，"这些"在 2469 个题目中出现，"那些"只在 3 个题目中出现。"这些"指比较近的两个以上的人或事物。"那些"作为指示代词时，也指代两个以上的人或事物；其在数据集中的数量很少，且用法与"这些"很类似，例如"草地上拴住了 10 头牛，那些牛的平均体重为 500 千克"中的"那些"，与"这些"就很相近。因此，"这些"是主要研究对象。

在汉语中，"这些"后面的词语是其指代对象的统称，其后面的成分往往是"实体"；该"实体"是个集合，包含了之前出现的组成元素。例如："某服装店进了 8 件风衣，每件进价 190 元，售价 320 元。卖完这些风衣，服装店盈利多少钱?"其中"这些风衣"中的"这些"，指代的就是之前出现的 8 件风衣。由于"这些"所表示的目标为实体的集合，其后面没有数词和量词，因此其形式就类似于"这"的第一种情形。相应地，"这些"的消解策略就与"这"的第一种情形保持一致。

4. 零指代消解

零指代消解也就是省略恢复。为了表达简练，应用题中有大量的零指代现象。例如"小丽的打字速度比小明的快"、"王师傅开车行驶了 100 千米，花了 85 分钟。"等。零指代给自然语言处理带来了一定的困难。零指代消解对题意理解非常重要，其任务主要是中文零代词的识别及其消解。

根据零指代项和先行语出现的位置，从句法结构上考虑，零指代项主要出现在主语位置、宾语位置和定语位置等，其先行语可以出现在主语位置、宾语位置，也可以是独立短语和句子，具体见表6-20 所示。

表 6-20　　　　　　零指代项和先行语出现的位置

零指代项出现的位置	先行语出现的位置	例　　句
主语位置	主语位置	王师傅开车行驶了 100 千米，［王师傅］花了 85 分钟。
	宾语位置	李老师带领全班 30 人参加明天的运动会。
	独立的名词短语或者子句	小红的爸爸，上午称了 4 斤苹果。
宾语位置	主语位置	小丽的打字速度比小明的快。
	宾语位置	李老师布置了 10 道数学题，同学们都完成了。
	独立的名词短语或者子句	10 千米远的训练场，我们要 9 点前赶到。
定语位置	宾语位置	妈妈买了 4 斤苹果，每斤价格 8 块。

185

零指代项的识别与消解有基于规则、统计和机器学习等方法，目前也有不少研究成果①。

---

① 曹军. 汉语第三人称代词消解方法研究——一种基于语义结构和中心模型的新方法［D］. 湖南：湘潭大学，2002.

代数应用题主要描述了情境实体及其属性之间数量关系，通常将情境实体省略，表现形式为省略了一个情境实体的所属或者其属性，或者一个事件的施事。

代数应用题领域范围比较明确，主题比较集中，使用的词汇比较常见，题目具有简洁、长句少等特征，初等代数应用题尤其如此。HSST 句模是从结构项、结构体两个视角进行构建，其中结构体是句子的主干结构，结构项往往就是各类短语，例如速度值的表示"[平均]+每+[个]+时间单位+数词+长度单位"等。并且 HSST 句模中模槽带有相应配价成分的功能类型。因此，基于 HSST 句模识别零指代项，并对其进行消解，就是一种有效方案。基于 HSST 句模进行零指代消解的步骤如图 6-21 所示。

根据词法、语义依存等分析，确定目标词，情境关键词、情境动核，以及彼此之间的搭配关系

根据目标词，情境关键词、情境动核，确定句模

根据句模，确定模槽及其功能类型

依据句模划获取模槽对应部分

while 模槽对应部分存在缺省

　　前向搜索情境实体列表中同类型的实体

　　填补缺失

endwhile

结束

图 6-21　零指代消解步骤

下面以"小明的成绩是 80 分，[小明的成绩]比小丽的[成绩]少 9 分。"为例，说明上述流程，句中"[小明的成绩]"和"[成绩]"均为零指代项。

第一步，首先分句，对分句①"小明的成绩是 80 分"进行信息抽取，可以获取构建情境实体"小明"和"成绩"，以及二者的隶属关系，即成绩为小明的属性。见图 6-22。

第二步，对分句②"比小丽的少 9 分"进行解析，其句法分析如图 6-23 所示，可以获取 root 所指为"少"，其后的单位量词为"分"，数量为 9。

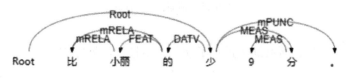

图 6-22 情景实体-小明

图 6-23 语义依存分析图

第三步，根 确定句模"［X：实体］+比+（Y：实体）+［的］+
［数词］+［倍］+（Z：比较句特殊形容词)+（W：数量值）。

第四步，根据句模，其"比较句特殊形容词"为"少"，"数量
值"为"数词+（X：一般量词)"，可以确定分句②中的（X）和（Y）的
类型均为"分数"；

第五步，对"（X）"对应的部分进行解析，可以确定该部分缺
失。在情境实体列表中往前搜索，将最先找到"小明．成绩"，并
替代"（X）"，可得"［小明．成绩］比小丽的少 9 分"。

第四步，对"（Y）"对应的部分"小丽的"进行解析。由于"小
丽"的词性为"nh"，可以确定"小丽的"后边为缺失成分，其类型同
"（X）"也应为"分数"。创建情境实体"小丽"，见图 6-24。

187

图 6-24 情境实体-小丽(缺失)

第五步，在情境实体列表中往前搜索，将最先找到的"成绩"替代"小丽"的缺失属性 1，见图 6-25。

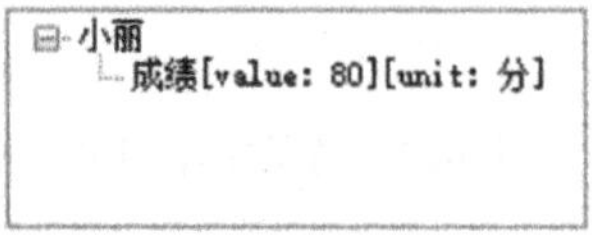

```
⊟ 小丽
    └─ 成绩[value: 80][unit: 分]
```

图 6-25   情景实体-小丽

第五步，所有缺失进行了恢复，零指代消解完成。

小 结

本章主要提出基于层次结构的句模 HSST，以及基于 HSST 句模的题意理解策略。HSST 句模以句子的层次结构为依据，递归地构建面向结构体的句模和面向结构项的句模，大大减少了句模的数量，提高了句模的匹配精度，并使得其对应用题文本的覆盖面更广。本章首先阐述了句模的相关理论，然后描述了代数应用题题意理解方面的研究现状，并分别对题意理解和句模的不足进行了分析。之后详细地介绍了 HSST 句模的构成要素和构建思路，最后提出基于 HSST 句模的题意理解策略，包括情境流程的抽取、情境模型的抽取、指代消解等。本章为后续的表征辅导奠定了理论基础。

7 基于特征增强的应用题题型识别

发现题目特点，提炼题目规律，是数学解题理论的基本任务，题型识别是完成该任务的有效途径之一。应用题目类型繁多，文本描述方式灵活多样；但其中许多看似不同的题目却又有很多相同点，其结构特征也有规律可循。把握其共同特点，对其进行系统归纳分析，就可以总结出一定的解题方法。这里便需要借助文本分类技术对题型进行识别。

应用题题型的识别，对于学生解题和表征辅导而言，都很重要；其反映了学生对不同类型题目的概念性知识的理解及运用能力。学生在阅读应用题题目文本之后，首先理解题目中的各种关系，并把题目归入特定的题目类型中，以便与已有的知识经验发生联系。只有该种联系有效建立，学生解题的质量才会比较高。同时，学生对不同题目中包含的相似结构的认知能力，可以帮助他们对题目做出合理的表征。

文本分类是题型识别的重要基础①。本章从框架语义和语义搭配等角度增强特征，提出改进型文本分类算法，以支持应用题题型自动识别。

本章首先指出应用题题型识别的意义，提出文本分类与题型识别的重要关系。接着从定义、分词、文本表示，以及分类效果的评

189

---

① 张庆. 小学数学应用题题目类型的自动识别[D]. 武汉：华中师范大学，2017.

价等方面对文本分类基础进行了一定的阐述。之后描述了常见特征处理方法的研究现状，并指出其还存在特征向量维度大、文本语义信息丢失等不足。最后从框架语义和语义搭配两个角度，提出基于特征增强的 KNN 算法和 SVM 算法，并进行实验验证。实验结果表明特征增强后的分类质量有明显提高。

7.1 题型识别简介

当人们面临一个新事物、新问题或新情境时，往往倾向于先把它归入某一类别，然后运用有关的知识去理解和解决。因此，分类对于人们的认知系统具有两个重要意义：一是使知识的组织更为合理，更有层次；二是使人们能够利用类别进行推理，如果人们或者机器知道某一事物属于某类别，就能推知它可能具有的属性或特征。

应用题题目也是如此，在教学过程中教师往往倾向于分题型讲解，分析不同题目的题意、找出相似的结构特征，运用同种解题策略进行求解，达到巩固知识的效果。根据应用题结构分析，找出应用题的结构特征、结构规律，找出相同类型的题目拥有的共同特点，并对这些特点进行归纳分析，就能针对特定的题目总结出解题方法。这有利于应用题的进一步研究与表示。因此探讨题型识别对学生解题、表征辅导以及知识表示都有很大的意义。

(1)应用题题型的识别，对学生解题很重要。题型分类表明了学生对不同类型题目的概念性知识的理解及运用能力。学生在阅读应用题后，首先要辨明题目的类型，以便与已有的知识经验发生联系。只有该种联系有效建立，其解题的质量才会较高。施铁如通过对初一年级两组学生的对比研究发现，学生能否顺利解题在很大程度上取决于他们能否正确辨认题目的模式①。Mayer 研究发现，学

---

① 施铁如. 解代数应用题的认知模式［J］. 心理学报，1985(3)：296-303.

生在理解题目中的各种关系时总是先把题目归入特定的题目类型中，除此之外，学生对具有相似结构的不同题目的认知能力，可以帮助他们对题目做出合理的表征①。

（2）题型识别是否正确，将影响机器理解题意、表征应用题的效果。题型识别对机器表征辅导、自动求解中的方法匹配起着关键性作用。类似于人类求解的过程，当机器读取应用题后，首先要对题目类型进行识别，以便与已有的解答系统进行匹配、构造解答模型，然后利用解答系统进行求解。

（3）类别是文本的重要特征，利用类别可以推理出文本的相关结构与信息，是知识表示的基础。数学应用题变化多样，这使得对知识表示、信息提取都有一定的难度，SMKR 知识表示机制指出不同类别的文本拥有不同的结构特征，因此可根据文本的类别提出不同的动态链接库，以支持情境模型的描述。题目识别作为文本处理的基础，有助于知识表示中底层支持库的合理设置以及后续的信息处理。

应用题题目复杂多样，文本描述方式灵活多变，这给学生解题、辅导研究和知识表示都带来了极大的困难。文本分类是当前处理文本类别的常用手段，被应用在新闻文本分类、情感分类等多个领域，分类效果良好。将文本分类作为题目识别的重要方法，将有效提升题目识别质量。

7.2 文本分类基础

191

7.2.1 文本分类定义

文本分类是指在某种模型下，计算机能够自动对新给出的文本

---

① Mayer R E. Implications of cognitive psychology for instruction in mathematical problem solving[J]. ETS Research Report Series, 1983, 1: 363-407.

型数据进行判断并识别出文本信息的所属类别。文本分类识别一般
是基于机器学习理论,利用训练集中事先给出所属类别的数据集,
挖掘出数据集的特征与其对应的类别标签之间的联系,由此来建立
分类的模型。文本分类识别的主要过程及各个步骤如图 7-1 所示。
其中特征抽取和特征向量权值统称为特征处理,是分类前的准备。
在测试样本分类结束后可以利用一些指标评价分类效果。

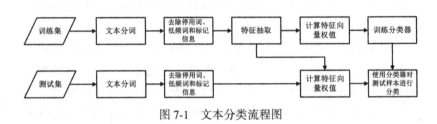

图 7-1　文本分类流程图

7.2.2　常见中文分词方法

分词是文本分类中的一个重要步骤。当计算机在处理中文文本
时,首先要处理的任务就是将中文文本切分成相互独立的单个词
语。对中文文本中的语句进行切分时,需要识别出句子中的标点符
号或是一些特定的字词,然后在这些标点符号或是特定字词的位置
上插入分隔符来将一条句子隔开,最常见的分隔符是空格①。

目前中文分词技术日益成熟,常用的中文分词程序包主要有
jieba、Snow NLP、THULAC、LTP 以及 NLPIR、pkuseg 等。其中
jieba3 的使用范围最广。Snow NLP3 是一个基于 Python 的库,它的
功能较为简单但是使用起来比较容易入门。pkuseg 是北大研发出的
一个新的中文分词工具包,经过众多数据集的验证,pkuseg 分词效
果比较优秀。

下面介绍三种中文文本分词方法,分别是基于词典的中文分词

---

① Mayer R E. Implications of cognitive psychology for instruction in mathematical problem solving[J]. ETS Research Report Series, 1983, 1: 363-407.

方法，基于统计的中文分词方法和基于理解的中文分词方法。

（1）基于词典的中文分词方法。基于词典分词的中文文本分词方法，需要事先建立一个包含常用汉字的词典并不断地对词典进行更新，从而保证分词的准确性①。在进行文本分词时，利用某种切分方法对分词文本进行切分，再把切分好的字段与词典中所包含的词进行匹配；若在词典中匹配到相应的词，则代表着成功切分出一个词，否则重新进行切分②。

（2）基于统计的中文分词方法。词是由一个或几个独立的中文汉字组合而成的，在一篇文档中，某些汉字的固定搭配出现的次数越多，则这个固定搭配越有可能是汉语中的一个常用词语。因此基于统计的中文分词方法，对文本数据集中距离较近、出现相同汉字的固定搭配的频率进行统计，通过计算这些汉字搭配的数字特征来作为度量从而对文本进行切分③。

（3）基于理解的中文分词方法。在进行分词的过程中，对句子的语法结构信息和言语表达意义进行同步解析，通过这些信息尽可能地消除中文中的歧义问题。基于理解的中文文本分词方法主要由三个部分构成：分词子系统、句法语义子系统和总控系统④。在分词过程中，这种切词方法类似于人工的理解。通过句法语义子系统来提取语料的句法和语义信息，之后通过总控系统的协调，分词子系统可以利用这些信息对分词的歧义做出判断，进而得到准确的分词结果。但是因为汉语博大精深且包含许多方言俚语知识在内，其语言系统十分烦冗复杂，使用这种方法需要事先准备大量的文本数据以及语义填充。因此基于理解的中文分词方法并不成熟，还需要

① 常建秋，沈炜. 基于字符串匹配的中文分词算法的研究[J]. 工业控制计算机，2016(2)：115-116.

② 赵悦. 基于词语分类和排序的最大匹配中文分词技术[D]. 沈阳：沈阳师范大学，2020.

③ 奉国和，郑伟. 国内中文自动分词技术研究综述[J]. 图书情报工作，2011，55(2)：41-45.

④ 杜雪嫣. 基于深度学习的中文短文本情绪分类研究[D]. 北京：中国人民公安大学，2020.

进一步地探索研究。

7.2.3 文本表示模型

要完成文本的自动分类，训练模型的过程中需要依靠计算机资源进行大量的计算，但是对计算机和分类模型而言，均不能直接识别非结构化的数据，因此需要通过文本表示，将非结构化数据转化为有统一标准的、可以被计算机和各种分类模型识别的结构化数据①。下面介绍文本表示中最常见的三种模型，分别是布尔模型、向量空间模型和基于概率的模型。

7.2.3.1 布尔模型

布尔模型使用的是二元逻辑，文本以向量形式组成，向量中只包含 0 和 1 两个数字。在实际应用中，可以用 1 来表示特征在文本中出现过，用 0 表示特征未出现。查询的逻辑运算符有"and""or""not"。布尔模型的优点是形式简单直观，速度快，易被计算机识别和处理；但其缺点也很明显，就是它仅仅可以表示某个词是否在文本中出现过，而不可以记录词的词频和语义等重要的信息。因此，在文本表达方面，该模型效果较差，难以完成较高精度的匹配，对于较长的文本还可能出现维度爆炸等问题。

7.2.3.2 向量空间模型

Salton 等人提出向量空间模型，并将其应用于 SMART 文本检索系统中②。该模型是一种将词语作为文本特征的最小单位的模型，比较适合应用于长文本的表达。它将每个词视作是由二元特征

---

① Song F, Liu S, Yang J. A Comparative Study on Text Representation Schemes in Text Categorization[J]. Pattern Analysis&Applications, 2005, 8(1/2): 199-209.

② Salton G, Wong A, Yang C S. A vector space model for automatic indexing. Communications of the ACM, 1975, 18(11): 613-620.

组合成的向量，这些词语组成的文档就是这些分量组成的向量，文档间的相似度可以用向量间的夹角衡量。例如文档 D 可以表示为 $D=\{(t_1, w_1), (t_2, w_2), \cdots, (t_n, w_n)\}$，其中 t_i 表示文档 D 的第 i 个特征，w_i 表示第 i 个特征所对应的权重。该权重一般采用 TF-IDF 算法计算，公式为：

$$TF\text{-}IDF = TF \times IDF \tag{7-1}$$

其中，TF 表示词频，指的是对于某个词在该文档中出现的总次数 $n_{t, d}$。在实际计算过程中，一般需要用该总次数 $n_{t, d}$ 与文档包含的词汇总数 N_d 做除法来实现归一化的操作，以防止较长的文档出现一些偏差，公式为：

$$TF = \frac{n_{t, d}}{N_d} \tag{7-2}$$

IDF 表示逆向文件频率，对于给定的特征 t 来说，包含特征 t 的文档越少，其区分能力越强，对应的 IDF 值就会越大，计算公式为：

$$IDF = \log\left(\frac{N}{n_t + 1}\right) \tag{7-3}$$

其中 N 表示一共有 N 篇文档，n_t 表示含有特征 t 的文档的数量，分母增加"1"是为了防止分母等于零的情况出现。

向量空间模型的优点是简单且容易使用，其缺点是由于该模型的建立依赖于词典，当词典的规模过大时，容易出现特征维度爆炸的问题；而当词典的规模过小时，又会出现特征稀疏的问题。并且该模型文本特征的最小单位是词语，由于单个字符几乎不具备表达能力，在计算某些特殊文本间的相似度的效果就会较差。

7.2.3.3 基于概率的模型

基于概率的模型的本质就是将统计学中的概率排队原则运用于文本表示中。当进行匹配查询时，首先计算所有文本与被查询语句的相似度，这个相似度由概率表示，再根据概率的大小排列这些文本。被查询的文档 q 与文本 d 之间的关系可用 $\{w_1, w_2, \cdots, w_n\}$ 向量表示，其中 w_i 只能取值 0 或 1，1 表示二者相关，0 表示二者不相关。

　　基于概率的模型优点以统计学作为理论基础，缺点是该模型在表示文本时只有两个值表示，计算权重比较简单，可能不能很好地表示文本信息；同时该模型对于存储空间的要求较高，所需的计算成本加大，在参数调整和模型优化中存在较多问题有待解决①。

7.2.4　常用特征处理方法

　　常用的文本表示方法为向量空间模型。在采用该模型表示文本时，首先要对语料集中的文本进行分词、去停用词等预处理，用文本预处理后的结果组成一个文本向量来表征文本。如果直接使用分词、去停用词后的初始特征集，该特征集特征空间的维数将会过大，一定程度上会影响文本分类的效率；而且初始特征集中，并非所有特征词都是有用的，有的甚至会对分类的结果造成干扰。特征处理是根据一定的选择标准，从初始特征集中选取一部分对分类贡献大的特征词作为特征子集，并将该特征子集使用于后续的分类过程中，以提高文本分类系统的时间效率和空间效率。特征处理结果的好坏直接影响着文本分类系统的分类效果。下面详细介绍五种常用的特征处理方法，分别有文档频率、信息增益、互信息、期望交叉熵和 x^2 统计 CHI。

7.2.4.1　文档频率

　　文档频率(Document Frequency)是一种简单特征处理方法，该方法针对训练集统计所有包含特征词 t_k 的文档的数目 n_k，用 n_k 与总文档数做除法，其结果即为文档频率；再设定一个高阈值和一个低阈值，去掉文档频率高于高阈值或低于低阈值的特征词。该方法认为，文档频率过高时，特征词的类别区分度不够，不能用来分类，所以要去掉；文档频率过低时，特征词没有代表性，也要去掉。但

---

　　① 李玉. 基于深度学习的文本分类方法研究与应用[D]. 南京：南京邮电大学，2021.

是有些特征词的文档频率很小，却对某些类的分类能力十分强，该方法只是简单地删除文档频率过低的特征词，这明显是有缺陷的。但该方法十分简单，当数据量非常大并且对分类性能要求不高时，是一种较好的特征处理方法。

7.2.4.2　信息增益

信息增益(Information Gain，IG) 基于信息论中信息量(熵)的概念，是一种很有效的特征处理方法。特征词所携带的信息量可以用特征处理评估值表示，通过特征处理评估值来对比所有特征词信息量的大小，便可以保留信息量大的特征词。特征词 t_k 的信息量为文本 d_i 不包含 t_k 和包含 t_k 时属于某类别的信息熵的差值。t_k 的信息量越大，表明 t_k 对分类的贡献越大，反之越小，其计算公式如下：

$$IG(t) = - \sum_{i=1}^{n} P(C_i) \log P(C_i) + P(t) \sum_{i=1}^{n} P(C_i \mid t) \log P(C_i \mid t) +$$

$$P(\bar{t}) \sum_{i=1}^{n} P(C_i \mid \bar{t}) \log P(C_i \mid \bar{t}) \tag{7-4}$$

其中，t 表示特征词，C_i 表示第 i 个类别，$P(t)$ 表示 t 的概率，$P(C_i)$ 表示第 i 个类别的概率，$P(C_i \mid t)$ 表示特征项 t 关于类别 C_i 的条件概率，$\bar{t}$ 表示 t 不出现时的情况。特征词 t 的信息增益越高，则特征词 t 在训练集中各个类别的分布越集中，分类能力就越强。

7.2.4.3　互信息

互信息(Mutual Information，MI)，通过计算特征项 t 和类别 C_i 的相关程度来进行特征处理，计算所得的 MI 越大，t 和 C_i 越相关，其计算公式为：

$$MI(t, C_i) = \log_2 \frac{A \times N}{(A+C) \times (A+B)} \tag{7-5}$$

其中 N 表示文档集中的文本总数，A 表示 C_i 类文本中包含特征项 t 的文本数，B 表示非 C_i 类文本包含特征项 t 的文本数，C 表示 C_i 类文本中不包含特征项 t 的文本数。当特征项 t 和 C_i 无关时，$MI(t, C_i)$ 值为零。在应用时，通常采用 MI 的平均值和最大值，计算公式为：

$$\text{MI}_{avg}(t, c) = \sum_{i=1}^{n} P(C_i) \text{MI}(t, C_i) \tag{7-6}$$

$$\text{MI}_{max}(t, c) = \max_{j=1}^{n} \text{MI}(t, C_i) \tag{7-7}$$

7.2.4.4 期望交叉熵

期望交叉熵(Cross Entropy，CE)是一种类似于信息增益的特征处理方法，两者的不同点在于期望交叉熵只考虑特征项出现的这一种情况，而信息增益考虑特征项在类别中出现和不出现两种情况。实验表明，由于样本中的特征词分布很不均衡，对分类情况的干扰往往比贡献要大，因此期望交叉熵的特征处理效果比较好。其计算公式为：

$$\text{CE}(t, C_i) = P(t)P(C_i \mid t) \log_2 \frac{P(C_i \mid t)}{P(C_i)} \tag{7-8}$$

其中，$p(t)$表示特征项t的概率，$p(C_i)$表示第i个类别的概率，$p(C_i \mid t)$表示特征项t关于类别Ci的条件概率。$P(C_i \mid t)$越大，特征项t和类别C_i的相关性越强，特征项t的交叉熵就越大，其对分类的影响也越大。

7.2.4.5 x^2统计 CHI

CHI 统计方法度量词条t和文档类别C_i之间的相关程度，并假设t和C_i之间符合具有一阶自由度的x^2分布。词条t对于某类的x^2统计值越高，那么词条t与该类的相关性越大，携带的该类别信息也越多。令N表示训练语料中的文档总数，C_i表示某一特定类别，t表示特定的词条，A表示属于C_i类且包含词条t的文档频数，B表示不属于C_i类但包含词条t的文档频数，C表示属于C_i类但不包含词条t的文档频数，D是不属于C_i类但不包含t的文档频数。词条t对于C_i的 CHI 值的计算公式如下为：

$$X^2(t, C_i) = \frac{N \times (AD - CB)^2}{(A+C)(B+D)(A+B)(C+D)} \tag{7-9}$$

对于多类问题，分别计算词条t对于每个类别的 CHI 值，再用

以下公式计算词条 t 对于整个语料的 CHI 值,分别进行检验。

$$X^2(t, C) = \max_{i=1}^{m} X^2(t, C_i) \tag{7-10}$$

其中,m 表示类别数。从初始特征空间中去掉低于特定阈值的词条,保留高于该阈值的词条作为文档表示的特征。

7.2.5 文本分类效果评价

在对文本分类的效果进行评估时,一般会用到包括准确率(Accuracy)、精准率(Precision)、召回率(Recall)和 F1 值在内的评估指标,对于这些指标的计算一般需要使用混淆矩阵,如表 7-1 所示。表中的 TP(True Positive)表示该样本实际类别和预测结果都是正类;FP(False Positive)表示该样本实际类别是负类,但预测结果是正类;TN(True Negative)表示该样本实际类别和预测结果均为负类;FN(False Negative)表示该样本实际类别是正类,但预测结果负类。

表 7-1　　　　　　　　　　　混　淆　矩　阵

	实际类别为正	实际类别为负
预测结果为正	TP	FP
预测结果为负	FN	TN

(1)准确率:指样本中所有被正确预测的样本的占比,计算公式为:

$$Accuracy = \frac{TP + TN}{TP + TN + FP + FN} \tag{7-11}$$

(2)精准率:精准率指所有样本中预测结果为正类的样本中实际正类的比例,精准率越高,则预测精度越高,其计算公式为:

$$Precision = \frac{TP}{TP + FP} \tag{7-12}$$

(3)召回率:召回率指所有样本的正类中,有多少被预测为正类,即有多少正样本被找到,召回率越高表示预测精度越高,其计

算公式为:

$$Recall = \frac{TP}{TP + FN} \qquad (7\text{-}13)$$

(4)$F1$ 值:$F1$ 值是精确率和召回率的调和平均数,在实际应用中,精确率和召回率一般其中一者的数值增加后会导致另外一者的数值减少,$F1$ 的值可以中和这种影响,其计算公式为:

$$F1 = \frac{2 \times Precision \times Recall}{Precision + Recall} \qquad (7\text{-}14)$$

7.3 常见特征处理方法研究现状及分析

当前,国内外对特征处理方法的研究不断成熟,特征提取也被应用到信息处理的各个领域。但在实际的分类问题中,经常包含成千上万个特征,尤其是网络信息的爆炸增长,更是让特征维度呈几何倍数增加,因此特征处理方法就显得尤其重要。为了适应大量文本数据处理的效率和准确率,选择性能高的特征处理方法,就非常必要。

7.3.1 研究现状

特征处理即特征选择,是指根据一定规则或方法,从初始特征集中提取特征子集的过程,在数据压缩处理中,它起到了排除冗余和不相关的特征的作用 ①。在使用分类算法之前,使用特征处理技术进行预处理,可以得到良好的特征,提高分类准确率,减少学习时间,简化学习结果。文档频率(Document Frequency,DF)、卡方统计(Chi Square Statistic,CHI)、互信息(MutualInformation,

---

① Hancer Emrah, Xue B, Zhang M. A survey on feature selection approaches for clustering[J]. Artificial Intelligence Review, 2020, 53(6): 4519-4545.

MI)、信息增益（Information Gain，IG）和期望交叉熵（Cross Entropy，CE）等特征选择方法较为经典。其中大多数特征处理技术依据重要性评价函数来计算每个特征的评价指标，并将其按序排列，然后在给定阈值内，筛选最相关的特征，重新构成一个特征集合。当前研究主要从以下四个方面开展。

（1）对经典方法的改进。以上五种经典的特征选择方法，都存在一定的不足之处。众多研究者针对以上五种经典的特征选择方法的不足，提出了各种优化的特征选择方法，以提高文本分类精度。董露露等人提出了一种改进的信息增益算法，该算法去除强特征项不出现影响因子，用最大词频比衡量词语频率，用离散度表征特征项在类内和类间的分布差异情况①。何明等人通过引入均衡比和类内词频位置参数，解决了传统 IG 算法忽略词频分布对分类的弱化问题，修正了传统类内词频位置参数，提高了特征选择算法的文本分类精度②。Jin 等人提出了一种改进的 CHI 方法，该方法使用样本方差来计算术语分布，并改进了具有最大术语频率的经典 CHI③。Galavotti 等人通过对特征项在分类作用中的差异进行分析，引入了特征项与类别之间的正负相关性概念，提出一种新的相关系数方法对模型进行优化，使得 CHI 的性能得到一定提高④。代六玲等针对文本分类统计中各特征选择方法进行了比较研究，评估了基于文档频率、信息增益、互信息、卡方检验和词强度的特征选择方法，认为信息增益与卡方检验在实验中最有效，且发现一个词语的

① 董露露，马宁．基于改进信息增益的特征选择方法研究[J]．萍乡学院学报，2019，36(3)：84-90.

② 何明．一种基于改进信息增益特征选择的最大熵模型文本分类方法[J]．西南师范大学学报(自然科学版)，2019，44(03)：113-118.

③ Jin C., Ma T., Hou R., et al. Chi-square statistics feature selection based on term frequency and distribution for text categorization[J]. IETE journal of research, 2015, 61(4)：351-362.

④ Jin C., Ma T., Hou R., et al. Chi-square statistics feature selection based on term frequency and distribution for text categorization[J]. IETE journal of research, 2015, 61(4)：351-362.

信息增益值与卡方检验值有强相关性①。刘庆和等人在研究时分析了信息增益方法的不足，将频度、集中度、分散度应用到信息增益方法上进行算法优化，有效提升分类效果②。高宝林等人研究出CHI算法的加强版本，引入了类内和类间的分布因子，减少了特征词对分类的负面影响，给出了基于类的特征选择方法③。

（2）局部范围进行特征选择。以往的研究大多在全局范围内对已有特征选择方法的不足进行改进，关注局部特征选择的优化较少。这会导致一些对表示局部信息有益的特征被忽略的问题，而且容易把冗余特征加入所选集合中。赵鸿山等人从特征和类别的相关性出发，提出了NDF特征选择指标，修正了传统DF只考虑全局特征选择而没有考虑局部特征选择的缺点④。周茜等人梳理了各种传统的文本特征选择方法后，把应用于二元分类器中的优势率进行改进到适用于多类问题，并基于贝叶斯最大后验概论的思想，提出了一种新的特征选择方法（Category Discriminating Word，CDW），该方法能够筛选出具有强类别指示意义的特征，有效弥补了传统特征选择算法仅能筛选出全局意义特征的缺陷⑤。

（3）综合多种选择算法进行改进。一些学者开始综合多种选择算法的优势来改进特征选择方法。范雪莉等人提出利用互信息矩阵的特征值作为评价准则确定主成分的个数，进而利用主成分来完成特征选择⑥。姚登举提出基于随机森林算法和采用序列后向选择和

---

① 代六玲，黄河燕，陈肇雄．中文文本分类中特征抽取方法的比较研究[J]．中文信息学报，2004（1）：26-32．

② 刘庆和，梁正友．一种基于信息增益的特征优化选择方法[J]．计算机工程与应用，2011，47（12）：130-132+136．

③ 高宝林，周治国，杨文维，等．基于类别和改进的CHI相结合的特征选择方法[J]．计算机应用研究，2018，35（6）：1660-1662．

④ 赵鸿山，范贵生，虞慧群．基于归一化文档频率的文本分类特征选择方法[J]．华东理工大学学报（自然科学版），2019，45（5）：809-814．

⑤ 周茜，赵明生，扈旻．中文文本分类中的特征选择研究[J]．中文信息学报，2004（3）：17-23．

⑥ 范雪莉，冯海泓，原猛．基于互信息的主成分分析特征选择算法[J]．控制与决策，2013，28（6）：915-919．

广义序列后向选择方法作为封装式特征选择算法，并证明该算法在分类性能和特征子集选择两方面均具有良好的性能①。Nuipian 等人提出一种组合型方法进行特征选择，该方法结合了信息增益与文本频率等方法的优势，优化了 CHI 特征处理模型的性能②。肖晴晴利用术语频率-逆文档频率来考量词频信息，并结合 CHI 特征选择方法，在 XGBoost 算法中不断迭代，最终选出最优划分属性的特征词③。王光等人通过对 CHI 和 IG 的特点进行分析，然后借助 IG 来改进 CHI 的不足④。文武为了获取具有代表性的特征集合，首先针对卡方统计的忽略词频、文档长度、类别分布及负相关特性等缺陷来进行相应调整，以改进初步的特征选择，并结合主成分分析方法来完成二次降维；与其他传统特征选择算法相比，这两段式降维算法能够有效提高分类效能⑤。

（4）从语义角度进行特征选择。特征维度大的同时也带来了特征稀疏的问题，有学者提出引入语义相关知识来提取特征。这是改善文本特征稀疏、语义歧义的重要方法。寇菲菲提出了一种方法可以对微博短文本语义进行建模，该技术基于词向量的短文本扩展算法，通过词间相似度来放大文本⑥。文武等人提出了一种结合改进卡方检验（CHI）和主成分分析（PCA）的特征选择方法（ICHIPCA），

① 詹晓娟. 基于随机森林算法的数据分析软件设计[J]. 黑龙江工程学院学报，2017，31(3)：38-41.

② Nuipian V., Meesad P., Boonrawd P. Improve abstract data with feature selection for classification techniques [J]. Advanced Materials Research, 2012, 403：3699-3703.

③ 肖晴晴. 基于特征选择方法的新闻文本分类研究[D]. 山西大学，2019.

④ 王光，邱云飞，史庆伟. 集合 CHI 与 IG 的特征选择方法[J]. 计算机应用研究，2012，29(7)：2454-2456.

⑤ 文武，赵成，赵学华，等. 基于信息增益和萤火虫算法的文本特征选择[J]. 计算机工程与设计，2019，40(12)：3457-3462.

⑥ 寇菲菲，杜军平，石岩松，等. 面向搜索的微博短文本语义建模方法[J]. 计算机学报，2020，43(5)：781-795.

能够在保留原始信息的情况下提出主要成分，实现有选择的特征降维①。景永霞等人提出了一种集成语义和分类贡献的属性选择方法，以解决现有文本特征选择算法不检查特征的语义或特征与类别之间的联系的问题②。张方钊等人提出了一种基于类信息的信息增益算法，并与 LDA 主题模型相结合以解决信息增益在词频和语义信息上的缺陷③。

7.3.2 分析

应用题题型识别的实质就是面向应用题题目文本的文本分类，文本分类的质量影响着题型识别的质量。文本分类过程包含多个步骤，其中特征提取是将文本转化为结构性向量的关键步骤，因此特征提取十分重要。特征提取有以下两个主要作用：(1)提高分类效率。通过过滤无用特征、压缩特征集，可以降低特征表示的维度，使得文本分类的效率得到提高。(2)提高分类精度。减少了无用特征，就会减少对分类结果的干扰，进而使文本的特点更加突出，最终更有效保障了分类结果的可信度。

根据 JohnPireer 的理论④，用来表示文本的特征应能最大程度地方便文本进行分类，理论上应具有如下几个特点：(1)数量上尽量少；(2)出现的频率适中；(3)冗余少；(4)噪音少；(5)与其所属类别语义相关；(6)含义明确。

特征处理方法的研究成果比较多，有五种经典方法，也有从全局范围、局部范围、语义等角度进行的改进研究。每种特征处理方

---

① 文武，万玉辉，张许红，等．基于改进 CHI 和 PCA 的文本特征选择［J］．计算机工程与科学，2021，43(9)：1645-1652.

② 景永霞，苟和平，王治和．基于语义与分类贡献的文本特征选择研究［J］．西北师范大学学报(自然科学版)，2020，56(1)：51-55+62.

③ 张方钊．基于改进的信息增益和 LDA 的文本分类研究［D］．吉林大学，2018.

④ John M. Pierre. On the Automated Classification of Web Sites［J］. Computer and Information Science，2001，6：1-12.

法都各有优势和改进的空间。当前研究往往以"字"或"词"为特征选取的基本信息单元。该方法在处理时十分便利，提取过程易操作，也是特征提取的普遍操作方式。但是该方法对文本分类的效率有较大影响，主要体现在：(1)特征维度大。在特征选取时近义词、同义词等都作为不同的特征进行处理，导致特征矩阵维度庞大；综合应用题中问题情境相同或相似的情况，该问题更加突出。(2)文本语义信息丢失。已有实验验证①加入词间和文本间关系能够有效改进文本分类效果，但是字和词作为文本的基本单位并不包含语义信息，稳定性也较差。具体分析如下：

7.3.2.1 特征维度大

多数文本分类方法单纯计算词频，并未考虑各词之间可能存在相似含义的情况，尤其问题情境相同或相似情况下；此时，这些词对文本的类别信息贡献程度相同。例如在牛吃草问题中，文本可能的表述有"9头羊吃了2天便将草吃完""5头牛吃光需要17天""这片青草可供16只羊吃20天"等，提取的关键词有"羊""牛""草""吃""吃光""吃完"等。而数学应用题主要通过问题情境突出数量关系，数量关系才是重点。而"吃"、"吃光"与"吃完"、"羊"与"牛"等均表示了相同的情境含义；如果这些词均单独处理，将导致特征维度庞大，进而对文本分类的结果造成影响。一些学者将本体中关键词对应的概念或领域知识作为特征项进行分类②。但由于概念或领域知识相较词语来说信息粒度较大，容易造成向量稀疏，较难从中提取统计特性，导致分类效果较差③。汉语框架网

205

① 朱建林，杨小平，彭鲸桥. 融入内部语义关系对文本分类的影响研究[J]. 计算机科学，2016，43(9)：82-86.

② 孙海霞，钱庆，成颖. 基于本体的语义相似度计算方法研究综述[J]. 现代图书情报技术，2010(1)：51-56.

③ 丁泽亚，张全. 利用概念知识的文本分类[J]. 应用科学学报，2013，31(2)：197-203.

(Chinese Frame Net，CFN)①是以框架语义学为理论基础构建包含框架、词元的框架语义资源。属于同一框架的词元拥有相近的词义，甚至相似的句法表现②。所以针对领域内的特殊文本，利用CFN框架的词元对词进行统计归纳，形成特殊的特征项是可行的。

7.3.2.2　文本语义信息丢失

汉语言的研究者曾指出文本中存在一些固定的搭配，这些搭配具有一定结构，往往体现语言的某种习惯表达，甚至可以作为判定文本所属类别的特征之一③。侯松等人④在保证语义完整且正确的情况下将分词结果中相邻的 2～3 个短词的搭配组合作为特征项，实验验证该方法在降低待选特征词维度的同时，更具有代表性和类别的区分性。但是在中文文本中词是组成句的基本单位，即便词确定后，词序可以千变万化，能形成的搭配也是成百上千，很难单纯从词的角度分析搭配规则。同时在自然语言处理中，词语的搭配受到语义成分、思维习惯、风俗和认知习惯的影响，不同语境下有着不同的搭配关系⑤。陶永才等人⑥提出在处理文本时应该根据给定语境并对词语的搭配关系进行限制，以提高文本处理的可靠性。

从上述分析可以看出，文本中的词语搭配关系，包含了文本语义信息、突出了文本类别属性，对文本分类具有一定的作用。当前研究中常见的特征处理算法，往往都以"字"或"词"为特征选取的

---

① 赵园丁，由丽萍，张惠春，等．基于框架语义的汉语文本知识表示方法［C］．全国第八届计算语言学联合学术会议（JSCL-2005）论文集．2005.

② 刘开瑛，由丽萍．现代汉语框架语义网［M］．北京：科学出版社，2015.

③ 张永伟，马琼英．面向语文辞书编纂的词语依存搭配检索系统研究［J］．辞书研究，2022(4)：30-40.

④ 侯松，周斌，贾焰．分词结果的再搭配对文本分类效果的增强［C］．全国计算机安全学术交流会论文集，2009.

⑤ 朱晓亚．现代汉语句模研究［M］．北京：北京大学出版社，2001.

⑥ 马玉慧，谭凯，尚晓晶．基于语义句模的语义理解方法研究［J］．计算机技术与发展，2012，22(10)：117-120，124.

基本信息单元，这些会导致文本语义信息丢失。当前也有部分研究从语义角度进行特征选择，例如词向量的短文本、主成分分析，以及类内和类间的分布因子等。但这些均没有从词语之间的搭配关系角度开展研究。

根据上述分析，从框架语义角度和语义搭配角度进行特征增强，一定程度上能提高文本分类质量。本章提出基于特征增强的题型识别算法，根据数学应用题的领域框架和词元，利用领域特点减少冗余特征项，降低特征量的维度；同时利用语义搭配来增强其语义信息、增强类别特征，降低常见特征处理算法造成的文本语义信息丢失所带来的影响，进而提高分类精度和效率。

7.4 基于特征增强的题型识别算法

7.4.1 常见分类器简介

特征是分类的基础，对特征处理改进能够有效提高文本分类的质量，但是分类器作为文本分类方法的核心，对最终的分类结果同样有着关键影响。当前常用的分类器有朴素贝叶斯、支持向量机SVM、K近邻和神经网络等。其中K近邻算法简单好用、容易理解、准确度高以及理论成熟；SVM算法理论基础扎实、通用性强、具有良好的优化技术。

7.4.1.1 K近邻

K近邻（K-Nearest Neighbor, KNN）是一种基于实例的学习方法，该算法分为训练和分类两个阶段。在训练阶段，利用特征选择方法选出文本特征，将文本内容用特征向量表示。在分类阶段，首先将待分类文本形式化为特征向量，然后计算该文本与训练集中每个文本的距离，找出与待分类文本距离最小的K个邻居，并根据这K个邻居中的多数类别，用"投票法"来决定待分类文本的类别。

从上述的工作制可知 KNN 算法其实是通过计算两个样本各个特征值之间的距离进行分类，同时对样本的类别进行决策时，仅仅需要参考该样本最近的 K 个样本所属类别。KNN 算法的流程图如图 7-2 所示。

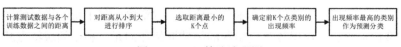

图 7-2　KNN 算法流程图

　　KNN 算法模型对应的特征空间一般是 n 维的实数向量空间 R^n。可以用欧式距离、汉明距离、夹角余弦、L_p 距离或 Minkowski 距离(Minkowski distance)等来计算两个实例点的相似性。各个距离函数都有相应的优势和不足，可以根据数据的特点进行选择。

　　在 KNN 算法中，k 值的选取尤为重要。k 值过小，文本的特点可能无法体现；同时，k 值过大，虽然文本的各个特点可以体现出来，但也带来了过多的噪声，导致某些新文本分类出现错误，降低了分类的准确率。图 7-3 中有两个类别，分别为十字形和三角形，确定图中唯一的圆环属于两个类别中的哪一个类别，使用投票法进行决策。

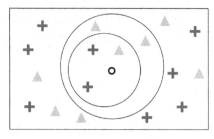

图 7-3　KNN 分类实例

　　由图可知，如果令 $K=3$，圆环的最近邻中最多的是十字形，其个数为 2，则圆环属于十字形类；如果令 $K=5$，圆环的 5 个最近邻中个数最多的是三角形，圆环归为三角形类。因此，选取不同的

K 值将对待测样本的最终类别造成影响。

通过对 KNN 算法的描述可以得出 KNN 分类器有以下特征：

(1) KNN 算法是一种简单实用的数据挖掘算法。该方法是基于实例的学习方法，它通过使用已有的训练实例来对待分类实例进行预测。KNN 算法需要计算实例间的距离来确定它们的相似性，还需要通过分类函数来预测待分类实例的类别，因此特征处理、距离函数和分类策略的选择都十分重要。

(2) 运用 KNN 算法对待分类实例进行分类时，需要计算待分类实例与每一个训练实例之间的相似度，因此计算时间复杂度很高，造成分类效率低。

(3) 对输入实例进行预测时，KNN 分类器是基于局部信息的，容易受到 K 值的影响，选取的 K 值大或者小，待测样本的 K 邻域中样本各个类别的个数也不相同。

7.4.1.2　SVM

支持向量机 (SVM) 是以 VC 维和结构风险最小化为基础的机器学习方法，其主要思想是用少量具有代表性的支持向量来表示整个文本样本集，并对这些支持向量进行分类，从而达到对未知样本进行划分类别的目的①。SVM 思想中关键的部分是在空间中找到一个分类超平面，这个超平面必须尽可能满足两个条件：一是使分类结果准确；二是使平面两侧的分类间距尽可能大。SVM 处理的分类数据主要有两种，分别为线性数据和非线性数据。SVM 是从线性分类器的基础上演化而来，其核心理论可以通过图 7-4 体现。

图 7-4　支持向量核心理论

---

① 董露露，马宁. 基于改进信息增益的特征选择方法研究 [J]. 萍乡学院学报，2019，36(3)：84-90.

最初的标准 SVM 只支持拥有两类分类，分别为正类分类与负类分类，属于二值分类。实际情况中，多数样本的类别会大于两类，属于多分类问题，多分类问题有多种隐含意思，在这里主要指特征空间的样本类别数量超过两类。为此需要对标准 SVM 进行扩展以满足多分类需求，可采用两种方法：

（1）把多分类问题分解成一系列的两类分类器，再通过一定的技术把这些两类分类器组合起来实现多分类。此方法实现起来比较容易，在实际应用中较多地使用。

（2）尝试一次性解决多分类问题，通过合并多个分类面参数去最优化一个多分类问题。此方法虽然看上去比较简单，但是其计算复杂，难以实现，因此该方法很少被采用。

实际上，SVM 的本质就是在有限样本的条件下，为了能够获得较好的推广能力，而在学习能力和训练复杂度之间寻求的一种折中。SVM 的主要特点有：①在构建分类规则之前获取文本支的持向量；②在分类的过程中，构造的文本分类模型可以加快分类速度、节省分类时间；③构造 SVM 能够很好地解决一些特殊问题，这些问题使用其他的方法很难处理；④改变特征空间的核函数，新的分类决策函数就可以很好地解决问题。

7.4.2 关键思路

特征选取作为文本分类的基本步骤，对文本分类的质量有较大影响，主要原因体现在：特征维度大和文本语义信息丢失。相应的改进思路是：①基于 CFN 框架的词元对词进行统计归纳，将一定问题情境下近义、同义特征替换、形成新的特征项，以去除冗余特征、降低维度。②根据语义依存等提取句子搭配关系，确定基干句模和结构项句模；通过句模增强文本语义信息，对文本类别特征进行增强。

7.4.2.1 基于框架语义的特征增强

常用文本特征向量化的方式是向量空间模型，对于文本 d_i 可以映射为空间中的一个特征向量 $V(d_i)$，$V(d_i) = \{ (t_{i1}, w_{i1})$，$(t_{i2}, w_{i2})$，$\cdots$，$(t_{in}, w_{in}) \}$，其中 t_{ik} 表示文档 d_i 中第 k 个特征项，w_{ik} 为文档 d_i 中第 k 个特征项对应的权重。但是利用向量空间模型对构成文本内容的词汇进行表示时，特征项被作为独立考虑对象，因而不能对含有相同含义的词汇进行合并，特征向量中存在大量同义词。

CFN 中包含很多语义框架，同一框架中的词元表述了相似的情境实体参与关系，而数学应用题十分注重问题情境，不同类别题目中情境实体参与关系均有一定的类别特征。因此可以根据框架对词元进行归一处理，增强数学领域类别特征。如"到达"框架下包含词元"抵达""走到""赶到""来到"等，这些词均表示"到达"的含义。部分框架以及词元如表 7-2 所示，其中英文缩写表示词性。

表 7-2 框架词元表（部分）

框架（fn）	词元（L）
到达	抵达 v、走到 v、赶到 v、来到 v、至 v、到了 v
变为	变成 v、成为 v、改变 v、改 v、改成 v、化为 v、化作更换 v、替换 v
运送	携带 v、送 v、运 v、拉 v、空运 v、运输 v、搬 v、派送 v、输送 v、传送 v、运达 v
包括	含有 v、容纳 v、包含 v、有 v、含 v、组成 v、涵盖 v
缴纳	交纳 v、追缴 v、收缴 v、上交 v、上缴 v、呈交 v、缴付 v

根据框架和词元可以将特征进行归一处理，可以降低特征量的维度。主要思路如下：

第一步，以 CFN 框架为基础，构建面向应用题领域的语义框架。

第二步，对题目文本进行分词，形成分词表；根据语义框架提取领域词元，利用框架对分词表中出现的领域词元进行归一处理。

第三步，使用词频-逆文档频率（TF-IDF）对归一处理后的分词

211

进行特征提取，计算特征权重形成新的特征矩阵。

具体算法步骤如下：

(1)对文本 S 进行分词，得到分词列表 $S = [w_1, w_2, w_3, \cdots, w_n]$。根据框架词元表定义映射规则 $f_{fw} = \{fn_1: [L_{11}, L_{12}, \cdots, L_{1y}], fn_2: [L_{21}, L_{22}, \cdots, L_{2y}], \cdots, fn_x: [L_{x1}, L_{x2}, \cdots, L_{xy}]\}$，其中 fn 表示框架，L 表示词元。

(2)将列表 S 中的词 w_i 与词元 L 进行匹配，利用映射规则 $L_{xy} \rightarrow FN_x$ 将匹配成功的分词更新为框架名。

(3)将更新后的分词列表进行整理，形成特征增强的分词列表，表示为 $S' = [\text{keywords}_1, \text{keywords}_2, \text{keywords}_3, \cdots, \text{keywords}_m]$，显然存在 $m \ll n$。

(4)使用 TF-IDF 在 S' 中提取特征并计算特征相应的权重，形成矩阵。

7.4.2.2 基于语义搭配的特征增强

大量的研究发现，在一定的语境下，词语之间是存在一定关联的，这种关联存在于语义、词语位置等的相互影响之中。这种关联，体现了句子的含义，突出了语义特征。因此从词语的语义搭配角度着手，可以很好地突出、增强文本的语义特征。该语义特征有利于提高文本分类的质量。

汉语语法研究者朱晓亚认为句模是根据句子语义平面的特征分类处理的句子类别①；句模研究以动核为基础将各个语义角色在句中可能出现的先后顺序进行排列②。这表示句模与语义搭配具有一定的对应关系。在语义搭配关系可增强类别特征的情况下，句模的类型同样也突出了文本的类别特征。

句模能较好地体现词语之间的语义搭配关系。句模以"实体"

---

① 尹邦才. 试论"语义搭配的可能性" [J]. 理论观察，2008，(6)：134-135.

② 陶永才，海朝阳，石磊，等. 中文词语搭配特征提取及文本校对研究 [J]. 小型微型计算机系统，2018，39(11)：2485-2490.

"情境动核"以及高频词等为基本元素，包含大量的语义信息。例如："在公路的两侧每隔五米种一棵树"对应的句模为"在+(X：地点)+[两旁｜两侧｜两边]每+相隔动核+(Y：距离的值)+植树动核+一+(Z：一般量词)+实体"，该句模就表明了句子中实体和其所属之间的动作和数量关系。这些关系，进一步突出了句子成分之间的语义搭配关系，突出了句子的语义特征。代数应用题中不同类别的题目拥有不同的数量关系和搭配特征，因此利用句模，可突出句子特征，进而增强文本的类别属性，有利于题型识别。

一个应用题句子的句模往往有相应的基干句模和结构项句模。二者均在一定程度上增强了类别特征。例如"一辆货车以每小时20千米的速度行驶了5个小时"的基干句模为"（X：速度的所属）+以+(Y：速度的值)+的+速度+位移动核+(Z：时间长度)"。根据该句模，就可判断出题型可能有归总问题、数字运算问题、倍比问题、行船问题、行程问题、列车问题等12种类型。

结构项句模，即短语句模，在基干句模的基础上，进一步突出了类别特征。其中"速度的值"这一结构项的短语句模为"[平均]+每+[个]+时间单位+数词+长度单位"。根据该短语句模，就可以判断出的题型为行船问题、行程问题、列车问题、工程问题等7种类型。

根据上述分析，根据语义搭配关系就可以确定句模。由于句模的类别特征比较明显，则根据句模类别，就可以突出句子的类别；通过句模，就可以建立一个训练集中的句子搭配关系和类别之间的关系矩阵。根据该矩阵，就可以增强文本分类的特征。基于语义搭配的特征增强的主要思路如下：

第一步，以现代汉语基本句模①为基础，面向训练集分析基干句模及其所属类别范围，形成类别集1。

第二步，根据基干句模，分析应用题题目，提取结构项句模，确定各结构项句模所属的类别范围，形成类别集2。

213

第三步，根据训练集各句子的语义搭配关系，确定其基干句模和结构项句模以及相应类别，形成搭配-类别矩阵。

第四步，通过分析测试集中句子的搭配关系，根据搭配—类别矩阵获取该句子的类别特征，对该类别特征进行统计，就可形成携带文本语义信息的特征矩阵。

具体步骤如下：

(1)分析领域语句中各个元素的搭配关系，确定基干句模所属类别范围，形成基干句模-类别字典 $f_{bf} = \{BM_1: [c_1, c_2, \cdots, c_p], BM_2: [c_1, c_2, \cdots, c_p], \cdots, BM_z: [c_1, c_2, \cdots, c_p]\}$，其中 BM 表示基干句模，$c_i$ 表示该基干句模所属的类别。

(2)根据基干句模分析应用题文本及对应的结构项句模，确定结构项句模所属类别范围，形成结构项句模-类别词典 $f_{sf} = \{CM_1: [c_1, c_2, \cdots, c_p], CM_2: [c_1, c_2, \cdots, c_p], \cdots, CM_u: [c_1, c_2, \cdots, c_p]\}$，其中 CM 表示结构句模，$c_i$ 表示该结构句模所属的类别。

(3)将样本集中的搭配关系分别与基本句模和结构项句模匹配，根据匹配结果和类别词典获得文本基干类别集 $CS_{bf} = \{ma_1: [c_1, c_2, \cdots, c_k], ma_2: [c_1, c_2, \cdots, c_k], \cdots, ma_h: [c_1, c_2, \cdots, c_k]\}$ 和文本结构项类别集 $CS_{cf} = \{ma_1: [c_1, c_2, \cdots, c_l], ma_2: [c_1, c_2, \cdots, c_l], \cdots, ma_{zu}: [c_1, c_2, \cdots, c_l]\}$，其中 ma 表示文本语义搭配关系，$c_i$ 表示该分句所属的类别。CS_{bf}、CS_{cf} 的组合就形成了搭配-类别词典 f_{tc}。

(4)根据目标文本的搭配关系，通过词典 f_{tc} 可获取其基干类别 c_z、结构项类别 c_u，对 c_z 和 c_u 求交集可以获取 c_{zu}，作为特征增强向量。很明显有 $c_z \geq c_{zu}$，$c_u \geq c_{zu}$，这在保留文本语义特征的基础上缩小类别范围，增强了类别特征，有助于文本分类。

7.4.3 算法的流程

本文算法框架如图 7-5 所示，主要包括数据预处理、特征增强、特征标准化、文本相似度计算、文本分类等。

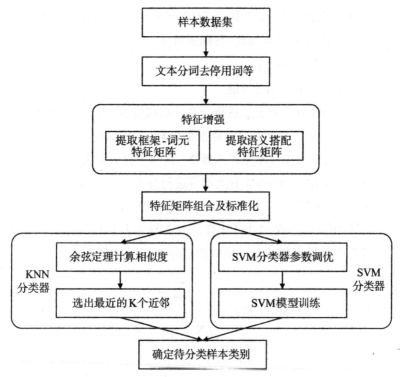

图 7-5 基于特征增强的分类算法框架图

为了便于叙述，假设训练文本集为 S，文本所属的类别有 N 个，分别为 C_1，C_2，$\cdots$，C_N，S 的文本数量为 M，因此有 $S = \{(d_i, C_j) \mid i = 1, 2, \cdots, M; j = 1, 2, \cdots, N\}$。特征增强的文本分类算法（Feature Enhanced Text Classification Algorithm，FE-CA）分类具体步骤为：

（1）对数据进行预处理，将数据集进行分割、删除停用词等，训练样本表示为 $S = \{d_1, d_2, \cdots, d_M\}$，待分类文本为 $S' = \{x_1, x_2, \cdots, x_y\}$。

（2）利用基于框架语义的特征增强中的算法步骤，形成分词列表 $d_i = [keywords_1, keywords_2, keywords_3, \cdots, keywords_p]$，基于 TF-IDF 的方法计算各分词权重，形成训练样本分词矩阵 D_{Mp}。

215

（3）利用基于语义搭配的特征增强中的算法步骤，同时基于 d_i 中每个分句或搭配形成文本-类别词典 f_{tc}，统计各分句和搭配类别，基于统计规则建立搭配-类别矩阵 $R_{NM} = [r_{11}, r_{12}, \cdots, r_{1N}; r_{21}, r_{22}, \cdots, r_{2N}; \cdots; r_{M1}, r_{M2}, \cdots, r_{MN}]$，其中 r_{ij} 表示对于第 i 个文本属于第 j 个类别的可能。

（4）将矩阵 D_{Mp} 和 R_{NM} 进行合并，形成特征矩阵。使用 Z-score 标准化公式，对特征矩阵进行标准化处理，得到矩阵 Fa。

（5）针对待分类样本重复步骤 2、3、4，得到矩阵 Fa'。

（6）使用 KNN 和 SVM 分类器等进行分类。

①KNN 分类器

a. 利用余弦公式（7-15）计算待分类样本与训练样本之间的距离，即每个待分类样本 d 与所有训练样本 d_i 之间的相似度。

$$sim(d, d_i) = \frac{\sum_l^M A_l B_l}{\sqrt{\sum_s^M A_s^2} \sqrt{\sum_s^M B_s^2}} \tag{7-15}$$

b. 确定 K 值，按照相似度大小把训练集样本进行排序，选出待分类样本的 K 个最近邻 $L(d_1, d_2, \cdots, d_k)$。

c. 按照公式（7-16）和公式（7-17）依次计算待分类文本 d 属于每个类别的权重，将待分类文本分到权重最大的那个类。

$$W(d, c_j) = \sum_{i=1}^k sim(d, d_i) * \varphi(d_i, c_i) \tag{7-16}$$

$$\varphi(d_i, c_i) = \begin{cases} 0, & d_i \notin c_j \\ 1, & d_i \in c_j \end{cases} \tag{7-17}$$

②SVM 分类器

a. 选择径向基核函数（RBF），利用 PSO（粒子群优化算法）最优化算法找出 SVM 分类器的最优参数。

b. 根据得到的最优参数应用 SVM 算法分类器来对矩阵 Fa 进行训练并用测试集矩阵 Fa' 进行分类预测实验。

7.4.4 实验

为了验证基于特征增强的分类算法的有效性,本书选择在同一数据集下进行传统分类算法、基于框架语义的分类算法、基于语义搭配的分类算法和两种特征增强结合的分类算法的对比试验。Wang 等在 2017 年提出了 Math23k 数据集,该数据集是一个大规模的中文数据集,包含 23162 个数学应用题,涉及范围较广①。因此本实验选取 Math23k 数据集中部分题目进行实验。实验数据包含 6 类应用问题,分别是行程问题、牛吃草问题、利率问题、植树问题、溶液问题、年龄问题,共计 3080 题,具体如表 7-3 所示,其中每个类别中分别选取了 75% 作为样本集,25% 作为测试集。

表 7-3 样 本 分 布

序号	类别	样本数量	序号	类别	样本数量
1	行程问题	513	4	植树问题	517
2	牛吃草问题	518	5	溶液问题	511
3	利率问题	512	6	年龄问题	509

由于 K 值的选取在 KNN 算法中极为重要,不同的 K 值,同一个数据集的分类精度不同,因此本书对 K 为 1-20 的所有整数时的准确率进行了测试。最终得到在 $K=2$ 时该数据集的分类准确率达到最高,因此在后续实验中均采取 $K=2$。

实验分别采用传统 KNN 算法和 SVM 算法、基于框架语义的特征增强算法 FE-KNN(fs) 和 FE-SVM(fs)、基于语义搭配的特征增强算法 FE-KNN(sc) 和 FE-SVM(sc)、基于两种特征增强方式相融合

217

① Yan W, Liu X, Shi S. Deep Neural Solver for Math Word Problems[C]. Proceedings of the 2017 Conference on Empirical Methods in Natural Language Processing, 2017.

的分类算法 FE-KNN(fs-sc)和 FE-SVM(fs-sc)进行实验,表 7-4、表 7-5、表 7-6 分别对应八种算法分类结果的准确率、召回率、F1 值。

表 7-4　　　　　　　　　　分类算法的准确率

	1	2	3	4	5	6	Macro_P
KNN	0.9714	0.8000	0.9375	0.9000	0.9535	0.9364	0.9165
SVM	0.9756	0.7986	0.9296	0.9123	0.9492	0.9335	0.9165
FE-KNN(fs)	0.9788	0.8212	0.9461	0.9165	0.9567	0.9412	0.9268
FE-SVM(fs)	0.9768	0.8387	0.9374	0.9189	0.9588	0.9455	0.9294
FE-KNN(sc)	0.9777	0.8410	0.9515	0.9231	0.9613	0.9494	0.9340
FE-SVM(sc)	0.9790	0.8567	0.9567	0.9278	0.9698	0.9563	0.9411
FE-KNN(fs-sc)	0.9804	0.8988	0.9637	0.9268	0.9693	0.9603	0.9499
FE-SVM(fs-sc)	0.9812	0.9178	0.9658	0.9305	0.9745	0.9785	0.9581

从表 7-4 可以看出基于两种特征增强相融合的分类算法准确率在各个类别上均有相应的提高,尤其是类别 3(利率问题)。这是由于本书在特征选取的过程中注意了同义词、相近词,并利用句模更好地提取了文本中的数量关系,加强了相同结构特征词间的相关性,从而在计算相关程度时能够使这些词的距离更近,达到更好的分类效果。FE-SVM(fs-sc)与传统 SVM 相比提高了 6.79%,与 FE-SVM(fs)和 FE-SVM(sc)相比分别提高了。说明两种特征增强的方法均能提高分类准确性,且结合使用效果更好。

表 7-5　　　　　　　　　　分类算法的准确率

	1	2	3	4	5	6	Macro_R
KNN	0.8293	0.6857	0.9668	0.9783	0.9710	0.9057	0.8895
SVM	0.8378	0.6997	0.9679	0.9756	0.9764	0.8967	0.8924
FE-KNN(fs)	0.8421	0.7235	0.9566	0.9802	0.9779	0.9346	0.9025
FE-SVM(fs)	0.8567	0.7364	0.9654	0.9843	0.9788	0.9256	0.9079

	1	2	3	4	5	6	Macro_R
FE-KNN(sc)	0.8677	0.7589	0.9752	0.9814	0.9842	0.9476	0.9192
FE-SVM(sc)	0.8712	0.7648	0.9798	0.9855	0.9806	0.9389	0.9201
FE-KNN(fs-sc)	0.8824	0.8114	0.9899	0.9800	0.9880	0.9582	0.9350
FE-SVM(fs-sc)	0.8845	0.8071	0.9867	0.9865	0.9867	0.9775	0.9382

据表7-5显示,以 KNN 算法为例,在召回率方面 FE-KNN(fs-sc)优于 FE-KNN(fs)、FE-KNN(sc)和 KNN,其宏平均召回率比其他三种算法分别提高了 2.68%、4.95%、7.17%,说明本书提出的特征增强的分类算法具有较好的稳定性。

表 7-6 分类算法的准确率

	1	2	3	4	5	6	Macro_F1
KNN	0.8947	0.7385	0.9615	0.9375	0.9704	0.9633	0.9110
SVM	0.9067	0.7957	0.9574	0.9296	0.9637	0.9584	0.9186
FE-KNN(fs)	0.9053	0.7959	0.9705	0.9267	0.9784	0.9583	0.9225
FE-SVM(fs)	0.9288	0.8319	0.9637	0.9359	0.9749	0.9627	0.9330
FE-KNN(sc)	0.9159	0.8472	0.9809	0.9389	0.9826	0.9676	0.9389
FE-SVM(sc)	0.9359	0.8613	0.9791	0.9431	0.9738	0.9764	0.9449
FE-KNN(fs-sc)	0.9276	0.8773	0.9816	0.9424	0.9883	0.9729	0.9484
FE-SVM(fs-sc)	0.9267	0.8759	0.9864	0.9482	0.9819	0.9775	0.9494

对于综合评价指标 $F1$,由表7-6数据可以看出经过特征增强后算法的宏平均 $F1$ 值均大于传统算法的宏平均 $F1$ 值。说明经过特征增强的分类算法优于传统分类算法。同时 FE-SVM(fs-sc)宏平均 $F1$ 值优于 FE-KNN(fs-sc),这可能由于 KNN 方法在使用过程中会受 K 值和样本选取的影响。

综上所述,特征增强后文本分类算法的准确性、稳定性和分类效果都优于传统算法，这证明改进后的 FE-KNN 和 FE-SVM 算法与上述论证一致。特征词之间的语义搭配关系对分类有不可忽视的影响，将这个因素引入特征矩阵中，并利用同义词、近义词降低特征矩阵维度对最终的分类效果有明显的提高。

小　结

　　本章提出基于特征增强进行题型识别的方法，为信息抽取和问题情境仿真提供支持。本章首先介绍了题型识别的意义，接着对文本分类基础进行了一定的阐述。随后阐述并分析了常见特征处理方法的研究现状，指出其中存在的不足。最后从框架语义和语义搭配两个角度，提出基于特征增强的 KNN 算法和 SVM 算法，实验结果表明特征增强后的分类质量有明显提高。

8 面向代数应用题的表征
辅导系统构建

应用题认知过程研究表明：①表征是解决的前提，决定着解题的质量；②问题情境理解是表征关键，只有理解了问题情境，才能理解题意、进行有效的表征。当前很多中小学学生存在着应用题表征障碍①，对其进行表征辅导很有必要。表征辅导的主要任务是辅助学生理解问题情境、理解题意和列出式子。应用题解题支持属于智能导学系统 ITS 研究范畴。ITS 一定程度上能支持应用题解题，但是当前 ITS 研究主要集中在"解决"阶段，对表征辅导的研究很少。其中的题意理解研究和自动解题在一定程度上有利于表征，但是自动解题研究存在着学习过程难以解释、难以呈现、不利于表征辅导等不足；题意理解研究存在着匹配不精确、难以表示过程性知识和动态性知识等不足。

基于 HSST 句模，能较好抽取题目文本信息、较好理解题意；在机器理解题意的基础上进行问题情境的自动仿真以帮助学生理解题意、自动出卷以支持表征辅导就存在可行性。根据该思路，本章面向代数应用题提出表征辅导系统。

本章首先介绍应用题解题认知过程，指出表征的重要性，分析学生存在表征障碍的原因；然后提出表征辅导系统的总体架构；再

221

---

① 姚勇伟．小学生数学应用问题表征障碍的调查分析研究［J］．青春岁月，2012(12)：240-241.

基于 SMKR 脚本，对问题情境仿真、基于问卷的表征辅导、自动列算式等关键模块进行了一定的研究；最后提出一个原型系统，对其关键模块进行一定的实现。

8.1 解题认知过程

认知过程为人们认识客观事物的过程。对学生来说，数学应用题解题的认知过程可以分为读题、理解题意、解决问题。这个过程又可以理解为：从某个初始状态开始，经过一些既定规则演变为一系列的中间状态，并最终达到目标状态的流程。数学应用题问题解决认知过程的研究主要有 Polya 等的研究。

8.1.1 Polya 的研究

波利亚 Polya 认为解题过程包括四大步骤："弄清问题""拟定计划""执行计划"，以及"回顾与反思"①②。具体如下：

（1）弄清问题。首先必须要了解问题的文字叙述，弄懂问题中的已知条件、未知条件，以及条件是否充分。其次是形成正确的审题方法，通过图画、图表等方式表述问题，使文字语言通俗易懂。

（2）拟定计划。通过对现有问题的分析，联想相似相近的问题，并提出解决问题的方法。波利亚认为：寻找解法实际上就是找出已知数与未知数之间的联系；如果找不出直接联系，可能需要考虑辅导。

（3）执行计划。在拟定计划的基础上对计划进行实施，并让每一个解题步骤都有迹可循。在这个过程中也可能会遇到一些新的问

① Campbell P J. How to Solve It: A New Aspect of Mathematical Method [M]. 科学出版社, 1982.

② Polya G. Mathematical discovery: On understanding, learning, and teaching problem solving [M]. John Wiley & Sons, 1965.

题，这就需要重新拟定计划，甚至重新理解问题。

（4）回顾与反思。在计划实施后对结论进行检验，验证其是否正确；对整个解题过程进行反思，检查有无可以改进的地方；思考该题的解决方法是否可以用于解决其他的问题。

8.1.2 Mayer 的研究

Mayer 认为数学问题解决包括两个阶段：转换（Translation）和解答（Solution）①②③④⑤。转换作为解题的第一阶段，即理解题意、弄清楚问题的表征。解答在转换的基础上，运用已经掌握的代数、几何等数学规则对问题进行解答，推断出答案。转换是前提，解答是结果，二者缺一不可。Mayer 认为数学应用题的解决有一个把问题重新组织、表征的过程，要想正确地表征问题就必须要对问题有充分的认识与理解。目前的研究表明数学问题解决的困难主要出现在转换阶段。在这两阶段的基础上，Mayer 提出了数学问题解决的四阶段模型：（1）转换阶段，提取问题中的理论知识和客观知识，并将问题转化为心理表征；（2）整合阶段，通过选取数字和关键词，构建问题模型，将转换的信息重新组合，并将其组织成结构化的内部表征；（3）计划阶段，对以上问题制定解决计划或者方

① Polya G. Mathematical discovery：On understanding, learning, and teaching problem solving［M］. John Wiley & Sons, 1965.

② Mayer R E. Memory for algebra story problems［J］. Journal of Educational Psychology,, 1982, 74(2)：199-216.

③ Herbert J. Walberg. Educational psychology：a cognitive approach［J］. PsycCRITIQUES, 1988, 33(2)：173-173

④ Lewis A B, Mayer R E. Students' Miscomprehension of Relational Statements in Arithmetic Word Problems［J］. Journal of Educational Psychology, 1987, 79(4)：363-371.

⑤ Mayer, Richard E. Different problem-solving strategies for algebra word and equation problems［J］. Journal of Experimental Psychology Learning Memory & Cognition, 1982, 8(5)：448-462.

案；（4）执行阶段，运用相关运算知识执行解决方案并计算结果①②③④。相关流程图如图 8-1 所示。

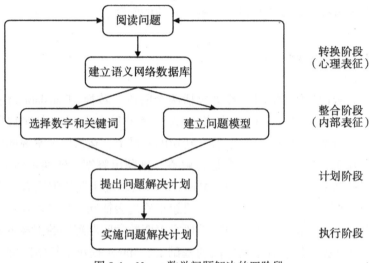

图 8-1　Mayer 数学问题解决的四阶段

8.1.3　Kintsch 和 Greeno 的研究

Kintsch 和 Greeno 认为数学问题解决包含两个部分：一是对问

---

①　Mayer R E. Learning Strategies：an Overview -ScienceDirect［J］. Learning and Study Strategies, 1988：11-22.

②　Mayer, Richard E. Cognition and instruction：Their historic meeting within educational psychology［J］. Journal of Educational Psychology, 1992, 84（4）：405-412.

③　Mayer R E, Hegarty M. The process of understanding mathematical problems［J］. The Nature of Mathematical Thinking, 1996：29-53.

④　Mayer R E, Tajika H, Stanley C. Mathematical problem solving in Japan and the United States：A controlled comparison［J］. Journal of Educational Psychology, 1991, 83（1）：69-72.

题理解或者表征,二是问题的解决①。问题理解即解题者把问题文本转化为语义表征,其本质是解题者在内在认知层面对问题的重构;问题解决即解题者根据一定的问题解决策略得到问题的答案。

Kintsch 和 Greeno 还认为问题表征是数学问题解决的关键,并且认为问题的表征包含两个方面:一个是命题性文本框架(Propositional Text Base),用来表征文本性输入;另一个是问题表征或问题模型(Problem Model),包含源自文本框架问题的相关信息。在构建问题模型时,学生需要排除文本中有、但解题过程中并不需要无关情境信息,例如"小明心情很好地去上学"中的"心情好";同时也需要推算出文本中没有但解题需要的隐藏信息,例如鸡兔同笼问题中,隐藏着"鸡有 2 条腿""兔有 4 条腿"。只有在问题的各个方面都进行正确完整的表征后,学生才能够更好地构建问题模型并解决问题。

8.1.4 Hegarty、Mayer 和 Green 等人的研究

Hegarty、Mayer 和 Green 等人通过对不同学生的解题方法与解题结果进行对比研究,将问题解决与问题表征联系起来②③。他们发现数学应用题心理表征存在两种基本情况:直接转换策略(Direct Translation Strategy)和问题模型策略(Problem Model Strategy)。直接转换策略是指解答数学应用题的过程中解答者首先从问题文本中的数字和关键词出发进行心理表征,接着分析关键词并进行数量关系之间的推理,即执行运算过程,之后得出最终结果。问题模型策略是

① Kintsch W, Greeno J G. Understanding and solving word arithmetic problems[J]. Psychological Review, 1985, 92(1): 109-29.

② Hegarty M, Mayer R E, Green C E. Comprehension of Arithmetic Word Problems: Evidence From Students' Eye Fixations [J]. Journal of Educational Psychology, 1992, 84(1): 76-84.

③ Hegarty M, Mayer R E, Monk C A. Comprehension of arithmetic word problems: A comparison of successful and unsuccessful problem solvers[J]. Journal of Educational Psychology, 1995, 87(1): 18-32.

解答者首先试图理解问题，然后根据问题的具体情境进行表征并解决问题，这个过程强调理解各个条件之间的相对关系，即问题的本质①。

Hegarty 和 Mayer 通过观察测试者在解决数学应用题时的表现，结合 Mayer 提出的数学问题解决的认知模型，总结出：在解决问题时，成功解题的测试者倾向于使用问题模型策略，而没有成功解题的测试者倾向于使用直接转换策略。这其中的原因大概率是：前者使用了问题模型策略，促使其对问题情境进行了建模，因此更好地理解了文本中各条件之间的关系；而使用直接转换策略的测试者，只关注了文本中的数字和关键词，并没有对问题进行深入理解。

8.1.5　Lucangeh、Tressoldi 和 Cendron 的研究

意大利学者 Lucangeh、Tressoldi 和 Cendron 根据各个研究者对应用题解决的研究过程及成果，总结出了应用题解决中涉及的七种过程，具体包括情境理解、问题表征、问题归类、解题估计、解题计划和自我评价等②。他们设计了一系列的分步应用题，并根据每个过程为每个应用题设计多个选择题，要求测试者逐一作答。通过对测试数据进行多元回归等分析，他们发现只有情境理解、问题表征、问题归类、解题计划和自我评价这五个过程是解题中所必须的。路海东通过该范式针对我国小学生数学学习的特点进行了解题过程的相关研究，也得出了同样的结论③。

8.1.6　Enright 和 Arendasy 的研究

Arendasy 和 Sommer 认为，数学应用题的解决过程可以划分为

①　陈英和，仲宁宁，耿柳娜. 关于数学应用题心理表征策略的新理论 [J]. 心理科学，2004，27(1)：2-4.

②　Lucangeli D, Tressoldi P E, Cendron M. Cognitive and Metacognitive Abilities Involved in the Solution of Mathematical Word Problems：Validation of a Comprehensive Model[J]. Contemp Educ Psychol，1998，23(3)：257-275.

③　路海东，董妍. 问题解决策略的认知和元认知研究[J]. 鞍山师范学院学报，2002(3)：107-109.

问题转换阶段、问题整合阶段、数学加工阶段、解题计划与监控阶段，以及解题执行阶段五个心理阶段①②。问题转换阶段是解题者通过阅读问题文本，提取文本信息并形成心理表征③。问题整合阶段是解题者利用过往的解题经验和已掌握的数学基本知识，理解基础文本并搭建基于文本的情境模型（Situational Model）。数学加工阶段是解题者基于上一阶段搭建的情境模型，作出更加深入的分析，如理顺问题中的隐含条件、各个条件之间更复杂的关系等，通过使用分步关系式表述各个变量之间的关系，最后构建出数学模型。解题计划与监控阶段是解题者通过对情境问题的理解，进行题意推理，根据数学模型设计出解题计划，有时也会通过下一阶段的解题结果的反馈，进而改进、完善计划。解题执行阶段是解题者通过既定的解题计划以及数学基础知识来计算问题的答案。

8.2 表征辅导系统的总体架构

8.2.1 表征的重要性分析

Kintsch 和 Greeno 认为数学问题解决包含表征和解决两个部分，明确指出表征的重要性。Mayer 认为数学问题解决的第一阶段就是

① Arendasy M, Sommer M, Gittler G, et al. Automatic Generation of Quantitative Reasoning Items: A Pilot Study[J]. Journal of Individual Differences, 2006, 27(1): 2-14.

② Arendasy M, Sommer M. Using psychometric technology in educational assessment: The case of a schema-based isomorphic approach to the automatic generation of quantitative reasoning items[J]. Learning & Individual Differences, 2007, 17(4): 366-383.

③ Mayer R E, Tajika H, Stanley C. Mathematical problem solving in Japan and the United States: A controlled comparison [J]. Journal of Educational Psychology, 1991, 83(1): 69-72.

理解题意、弄清楚问题的表征。Polya 的解题全过程中的第一步就是"弄清问题"，即：弄懂问题中的已知条件、未知条件等要素，并通过图画、图表等方式表述问题，其本质也是表征。Hegarty、Mayer 和 Green 等的研究也认为数学应用题解题存在心理表征，且包括直接转换策略和问题模型策略两种基本情况。Lucangeh、Tressoldi 和 Cendron 的研究认为应用题解决中涉及七种过程，其中第一是问题情境理解，第二就是问题表征。Arendasy 和 Sommer 的研究认为，数学应用题的解决过程第一阶段为问题转换阶段，该阶段的含义是解题者通过阅读问题文本，提取文本信息并形成心理表征。

上述分析充分表明：应用题的解答包含表征和解决两个过程，表征是应用题解题的关键环节，表征的质量决定着解题的质量。表征是学生理解题目、建立问题模型的过程，通过这个过程可以充分全面地了解题目中包含的所有信息，同时也可以激活学生之前积累的知识，形成更加完整的知识体系，有助于更好地理解与解答题目。

8.2.2 应用题表征障碍分析

数学是一门特殊的学科，里面包含了大量抽象的公式定理，但在应用题实际教学过程中，对学生的要求是利用这些公式定理去解决基于现实生活的情境问题。中小学学生掌握难懂的公式本就比较困难，将这些公式灵活运用、举一反三地解决应用题，就更加困难。虽然应用题与生活情境相结合，贴近学生的生活，但是如何将生活情境与数字联系起来，如何充分理解问题中的题意、表征应用题，是目前学生解决应用题中最大的困难。

滕云对小学两步应用题的解题障碍进行了研究，发现学生从简单的一步应用题过渡到两步应用题的解答，会出现一些困难和障碍[1]，主要体现在学生思路不清晰、基础不牢固、题目难度提高等方面。倪印东等人认为数学应用题解题的困难和障碍主要来自于题

228

---

[1] 滕云. 两步应用题解题障碍的成因及其疏导[J]. 江苏教育, 1999(1): 39-40.

材内容、数学语言、数量关系、结构特征四个方面的障碍①。杨建楠认为数学应用题文字冗长、难以厘清它们之间的关系，以及数学应用题文字的抽象性等问题，会导致高中生解答数学应用题时出现思维障碍②。刘四新认为学生生活阅历尚浅、在阅读和理解文字方面仍有不足等，都会造成学生解题困难③。Bernardo 指出，学生解应用题时存在的最大障碍来自于对应用题文字中所隐含的数学结构的理解④。何小亚等人通过调查，总结出学生解题时的障碍与专业术语的掌握程度、文字的抽象性、题目背景的复杂程度等有关⑤。

对这些障碍进行总结，主要体现在三个方面：认知障碍、问题情境理解障碍、数量关系构建障碍等。这三个方面的障碍，均属于表征过程中的问题。正确的表征是解决问题的必要前提；学生的表征体现了其对题目的理解，同时影响着其对教师教学计划的理解和接受程度。因此教师应该采用一定的方式、方法，对学生的表征进行辅导，帮助学生更好地表征，更好地帮助学生解决应用题。

8.2.3 提出问题

尽管表征是应用题解题的关键环节，表征的质量决定着解题的质量，但作为应用题解题支持工具的智能导学系统 ITS，却难以满足用户的需要：(1) 当前 ITS 对应用题解题支持重点在"解决"阶

① 倪印东，庄传侠. 摸清解题障碍改革应用题教学[J]. 山东教育，2001(28)：47-48.

② 杨建楠. 高中生数学思维障碍的消解[J]. 教学与管理，2010(36)：91-92.

③ 刘四新. 初中生应用题解题困难分析[J]. 数学通报，2007(7)：19-21.

④ Bernardo A. Contextualizing the Effects of Technology on Higher Education Learning and Teaching: The Social and Human Dimensions of Educational Change. Asia-Pacific Social Science Review，2000，1(2)：50-73.

⑤ 何小亚，李湖南，罗静. 学生接受假设的认知困难与课程及教学对策[J]. 数学教育学报，2018，27(4)：25-30.

段、对"表征"阶段的支持不够。(2)当前表征方面的研究成果不支持用户对任意数学应用题问题情境进行个性化仿真,虽然问题情境理解是表征的重要环节。这影响了解题者对问题情境的理解、影响了表征。

ITS 中题意理解方面研究,在一定程度上有利于表征辅导。但具有如下不足:(1)主要面向机器自动解题,不支持表征辅导。(2)基于神经网络、深度学习等的题意理解,其学习过程难以被解释,即模型学到的知识很难用人类可以理解的方式来提取和呈现,同时往往会弱化,甚至忽略应用题中动词的情境性,使得机器不能获取其情境信息。这些使得该方面研究难以对学生进行表征辅导。(3)基于句模的题意理解,也存在匹配精度低等问题,影响了题意理解的质量,这也就影响了基于机器的表征辅导。

鉴于代数应用题在基础教育中的意义,以及智能导学系统的作用,针对当前研究的不足,面向代数应用题,提出一种表征辅导系统(Algebra Word Problem Resprentation Tutoring System, AWPRTS),以有效辅导学生对代数应用题进行表征。

8.2.4 功能分析

经典代数应用题题目类型有 36 个,并有多个变式。各个变式的题目数量也比较多,完全依靠教师为每个学生辅导所有的题目是很不现实。

通过机器辅导学生表征是一条较好途径,其前提是机器必须理解题意并对题意进行有效表示。这就涉及了自然语言处理,包括分词、框架语义和句模,以及知识表示等。

表征辅导的一个关键是辅导学生理解问题情境①。当前表征支持方面的研究成果还不足以帮助解题者对问题情境的理解。对广大中小学学生来说,问题情境的理解是难以逾越的障碍。不能有效支

---

① 邵朝恒. 重视问题表征,提升学生问题分析能力[J]. 东西南北(教育观察),2012(9):118-119.

持用户对问题情境的理解，就不能有效支持用户的表征。问题情境仿真能有效支持学生对问题情境的理解。在机器理解题意情况下，问题情境仿真就存在可能，也十分必要。

问卷调查法是常见的表征研究方法。虽然当前有很多问卷自动生成方面的研究，但是面对应用题的众多知识点和众多表征研究视角，即使有出卷支持工具，出卷的工作量也很大。其实，在机器理解题意情况下，根据知识表示的结果，自动出卷就是一种可行且有效的方法。根据 ITS 理论，表征辅导应能对学生的问卷进行提示、纠错和检错，即具有内环功能；因此，在自动出卷的基础上，自动评分也很必要。

学生模型是智能导学系统 ITS 的一个重要组成，ITS 也要求对学生的表现行为进行评价与反馈。越来越多的教育研究者认为：只进行教育测验，而不诊断且采取补救措施的教学，是没有意义的，甚至是不负责任的[1]。知识追踪(Knowledge Tracing, BKT)是一种分析学习者对知识点的掌握情况的工具，是构建学生模型、分析学生学习情况的一个有效手段，其应用非常广泛[2]。

根据上述分析，代数应用题表征辅导系统 AWPRTS 的主要功能有：(1)根据情境模型的更新流程对问题情境进行自动仿真，支持学生对问题情境的理解，进而支持其表征；(2)通过基于情境模型的问卷，引导学生理解题意，揭示学生的内在表征，辅导其表征；(3)根据学生的答卷情况，获取学生的答题情境、揭示其内在表征，并对其表征知识进行追踪分析。

8.2.5 总体架构与关键模块

231

AWPRTS 的主要思路是：(1)在自然语言处理的基础上，对代

---

① 涂冬波，蔡艳，戴海崎，等. 现代测量理论下四大认知诊断模型述评[J]. 心理学探新，2008，28(2)：5.

② 周庆，牟超，杨丹. 教育数据挖掘研究进展综述[J]. 软件学报，2015，26(11)：3026-3042.

数应用题题意信息进行抽取并基于 SMKR 知识表示法进行表示；(2)基于 SMKR 知识表示脚本对问题情境进行自动仿真；(3)面向表征辅导，基于 SMKR 知识表示脚本生成辅导表征的问卷，并对学生答卷过程进行提示、检错和纠错；(4)对学生的答卷数据进行分析，构建学生的知识追踪模型，揭示学生对知识的掌握情况。

8.2.5.1　总体架构

　　AWPRTS 架构采用四层架构模式进行设计，如图 8-2 所示，从下到上分为资源层、数据层、访问层和应用层。

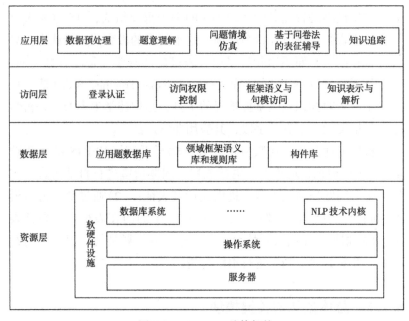

图 8-2　AWPRTS 总体架构

　　资源层是系统工作的基础层，为系统能够正常运行提供必需的软硬件平台，主要包括服务器、网络设备、操作系统、数据库系统、传输介质和 NLP 技术内核等内容。

　　数据层主要由业务数据资源库和用户基础数据资源库组成，为整个表征辅导系统提供数据支撑。业务数据资源库的数据主要是由表征辅导原型系统业务相关的数据组成，包括：（1）代数应用题数据集及其预处理数据，包括分句、分词、句法分析和语义依存等；（2）代数应用题领域框架语义知识库、句模库；（3）面向代数应用题仿真的构件库等。用户基础数据资源库主要包括用户权限、角色等数据资源。

访问层的主要任务是获取业务层的数据请求，并返回数据处理的结果。该层的主要功能是提供统一数据访问接口，实现底层存储结构与应用层的业务数据之间的访问完全透明，并提供登录认证、访问权限控制、题型分类、情境框架语义和句模的访问、知识表示与解析等高效稳定的基础服务功能。

应用层主要是实现表征辅导系统的业务逻辑，主要有四个功能模块，分别是数据预处理模块、题意理解模块、问题情境仿真模块、基于问卷的表征辅导模块和知识追踪模块。应用层又分为业务层和表示层：（1）业务层的主要功能是接收和处理表示层的请求，该层由业务接口和业务模型两部分组成，业务接口给表示层与访问层进行提供数据交互的功能，业务模型实现业务逻辑处理功能，提供业务模块的具体实现方法。（2）表示层是原型系统面向用户的唯一接口，提供系统和用户交互的界面。该层的主要功能是接收请求，并将处理的结果返回给用户。

8.2.5.2 关键模块

AWPRTS 的主要模块有：数据管理模块、系统管理模块、自然语言处理模块、领域知识模块、题意理解模块、表征辅导模块、数据库访问的辅助功能等。AWPRTS 的功能结构图如图 8-3 所示。

数据管理模块的功能是负责代数应用题数据集的导入和修改，主要包括题型、题目、分句数据和分词数据，以及答题数据等。

自然语言处理模块主要基于分词、分句、句法分析和语义分析等技术，对代数应用题的题目文本进行分析，存入数据库，为题意理解做好数据基础。

领域语义库构建模块主要包括 SMKR 知识表示机制、代数应

233

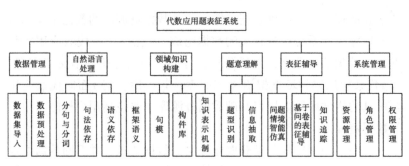

图 8-3　功能结构图

用题的框架语义库建设、句模库和构件库的构建，以为题意理解中的信息抽取和表征提供支撑。

题意理解模块主要包括应用题题型的识别，以及基于领域语义库和句模库而进行情境流程的抽取和情境模型信息抽取，使得机器能理解、表示题意。

表征辅导模块主要包括问题情境仿真、问卷的生成与答卷辅导、知识追踪等。其中问题情境仿真，主要基于 SMKR 知识表示脚本而对题目文本进行仿真，为用户提供可视化效果；问卷的生成与答卷辅导主要基于 SMKR 知识表示脚本生成问卷，以及对学生答卷过程进行提示、检错和纠错。

系统管理主要有资源管理、角色和权限管理等。其中资源管理主要确保系统能够正常安全地工作，需要对系统中的功能模块和数据资源进行统一和规范化管理。

8.3　基于 SMKR 的问题情境仿真

当前，应用题教学过程中，绝大多数中小学学生的学习更依赖由直观观察所获得的具体化经验和理解①，因此，新课程倡导"问

---

①　余小鹏，赵亚，殷浩．一种数学应用题问题情境仿真支持系统 P4S 研究[J]．中国教育信息化(高教职教)，2020(1)：41-45.

题情境—建立模型—解释、应用和拓展"的教学模式。其中，创设问题情境是教学目标得以实现的重要基础。

大量研究表明：人类的信息大部分是通过图形图像获得的，而不是通过阅读文本获取①。在 6~8 年级中使用图形计算器进行代数教学和测试被证明是有效的②。学生使用图形技术，已证明能更好地理解函数与变量，在求解代数应用题和解释图形时也表现更好③。

问题情境理解是应用题表征的重要组成。引入仿真技术，有利于学生对问题情境的理解。中小学数学教育领域中常用的仿真研究有概念图、思维导图等，但这两种技术主要描述静态知识对象，而问题情境往往包含着动态信息。面向动态信息的仿真研究，当前成果主要采用 VRML、Flash、Java、C++等仿真技术，或者基于 Matlab 等软件工具，从可视化、3D 就虚拟实现、动画及游戏等方面展开研究。这些在一定程度上有利于学生对问题情境的理解，但也存在技术难度较大等不足。

8.3.1　常见情境仿真技术

Denis 首先提出可视化可以作为问题解决的工具之一，并表示可以利用可视化来表征问题促进学习理解④。美国哥伦比亚大学研究人员在研究 AR 时通过增强现实技术在校园景观中添加虚拟信

①　Georg Artelsmair, Heidrun Krestel, Lubes Knoth. The future of PATLIB centres in a globalized patent world[J]. World Patent Information, 2009, (3): 184-189.

②　Shearer R L, Aldemir T, Hitchcock J, et al. What students want: A vision of a future online learning experience grounded in distance education theory [J]. American Journal of Distance Education, 2020, 34(1): 36-52.

③　Ellington A J, Murray M K, Whitenack J W, et al. Assessing K-5 Teacher Leaders' Mathematical Understanding: What Have the Test Makers and the Test Takers Learned? [J]. School Science & Mathematics, 2012, 112(5): 310-324.

④　Denis M. Imagery andthinking[M]. SpringerVerlag, 1991.

息，帮助学生了解学校历史①。Pasqualotti 面向数学教学提出了虚拟环境概念模型，该模型基于传统教学方法、社会与经济、生物与心理等理论，使用 VRML 语言搭建②。Bahman Kalantari 提出了一种由可视化多项式方程技术组成的中间件，该中间件能够把数学概念转化为动画，对平面中点的可视化做出一定的演示③。杨彦军结合 JSP 和 VEML 构造出一套情境化的网上学习环境④。Alexei Souri 通过扩展 X3D 和 VRML 来对点、线和多边形等进行三维实现，以使得数学具有可视化、可沉浸性以及可触性⑤。

随着虚拟现实的发展，其逐渐涉及游戏、动画等领域。这些领域的发展也在一定程度上推动了教育仿真技术的进步。田爱采用 Java 语言，提出基于数字化游戏的自主学习模式⑥。彭成对 C/C++、VB、Java、Flash 等常见的游戏开发技术进行了分析，并以 OpenGL 为例，设计了一个射击类的游戏⑦。杨文阳等人利用 J2ME 与 Netbeans 6.1/6.5 作为创作工具，主要开发集中在创作游戏界面、等级和程序需要的随机方程公式等方面⑧。Chang Kuo-E 用游

---

① Hsin-Kai Wu, Priti Shah. Exploring visuospatial thinking in chemistry learning[J]. Science Education, 2004, 88(3): 465-492.

② A Pasqualotti, CM dal. MAT(3D): A virtual reality modeling language environment for the teaching and learning of mathematics[J]. Cyberpsychology & Behavior, 2002, 5(5): 409-422.

③ Bahman Kalantari, Ira j Kalantari, Fedor Andreev. Animation of mathematical concepts using polynomiography[C]. Proceedings of SIGGRAPH 2004 on Education, 2004.

④ 杨彦军, 赵瑞斌, 周海军. 基于 jsp-vrml-java 技术的网上虚拟情境性学习平台的建构[J]. 现代教育技术, 2005(5): 58-62.

⑤ Alexei Sourin. Visual immersive haptic mathematics[J]. Virtual Reality, 2009, 13: 221-234.

⑥ 田爱奎. 基于数字化游戏的自主学习探讨[J]. 中国电化教育, 2007(11): 83-86.

⑦ 彭成. 数字化教学游戏的概念、模型与开发技术研究[D]. 华东师范大学, 2008.

⑧ 杨文阳, 王燕. 基于移动学习环境的数学教育游戏设计与开发探究[J]. 中国电化教育, 2012(3): 71-75.

戏来实现了"解决问题"这个环节，试验结果证明使用"游戏"来进行"解决问题"的一组用户的问题解决能力更强①。Y. Kim 认为目前的填鸭式数学教学使得认为数学很难的学生数量越来越多，并面向初等几何开发出一种非常有助于提高学生直观认知的游戏②。Chunhua 开发了一款基于 STAD 的小学数学学习软件，实验结果证明该软件能有效吸引学生对数学的学习兴趣，能有效提高学生的学习效果③。胡锦娟把 Flash 动画应用于函数教学，研究发现 Flash 动画能够克服传统教学方式无法有效表达微观世界的动态、多样化过程的弱点④。Kalbin 研究了学生对数学动画课件的感知情况，探索了通过动画课件来学习数学概念对学生学习情况的影响⑤。张敏将 Matlab 引入高等数学中空间解析几何的教学，构建了形象生动的教学动画系统⑥。梁希瞳在"情境理论"等指导下，认为 Flash 动画有利于充分体现学科特点，对提高学生的学习兴趣等方面有明显的促进作用⑦。

① KE Chang, LJ Wu, SE Weng, YT Sung. Embedding game-based problem-solving phase into problem-posing system for mathematics learning[J]. Computers & Education, 2012, 58 (2): 775-786.

② Y Kim, T Woo, H Joo. A Study on Game Content Development Methodology for Mathematics Learning to Raise Mathematical Intuition: for Elementary Geometry Learning [J]. Education of Primary School Mathematics, 2013, 13 (6): 95-110.

③ L Sangsoo, CH Jin, JC Kang. Development of STAD-Based Elementary Mathematics Online Cooperative Learning Game Model [J]. Journal of Korean Association for Educational Information and Media, 2014, 20(2): 217-246.

④ 胡锦娟. Flash 动画在中学数学函数教学中应用的有效性研究[D]. 广州大学硕士论文, 2012.

⑤ Kalbin Salim, Dayang HjhTiawa. The Student's Perceptions of Learning Mathematics using Flash Animation Secondary School in Indonesia[J]. Journal of Education and Practice, 2015, (6)34: 76-79.

⑥ 张敏, 易正俊. 空间解析几何教学动画系统的构建与实践[J]. 高等工程教育研究, 2016(3): 187-190.

⑦ 梁希瞳. Flash 动画在高中化学课堂教学中的应用研究[D]. 湖南理工学院, 2017.

技术的发展推动了教育仿真的进步，但同时也出现了一些新的问题。黄奕宇认为国内关于虚拟现实学习环境支持的教学相关研究和应用，还停留在较为初始的阶段，还是以理论探讨为主，应用层面研究较少，并认为目前研究普遍存在建模工作量大、模拟成本高等问题①。Muenster 等对数字 3D 技术在人文研究和教育方面的应用进行了概述，并提出了一些相应的应用场景，但是同时也指出下一步需要在应用场景下对技术进行深层次的科学验证与改进②。郭婷及其团队针对教育部关于虚拟仿真实验教学项目建设与应用提出的新要求，讨论了虚拟仿真实验的教学内涵，并探讨了虚拟仿真实验教学项目建设与应用中的几个重要关系，他们认为如何平衡和把握教学过程与智能导学系统的结合问题是未来重点研究的方向③。

8.3.2 提出问题

从支持问题情境理解角度展开研究，是支持表征的有效途径④。问题情境仿真支持，在一定程度可以支持学生理解问题情境，但当前仿真技术仍然存在如下不足：

(1)情境仿真创设技术难度较大，广大师生难以掌握。问题情境往往具有动态性，例如动点问题中动点的移动、动角问题中角的转动，以及牛吃草中的往返吃草等。因此，问题情境的仿真创设技术往往具有较强的灵活性。要实现有效的问题情境创设，仅仅依靠 PPT、思维导图等信息技术是不够的，而需要具有一定编程特性的

① 黄奕宇. 虚拟现实(VR)教育应用研究综述[J]. 中国教育信息化, 2018(1)：11-16.

② Munster S. Drawing the "Big Picture" Concerning Digital 3D Technologies for Humanities Research and Education [C]. International conference on transforming digital worlds，2018.

③ 郭婷，杨树国，江永亨，等. 虚拟仿真实验教学项目建设与应用研究 [J]. 实验技术与管理，2019，36(10)：215-217+220.

④ 王丽娜，张生，陈坤. 技术支持下的儿童数学问题解决——情境表征的视角[J]. 现代教育技术，2011，21(9)：39-41.

工具，例如 Flash、Unity3D，或者 C#、Java 等。这些技术能够实现强大的问题情境仿真创设。但对广大中小学师生而言，掌握这些技术的门槛较高；同时，这些复杂的信息技术的学习，也与他们教学或者学习这一根本目的相悖。

（2）当前情境仿真创设研究往往针对某一科目中一定的案例展开研究，而且大多数仅仅是提出理论观点，而不是提供支持工具。这就会导致当前情境仿真研究个性化不强、所支持的题目有限。其实，如果能够满足广大用户的需要，相关研究才更有普适性，才更有意义。

由于 ITS 对问题情境仿真的支持程度不够，且复杂的仿真技术也难以被掌握，因此提出一定的支持工具就很必要。余小鹏①提出了问题情境仿真支持系统，其主要基于问题情境编辑进行仿真支持。但在题量较多时，实现问题情境编辑的代价也比较大。在机器理解题意的前提下，对 SMKR 脚本进行解释，进行智能仿真，就能很大程度上降低问题情境编辑的代价。

8.3.3　功能结构

基于 SMKR 的问题情境仿真（SMKR based Problem Situation Simulation，SMKR_PSS），提供了丰富的图元构件，根据 SMKR 知识表示脚本，以构件组装的方式有效支持用户仿真问题情境，使用户不再陷入繁琐的技术陷阱②。

SMKR_PSS 主要构成有：系列构件库、一次/二次转换策略，以及问题情境图形化编辑接口 PSGUI 等。PSGUI 通过调用 SMKR_PSS 主要模块功能，为用户个性化编辑问题情境提供支持。SMKR_PSS 功能结构图如图 8-4 所示。

239

① 　余小鹏．面向数学应用题的问题情境仿真支持系统［M］．武汉：武汉大学出版社，2022.

② 　马华，陈振．基于构件组装的远程实验教学系统研究及应用［J］．计算机系统应用，2009(11)：130-134.

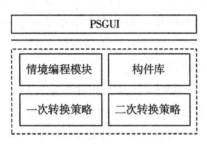

图 8-4　SMKR_PSS 功能结构图

  PSGUI 使用户将注意力集中在问题情境个性化创设上，而不被编程语言和算法所影响。该部分包括编辑端 PSGUI_Edit 和展示端 PSGUI_Show。PSGUI_Edit 主要调用一次转换策略，解释 SMKR 脚本，用构件表示 SMKR 中的节点，把 SMKR 脚本转换为图形化界面，以可视化方式有效支持用户对问题情境进行创设，生成新的 SMKR 脚本。PSGUI_Show 通过二次转换策略调用构件中的函数，解释、执行 SMKR 脚本，或者将其转换为 C#、Java 等目标代码文件。PSGUI 工作示意图如图 8-5 所示。

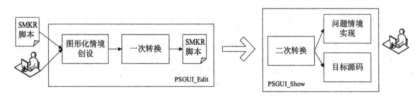

图 8-5　PSGUI_Edit 工作示意图

240

8.3.4　主要模块

8.3.4.1　构件

  构件是问题情境自动仿真的重要元素，是构成问题情境仿真程序的基本单位。通过对构件的组装，可以实现问题情境的个性化仿真创设。同时构件也是系统架构中可复用的重要部分，有着良好的接口，能够极大地降低用户创设问题情境的代价。

SMKR 知识表示方法能够对文本进行结构化表示，可以使用构件来表示情境模型中的情境实体 SE、情境变化描述对象 SCDO 等，这非常有利于问题情境的仿真。构件可以理解为 SMKR 构成要素的逻辑实现。SMKR 中的 SE、SCDO 等对象，可以理解为构建系列构件的依据。

构件(CS)通常定义为一个四元组 CS = <I, A, F, S>，其中：I 是构件的接口集合(Interface)；A 是构件的属性集合(Attribute)；F 是构件的功能描述集合(Function)；S 是构件的结构(Structure)。构件结构 S 可以分成原子构件结构和复合构件结构两种类型。具体可如图 8-6 所示。

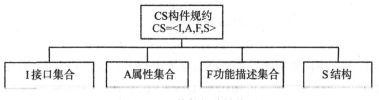

图 8-6 CS 构件规约结构图

根据代数应用题的构成，框架语义中的情境关键词、框架名等都是设计构件的对象，例如牛吃草问题中"牛吃草"的过程，植树问题中的"每隔多少单位栽一棵树"等，都可设计为构件。

SMKR 表示方法中将应用题文本信息转化为有向网络，同时涵盖了情境模型中实体及实体关系的变化信息，因此可以从这些信息中提炼构件要素，对构件进行补充。以牛吃草问题为例，可从其 8 种变式中提取出主要属性，包含动物名称、动物单位、动物数量、草地名称、草地面积、时间等。构件 CattleGrass 的部分描述代码见图 8-7。

牛吃草构件 CattleGrass 的形式化描述为 ComRA = < CSRA,

241

```
class   CattleGrass
{
   Attributes:
      private string animalName
      private int animalNumber
      private string animalUnit
      private string grassName
      private string grassArea
      private float time
   Interface:
      DoMethod()
      Draw()
      Get(attribute)
      Set(attribute,value)
   Method:
      OnDraw()   //内部绘制函数
      OnGrassShow(time)   //草地变化函数
      OnCowShow(time)   //牛变化函数
      OnSet(attribute,value)   //属性设置函数
      OnGet(attribute)   //获取属性的函数
}
```

图 8-7 变化草地 CattleGrass 的部分描述

CRRA>。该构件的构建规约可以描述为 CSRA = <IRA，ARA，FRA，SRA>。其中属性集合可描述为 ARA = {animalName，animalNumber，animalUnit，grassName，grassArea，time}，前面四个属性分别表示问题文本中动物和草地的属性，最后一个属性表示牛吃完所有的草所需要的天数。接口集合可以表示为 IRA = {DoMethod，Draw，Get，Set}，构件 CattleGrass 将通过各个接口调用构件方法，获取相关数据信息、提供给用户。构件的功能描述集合 FRA 记录了该构件规约所描述的功能特性。该构件描述中 Method 是构件 CattleGrass 的主要方法，包含了内部绘制函数 OnDraw、动态变化函数 OnGrassShow 和 OnCowShow、获取或设置属性值的函数等。

8.3.4.2 第二次转换策略

基于 SMKR 脚本的问题情境仿真创设的实现，需要两次转换策略，第一次转换主要是解析 SMKR 脚本，生成图形化界面，并

根据用户图形界面的个性化仿真创设，生成新的 SMKR 脚本；在 PSGUI_Edit 和 XML 语句间建立一对一的映射，就能实现该转换过程自动化①。第二次转换策略对 SMKR 脚本进行解释执行，或将其转换为目标语言代码，这对系统的适应性和后续扩展有极大的作用。第二次转换策略的主要思路如下：

1. 解释执行

第二次转换采用动态解释执行技术，分别对情境模型控制流程和情境模型进行解释执行。

（1）情境流程的解释执行

情境模型的解释执行，是依据情境流程图中路径顺序执行的。因此，该策略依根据深度优先的遍历方式，确定各个情境模型的执行顺序。

如图 8-8 所示，首先根据哈希算法构建情境控制流程对应的语法树，然后按照深度优先策略对树进行遍历：首先运行树的根节点 1；之后运行节点 2，判断出是分支结构，将节点 3、4、5 进栈；再出栈并获取子节点 3，解释情境模型 3；然后执行回溯操作，出栈、获取并运行子节点 4；最后运行 5、6 和 7。

（2）情境模型的解释执行

情境模型的解释主要是对每一个情境模型相应的 SMKR 脚本，生成语法树，调用动态链接库中 SMKR 脚本节点相应的构件，以实现各个节点的具体功能。该过程如下：首先初始化环境，解析其开始部分，在画布中绘制各个构件；然后解析其"过程"部分，当满足条件时，循环执行各情境方法，修改相关构件属性值，并重绘以实现情境仿真效果；最后解析"结束"部分，以完成该情境模型可视化。情境模型的解释部分伪代码如图 8-9 所示。

2. 转换为目标语言代码

该转换需根据特定目标确定转换规则，把 SMKR 脚本转换为 C

243

① 陈翔，王学斌，吴泉源．代码生成技术在 MDA 中的实现［J］．计算机应用研究，2006(1)：147-150.

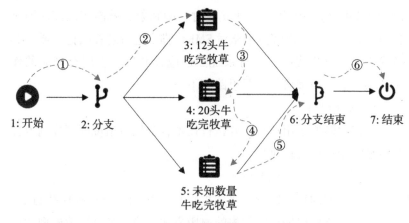

图 8-8　树的深度优先遍历顺序图

```
InitEnvironment()   //初始化环境
oListB=ParseXML(SM,BEGIN)   //获取 BEGIN 部分的构件列表
mListPro=ParseXML(SM,PRO)   //获取 PRO 部分的事件列表
oListE=ParseXML(SM,END)   //获取 END 部分的构件列表
绘制 oListB
while (PRO 部分条件成立)
      运行 mListPro 中的事件
endwhile
绘制 oListE
```

图 8-9　情境实现部分伪代码

#、Html5 等源码。该过程的自动化是整个开发过程的一个关键①。其工作示意图如图 8-10 所示。

因此，SMKR 脚本转换为目标语言代码的转换程序的主要思路如图 8-11 所示。

---

① 张颖，陈钢，徐宏炳. MDA 中 PIM 到 PSM 变换规则的研究［J］. 计算机工程与科学，2009，31(3)：107-110.

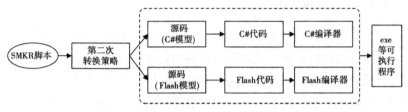

图 8-10 转换为目标语言代码的工作示意图

```
Transfer PIMtoPSM(source,target)
{
    if(source.type!=SMKR)
                    transfertoPIM(source);
            else
    {
            switch(target.type)
            {
                case PSMFlash: XMLtoFlash(XML,Flash);break;
                    case PSMJava: XMLtoJava(XML,Java);break;
                    case PSM C#:   XMLtoC#( XML,C#);break;
            …
                        default: PSM Html5: XMLtoHtml5(XML,exe);
            }
    }
}
```

图 8-11 转换程序的主要思路

8.4 基于问卷调查法的表征辅导

8.4.1 常见表征研究方法

常见的表征研究方法有口语报告法、访谈法、作业分析法、问卷调查法、眼动实验法等。

8.4.1.1 口语报告法

口语报告法源于心理学研究中的内省，又名"自我观察法"。口语报告法的特点在于让被试自行将问题解决过程中的想法以口述的形式进行报告，被试通过这一举动将其心理活动转化为文字数据，因此该方法有时也被称为出声思考法。这些数据可以被研究者反复解释检查，能够提高研究的客观性和可重复性。

口语报告的步骤通常包含以下四个方面：(1)任务与编码方案设计；(2)正式实验与口语报告记录；(3)转译与编码分析；(4)数据分析与结果汇报。

口语报告法在教育研究中广泛应用，尤其是在教育评价和教学实践中的应用。在教学过程中，教师可将讲授的知识利用口语报告的方式展现，给学生进行示范，教导他们如何进行出声思考，甚至对学生的疑问进行现场推演，让学生看到教师的思维过程；同时，教师也可进行适当的引导与提示，让学生口头报告思考过程①。已经有研究证实了口语报告法在教学过程中的有效性②。

口语报告法的不足之处有：(1)不能及时完整地报告出所有思维过程；(2)编码方案不规范、不统一；(3)分析方法的客观性不足；(4)当教学覆盖面较广时，教学过程较费时费力，且对学生的针对性不强。口语报告法的流程不算复杂，但是各步骤内涉及的内容较多，这对教师来说任务很重。当多个学生同时进行调查实验时需要相应的研究人员进行记录、指导与分析，也会耗费大量的研究精力。

8.4.1.2 访谈法

访谈法通常采用座谈会或者一对一单独访谈的方式进行。在教

---

① 张勇，熊斌. 口语报告法及其在数学教育研究中的应用述评[J]. 数学教育学报，2021，30(2)：83-89.

② 方平，郭春彦，汪玲，等. 数学学习策略的实验研究[J]. 心理发展与教育，2000(1)：43-47.

育中使用访谈法主要为了解学习材料的使用情况、教师辅导情况、学生学习情况等。通过这一方法可以获得大量、有效的资料。

访谈法作为教育学中重要的调查方法之一，对于获得一手资料和情况有着重要意义，同时对于教育过程中教育主体(教师)了解教育客体(学生)的真实情况有着指导性的意义①。但是访谈法同样存在一些不足：(1)访谈法是一个定性方法，具有很强的操作性和技巧性，同时意味着在教育的实际应用过程中，访谈法只适用于对学生掌握知识状态的简单分析，并没有比较完备的评价指标来评价学生对知识的掌握程度与表征能力。(2)访谈法多数为面对面实地访谈，十分耗时耗力。对团体访谈来说，可以节约一定的时间和精力，但同时也会对访谈结果的全面性和精确性造成一定的影响。而一对一访谈法针对性强，面向具体的受访对象可能需要不同的访谈提纲与问题，这无疑增加了前期的准备代价。(3)访谈结果主观性强、真实性差。由于访谈记录通常为采访者记录，受采访者主观的影响，对访谈结果造成干扰，同时可能会有受访者一味附和或与采访者对立的情况出现，使得结果存在一定的偏差。另外访谈结果为受访者口头表述，受访者通常不会进行检查与回顾，也没有足够的时间认真思考答案。

8.4.1.3 作业分析法

作业分析法就是对学生的作业进行分析研究。作业是反映学生学习情况的重要依据，通过对作业的分析研究，可以有效地监控学生的学习情况，从而获得重要的教学反馈信息。作业分析法强调在教学实践的过程中自然嵌入评价，关注学生学习、掌握知识的过程，注重教学与评价的有机结合，很好地体现了形成性评价的理念。

作业分析法在教学中较为常见，但同样有一些不足：(1)在对作业分析的过程中，研究者需要针对待分析资料的特点事先设计好

247

---

① 沈吉峰. 浅析访谈法及其在我国义务教育过程中的意义[J]. 文学教育(中), 2014(10)：153.

分析的方向和维度，再依照既定的程序来进行具体操作，这无疑加大了该方法落实的难度与复杂度；（2）在实际实施过程中由于学生的作业答题内容不一，容易产生由于研究者的主观意向发生改变而导致研究主体发生偏差或产生分析结果不全面的情况。

8.4.1.4　问卷调查法

问卷调查法是研究者通过事先设计好的问题来获得被试相关信息和资料的一种方法，通过对问题答案的收集、整理、分析，可以研究被试的状态①。

问卷调查法的重点在于问卷，在设计时往往需要经过严谨的考虑。问卷的结果通常要经过筛选与整理，最后通过规范性编码进行处理，降低了实验人员的主观认知对结果造成更改的可能。

如果不考虑针对特定群体的个性化问题，问卷调查法可以在短时间内搜集到大量的信息和资料。在实证研究中，问卷调查法是较为普遍且有效的一种研究方法。在研究过程中，问卷调查法的每一个步骤、每一个方面都有着至关重要的作用②。但是问卷调查法本身还存在一些不足：（1）调查的客观性和质量难以保证。问卷多数采取的是被试自己填写的方式，且多数结构化问卷将最后的结果直接作为选项，存在被试不假思考随意填写的情况。（2）调查的功能单一。不管是传统的纸质问卷还是现在流行的网络问卷，即使有简单快速的问卷定义，但仍达不到在各个系统里安装复现，达到集成利用的目的。（3）调查数据不系统。没有形成有效的统一系统，多次调查之间的数据相互隔离。对收集后的调查问卷结果仍然需要人工分析，或者借助其他第三方系统进行手工分析，导致数据的利用率比较低，没有形成数据积累与共享。

8.4.1.5　眼动实验法

使用口语报告法和访谈法会在解题过程中打断被试的思考过

---

① 郑日昌. 中学生心理诊断[M]. 济南：山东教育出版社，1994.
② 吴晓霞，徐小颖，丁海东. 教育类调查问卷设计中的常见问题及策略研究[J]. 教育教学论坛，2020(11)：83-85.

程，这对被试知识掌握水平和表征能力完整性测量造成了一定的影响。随着计算机技术的快速发展，实验技术慢慢被应用到研究之中。眼睛是"心灵的窗户"，通过观察眼睛的状态和反应可以得到被试的心理活动。眼动实验依托于眼动仪在不同的实验环境下实时测量被试的眼球运动状态，通过各类既定指标分析被试的心理状态。采用眼动实验，让解题者在不被打扰的自然条件下阅读数学问题，研究者可以通过眼动数据分析解题者的数学问题表征情况①。

　　眼动实验通过记录眼动轨迹的实时情况，可以研究被试的认知活动从开始到结束的整个过程，从而为探究学生学习过程中内部表征的认知加工过程提供更加可靠的数据②。在实验过程中，借助相关机械跟踪被试的眼动轨迹，能够基本避免外界干扰因素，完整地记录被试的思考过程，提高实验结果的可信度。但是，此实验方法受到一些客观原因的限制，仍然有一些不足：(1)仪器价格昂贵。(2)仪器使用对人员、场地要求较高。(3)眼动技术本身的限制。眼动研究可以用于对视觉信息提取，但是在教学过程中，尤其是数学的教学中，有很多极为抽象的内容，例如应用题、函数题等，需要经过多个认知步骤进行转换等复杂的内部加工机制，仅仅通过外部记录的眼动指标不能完全反映该过程。

8.4.2　提出问题

　　表征有助于学生对数学概念和关系的理解，有助于建立相关数学概念之间的关系，将数学应用到真实问题情境中③。鉴于应用题表征的重要性，辅导学生进行表征就显得很有意义。但表征属于学生的内在心理活动，一般难以观察；并且代数应用题属于基础教育

　　①　李运华．小学儿童数学问题表征的眼动研究［J］．数学教育学报，2018，27(5)：57-60.
　　②　岳宝霞，冯虹．眼动分析法在数学应用题解题研究中的应用［J］．数学教育学报，2013，22(1)：93-95.
　　③　仲宁宁．浅析小学数学问题表征的研究及其展望［J］．艺术科技，2012(3)：139-140.

的范畴，受众很多、任务重，这使得表征辅导更加困难。

很明显，口语报告法、访谈法只能作为专题研究的手段，不可能大规模使用。面对每个知识点，教师不可能面对每个学生进行访谈，每个学生也不可能找教师进行口语报告。

眼动实验法虽有一定的先进性，但是，实验仪器价格昂贵，仪器对人员和场地的要求比较高；并且难以针对每一个知识点、面对每一个学生进行研究。

作业法和问卷调查法比较相似，仿佛教师平时的布置作业、改作业，目前是比较流行的做法。但还存在如下不足：

（1）缺乏学生答题的过程信息。学生在答题过程中，面对每一个问题，会花一定的时间去思考，也可能会一次或多次修改答案。这些过程信息对揭示学生的内在表征很有意义。虽然在 KDD 实验中有一些该方面的研究，但其主要用于解决阶段的知识追踪分析。

（2）问卷涉及的信息的粒度很粗，不利于表征辅导。学生理解题目、列式子的过程，包含了学生对很多单句、复句，甚至情境模型的理解。学生对这些细粒度信息的理解，是其心理表征的重要组成。但当前很多应用题表征研究就是教师出问卷、学生答问卷，难以展现学生对细粒度问题的表征过程；面向学生的答题，教师更多的是检查答案和打分，难以知晓学生对细粒度信息的表征情况。学生对每个知识点、每一次情境模型更新的理解本就包含一个或多个思考过程，并且基础教育中教师们的教学任务本来就重，学生人数也比较多。如果面向细粒度信息出问卷，将使得出卷、改卷的任务量非常大。

（3）改卷之后数据追踪分析不够。学生对知识的掌握情况，随时间的变化而变化，是一个动态的过程。收集学生的答卷情况并进行分析，能有效揭示学生对知识的掌握情况，非常有利于教师对学生进行个性化辅导，非常有利于学生有的放矢、主动学习。

在机器抽取题目文本信息、形成 SMKR 脚本之后，基于 SMKR 脚本进行出卷，就在一定程度上解决细粒度出卷代价大的问题。对常见问卷设计进行拓展，增加一些问卷题目的属性，就能记录学生的思考时间、答案的修改次数等过程信息，以利于追踪分析。

8.4.3 功能结构

针对上述不足，本节提出一种基于问卷调查法的表征辅导策略，其主要思路是：(1)拓展问卷中题目的属性，通过插件支持教师编辑试卷；(2)基于 SMKR 知识表示结果，提出自动出卷的方法；(3)在学生答卷过程中，从自动评分、提示和检错等方面进行表征辅导；(4)基于贝叶斯等算法，对学生的答卷行为数据进行分析，构建学生表征能力追踪模型。该表征辅导策略包括题目的定义与编辑、自动出卷、表征辅导、知识追踪 4 个部分的功能，具体如图 8-12 所示。

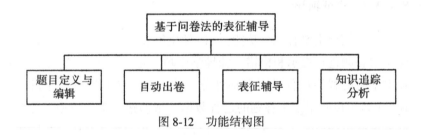

图 8-12 功能结构图

8.4.3.1 题目定义与编辑模块

问卷包含系列题目，每个题目包含一个或多个子问题。子问题的类型包含判断 Judge、填空 FillBlank 和选择 Choice 三种题型。判断题结构简单，只有题干，一般表现为一个逻辑陈述，由学生来判断其正确或者错误。填空题包括题干和答题空格，题干是已知描述，答题空格一般由文本框等表示，由学生给出答案。对于选择题，其组成部分除了题干，还有正确选项和干扰选项两个部分。

面向表征辅导，需要根据题目的特征对其属性进行拓展，以收集学生答题过程信息。这就需要对题目进行定义，以作为自动出卷的依据。该部分从修改次数、描述知识点的关键词等方面对题目进

251

行定义，并支持对题目进行编辑，以满足教师个性化出题的需要。

8.4.3.2   自动出卷

问卷调查法是表征辅导研究的一种有效手段，通过问卷调查可以了解学生的内在表征，进而有利于教师的个性化辅导。根据每个应用题去设计问卷并且改卷，势必大大增加教师额外的负担。学生的主要困难是不能有效认知情境，不能识别情境实体，以及其属性与属性值，不能有效构建情境实体之间的关系。而这在 SMKR 中对这些内容均以符合读者阅读习惯的方式进行描述。该部分主要根据 SMKR 脚本，读取情境实体和情境变化对象信息，根据一定的题型，自动生成试卷。

8.4.3.3   表征辅导

表征辅导主要有三个功能：(1)学生答卷过程中，系统可以为学生的答题进行提示和检错，辅导学生填写正确答案；(2)系统可以对学生的解答过程进行自动评分，并实时反映其答题结果的正误；(3)可以收集学生答题的过程数据，帮助建立学生模型。传统问卷虽然也会对学生的答题结果进行记录，但是那不足以分析学生的知识掌握情况。在该部分中，系统将会记录学生填入的最终答案、答题结果是否正确、答题结果修改次数、答案填写时间、提示查看提示的次数与时间等。根据这些详细的指标，能够更好分析学生在答题时的状态以及知识掌握状态。

根据关键词，对学生的答题数据进行分类，就可以为情境模型的构建、题意理解等方面的知识追踪研究提供数据源，以便为教师对学生的个性化辅导提供依据。该数据源中的每一条记录均涉及时间、修订次数等信息，但关键词、理解正确与否等为主要成分。因此，学生表征行为的数据格式可简化为序列号 Sid，关键词 Keywords，答案正确与否 Answer，部分数据集如表 8-1 所示。

表 8-1　　　　　　　　　　　数据集格式

Sid	Keywords	Answer
TP_07101401	直线栽树	1
TP_07101402	圆形栽树	1
TP_07101403	两头都栽	0
RY_09011104	溶剂挥发	1
CG_08010702	新装电话-牛吃草	0
CG_08010703	家禽情境信息	1
KR_02011601	相向而行	0
KR_02030102	相对而行	0

8.4.3.4　知识追踪

该部分主要将收集的学生行为数据上传至服务器，这些数据主要包括教师信息表、问卷表、学生答题详情表、学生信息表，以及知识描述表等，具体如图 8-13 所示。并运用基于贝叶斯的知识追踪算法等进行分析，构建学生问题情境理解能力模型 BKT，预测学生对情境要素的理解情况，为教师对学生的个性化辅导提供依据①。

8.4.4　主要模块

8.4.4.1　题目的定义

问卷题目(Examination Questions，EQ)的定义内容，包含题干描述 Descrption、子问题列表 SubQusetionList。SubQuestionList 包含一个或者多个子问题 SubQuestion，每个 SubQuestion 包括题型 Type，描述

253

---

① 余小鹏，王振佩，殷浩. 面向应用题的问题情境理解能力追踪模型研究[J]. 长江信息通信，2022，35(9)：121-123.

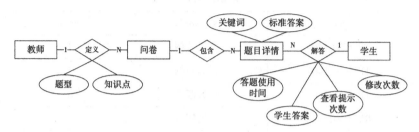

图 8-13　数据库内各表 E-R 图

SubDescription，关键词 Keywords，学生答案 StudentAnswer，修订次数 ModifyNumber，标准答案 StandardAnswer，评分 Score，以及答题时间 TimeCost。EQ 的形式化描述如下：

EQ = {ID, Description, SubProblemList}

SubQuestion = { EID, ID, Type, SubDescription, Keywords, StudentAnswer, ModifyNumber, StandardAnswer, Score, TimeCost}

　　SubQuestion 中的 Keywords 描述了知识点中的关键，例如"相向而行""混合液体的构成"等，是该子问题考核的目标。StudentAnswer 与 StandardAnswer，分别是学生答案和标准答案，对二者进行一定的匹配，就可以显示自动评分、提示和纠错。题型 Type 主要包括判断、单选、多选、填空，其中选择题的展示形式有 RadioList(单选)、DropList(单选)和 CheckList(多选)三种。

　　题目采用扩展的 HTML 语言来描述，采用插件以可见即可得的方式支持对题目进行个性化编辑，并生成标记源码，由浏览器解释执行。例如，以应用题"A 和 B 从同一地点出发，A 骑车，B 步行。假如 B 先行 12 公里，那么 A 可以在 1 个小时内赶上 B。假如 B 早一个小时，那么 A 可以在半个小时内赶上 B。A 和 B 各自的速度是多少?"为例，该题目展示界面如图 8-14 所示，其相应的脚本如图 8-15 所示。

8.4.4.2　基于 SMKR 的问卷生成

　　情境模型的开始状态、中间状态和结束状态包含的情境实体和

图 8-14　题目展示界面

情境变化描述对象，二者均具有属性、事件和方法，均符合面向对象的思想。因此，情境模型三个状态中的对象，以及各自的属性名、属性值，就可形成一个树形结构。该树型结构将文本中的实体，及其属性和属性值抽取出来，并根据相关的隶属关系进行呈现；根据这些关系就可以进行题目自动生成。因此该树形结构就是一个包含系列填空题、选择题等的知识库。一个应用题与其对应的树形结构如图 8-16 所示。

　　基于 SMKR 的出题策略有 2 个视角：面向情境实体的视角和面向情境变化的视角。前者主要面向情境实体的认知，包括情境实体及其属性、属性值；后者主要面向情境变化过程中的情境变化对象 SCDO 及其状态的认知。

　　（1）面向情境实体的出题策略

　　如果用 Property 表示情境实体 SE 的下一层节点，即其属性，则有 $Property_i \in SE$，以及 $SE.Property = \{Property_1, Property_2, \cdots, Property_n\}$。下面以"笼子里关了三种动物分别是羚羊、犀牛和孔雀，犀牛有 4 只脚、1 只犄角，羚羊有 4 只脚、2 只犄角，孔雀有 2 只脚、没有犄角"为例说明面向情境实体的出题策略，具体为：

　　①判断题。可以利用 $Property_i \in SE is True or Flase$ 这两个条件设

255

<subdescrption>在第二次假设中,如果设 A 的速度为每小时 x 公里,B 的速度为每小时 y 公里,则 B 先走 1 小时, B 走了</subdescrption>
<subquestion id="T_1" type="Fill In The Blanks" answer="y" keywords="追及问题" name="s_input"></subquestion>
<subdescrption>公里, 此时 A 走的距离</subdescrption>
<subquestion id="O_1" type="Exclusive Choice" answer="小于" keywords="追及问题" name="s_input">
　　<item index="Op_1">大于</item>
　　<item index="Op_2">等于</item>
　　<item index="Op_3">小于</item>
</subquestion>
<subdescrption>B 走的距离。B 又走了 1/2 小时, B 走了</subdescrption>
<subquestion id="T_2" type="Fill In The Blanks" answer="0.5y" keywords="追及问题" name="s_input"></subquestion>
<subdescrption>公里;A 用 1/2 小时追上 B 时,A 走了</subdescrption>
<subquestion id="T_3" type="Fill In The Blanks" answer="0.5x" keywords="追及问题" name="s_input"></subquestion>
<subdescrption>公里, B 共走了</subdescrption>
<subquestion id="T_4" type="Fill In The Blanks" answer="y+0.5y" keywords="追及问题" name="s_input"></subquestion>
<subdescrption>公里, 此时 A 走的距离</subdescrption>
<subquestion id="2" type="Exclusive Choice" answer="等于" keywords="追及问题" name="s_input">
　　<item index="1">大于</item>
　　<item index="2">等于</item>
　　……
　　<item index="n">小于</item>
</subquestion>
<subdescrption>B 走的距离。</subdescrption>

图 8-15　题目脚本

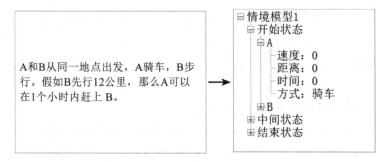

图 8-16　题目文本及对应树形结构

置判断题的题干, 即:属性Property$_i$是否属于 SE, 例如"2 只犀牛拥有 8 只脚和 3 只犄角? ( )"。

②填空题。填空题的题干可以为 SE. Property = {Property$_1$，Property$_2$，…，Property$_n$}，其中空白位置是 Property 中的一个或多个，例如"5 只孔雀拥有 10 只脚和 0 只犄角"。

③选择题。由于 Property 为 SE 的子节点，则其为正确选项；可以选择 SE 的兄弟节点或者父节点中的属性等作为干扰项，例如"1 只犀牛和 1 只羚羊包含( ) A. 4 只脚、2 只犄角 B. 8 只脚、3 只犄角"。

（2）面向情境变化的出题策略

SMKR 中情境变化用 SCDO 来表示。一个 SCDO 涉及了一个或者多个 SE，表达了它们之间的情境关系。假设 SCDO 涉及 n 个 SE，彼此的关系为 S。因此存在命题：SCDO(SE$_1$，SE$_2$，…，SE$_n$，S) IS True。下面以"甲工程队的施工速度是乙工程队施工速度的 2 倍，乙工程队和丙工程队分别修同一条路，乙工程队比丙工程队少用 18 天"为例，该例子描述了甲、乙、丙三个工程队施工速度比较这一情境关系。面向情境变化的出题策略具体为：

①判断题。可以根据 SCDO(SE$_1$，SE$_2$，…，SE$_n$，S) IS True or False 设计题干。例如："乙工程队的施工速度比丙工程队施工速度慢。( )"。

②填空题。把 SCDO(SE$_1$，SE$_2$，…，SE$_n$，S) 中的 SE 与 E 作为考虑对象，可以将其中的一个或多个对象作为填空部分。例如："乙工程队的施工速度是甲工程队施工速度的 1/2 倍"。

③选择题。可以选择除情境变化实体集合外、且在当前情境模型中的情境实体 SE 作为干扰项。例如："甲工程队的施工速度是丙工程队施工速度的　倍。A. 2 倍　B. 1 倍　　C. 不确定"。

257

📚 8.5 基于 SMKR 的列算式

正确地列出算式是表征的目的，根据 SMKR 知识表示脚本指导学生列算式，也是表征辅导的重要内容。情境模型中情境变化的结果，最终是通过情境实体的属性值来体现。在不同的情境模型中，或一个情境模型的不同状态中，各个情境实体的属性必须有一定的值；并且这些属性值必须有机统一、前后符合逻辑，否则就是算式建立错误或者计算错误。

对各情境实体的有效属性进行赋值，就可以对应用题形成表征；由于该赋值过程非常直观，学生容易理解。基于 SMKR 对应用题进行算式表征的思路是：面向一个 SM，如果其中一个情境实体的某个属性的值未知，且无法用其他的属性值来表示，那么就用未知数代表该属性的值；否则，就用已知值或者其他属性值来表示。

下面以"鸡和兔共 20 只，腿的数量为 70 条。"为例，对算式表征的思路进行说明：

（1）面向每个情境模型的开始态进行分析。分析文本内容，使用"SE. A"表示实体 SE 的属性 A。如果一个情境实体的某个属性的值未知，则使用未知数代表该属性的值；否则，就用已知值或者其他属性值来表示。上述文本中包含两个实体，分别是鸡和兔，这两个实体都包含属性"头"和"腿"且属性值未知，故设鸡头的数量为"x"，兔头的数量为"y"。将所有用未知数表示的属性及属性值，如"$SE_1. H: x$"增加到列表 ListA 中。

根据框架情境知识可以获取 SE 属性之间的约束关系，再根据该约束关系，用已知的属性表示其他属性。例如，可以获取鸡头和鸡腿、兔头和兔腿之间的约束关系，进而推算出鸡腿的数量和兔腿的数量。

（2）面向每个情境模型的过程态进行分析。用 SCDO 表示一类情境变化，用 SCDO. VALUE 表示 SCDO 与情境实体属性之间的数量关系，用 SCDO. R 表示情境实体之间的数量关系，并将所有关系表达式增加到 ListB 中。例如用"SCDO1. VALUE"表示头总数量，关系式为"$SCDO1. VALUE = SE_1. H + SE_2. H$"。

（3）遍历 ListA 中实体的属性值并代入 ListB 中各个式子，将结果填入结束态。

（4）每个情境模型的结束态的处理相同于（1）。

具体表征过程图示如图 8-17 所示。

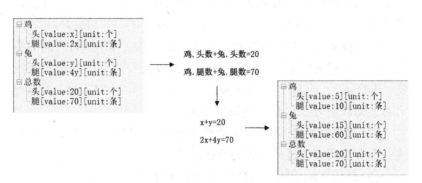

图 8-17 算式表征过程图示

基于 SMKR 的表征，其实是面向一个个的 SM 逐步进行表征，再进行代入消元。由于一个 SM 比整个题目的问题情境要简单得多，因此描述一个情境模型相较更简单。经过上述处理，该情境模型内的未知数设置就会完成，等式就会建立起来，那么对该情境模型的表征就完成了。

由于当前情境模型中情境实体的开始状态是其上一次更新后的结束状态，那么逐步对后续各个情境模型采取同样思路进行迭代处理，就可以得到对应用题进行表征的算式列表。

下面以鸡兔同笼问题的表征过程来说明，题目描述为："有一群鸡和兔，兔腿比鸡腿多 12 个，腿的总数比头的总数的 2 倍多 18 只。兔有几只？"

根据 SMKR 的表示方式，该题包含 SM1、SM2 和 SM3 三个情境模型，其中 SM1、SM2 和 SM3 三者之间为顺序结构。SM1 为"鸡和兔的情境描述"，SM2 为"鸡腿和兔腿的数量关系"，SM3 为"头总数和腿总数的数量关系"。

对情境模型 SM1 进行分析与表征，如图 8-18 所示，主要过程如下：

（1）开始态的表征。①情境实体鸡和兔用 SE_1、SE_2 表示。实体鸡的头属性、腿属性分别表示为 $SE_1.H$，$SE_1.F$；实体兔头、腿属性分别表示为 $SE_2.H$，$SE_2.F$。②实体鸡和实体兔的头数量未知且无法用其他的属性值来表示，所以分别设为 x，y。将所有假设的未知值加入 ListA 中，表示为 $ListA = \{SE_1.H: x, SE_2.H: y\}$。

根据框架情境知识可以得到实体头属性和实体腿属性之间的约束关系，分别为"鸡·腿数量 = 2×鸡·头数量"和"兔·腿数量 = 4×兔·头数量"，即 $SE_1.F = 2 \times SE_1.H$，$SE_2.F = 4 \times SE_2.H$，可以得出鸡·腿数量为 2x，兔·腿数量为 4y。

（2）过程态的表征。该情境模型仅仅为对情境实体的属性描述，没有情境变化过程，因此没有过程态。

（3）结束态的表征。该情境模型中未涉及过程变化，因此结束态与开始态的属性值相同。

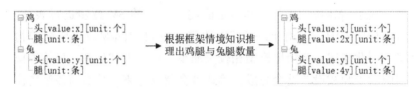

图 8-18 SM1 表征过程

情境模型 SM2 的表征过程需要与 SM1 表征结果结合分析，SM2 的开始态就是 SM1 的结束态。如图 8-19 所示，主要分析如下：

图 8-19 SM2 表征过程

（1）开始态的表征。该表征与 SM1 的结束态保持一致，此处不做处理。

（2）过程态的表征。该情境模型的文本内容"兔脚比鸡脚多 12

个"，出现了比较关系，用情境变化对象 SCDO1 表示，涉及的实体为 SE1 和 SE2，其满足的比较关系为"鸡．腿数量+12＝兔．腿数量"，即 $SCDO1.R: SE_1.F + 12 = SE_2.F$，将该关系式添加 ListB 中。

（3）结束态的表征。SM2 结束时对象的属性未改变，因此直接遍历 ListA 中所有对象属性值，并将其代入 ListB。

情境模型 SM3 需要与前两个表征结果结合分析，SM3 的开始态就是 SM2 的结束态。如图 8-20 所示，主要分析如下：

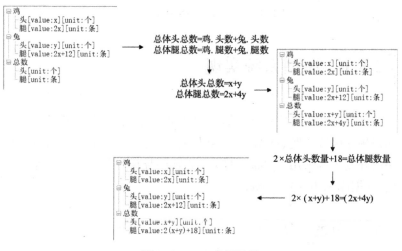

图 8-20　SM3 表征过程

（1）开始态的表征。该表征与 SM2 的结束态保持一致，此处不做处理。

（2）过程态的表征。①该模型出现了集合关系："头总数"和"腿总数"。用情境变化对象 SCDO2 表示头总数，表示为 SCDO2.H；SCDO3 表示腿的总数关系，表示为 SCDO3.F。二者均涉及实体 SE1 和 SE2，分别满足属性关系 $SCDO2.H = SE_1.H + SE_2.H$，以及 $SCDO3.F = SE_1.F + SE_2.F$。将这些关系式添加到 ListB 中。②情境模型文本内容"腿的总数比头的总数的 2 倍多 18 只"涉及比较关系，用情境变化对象 SCDO4 表示，涉及实体为 SE1 和 SE2，满足比较关系为"2×总数．头数量+18＝总数．腿数量"，

261

即 SCDO4. R：$2 \times$ SCDO2. $H + 18 =$ SCDO3. F，将该关系式添加到 ListB 中。

（3）结束态的表征。SM3 结束时对象的属性未改变，直接遍历 ListA 中所有对象属性值，并将其代入 ListB。

SM3 处理完毕后，ListB 中关系式的每一项都被 ListA 中的属性值替换，利用 ListB 中的关系式可以形成代数应用题中的方程组，完成表征。方程组具体如下所示。

$$\begin{cases} 2x + 12 = 4y \\ 2 \times (x + y) + 18 = 2x + 4y \end{cases}$$

8.6 原型系统实现

该原型系统主要包括数据管理模块、自然语言处理模块、领域知识构建模块、题意理解模块和表征辅导模块等。自然语言处理模块的开发工具采用 Python、LTP，表征辅导模块的开发工具采用 C#，数据库采用 SQL Server2019。

8.6.1 开发工具介绍

8.6.1.1 Python

Anaconda 是一个开源的 Python 发行版本，其包含了 conda、Python 等多个科学包及其依赖项。Anaconda 可以安装、更新、移除工具包，比如 Numpy、Scipy、Pandas、Scikit-learn 等数据分析中常用的包；也可以管理环境，能够创建、访问、共享、移除环境，用于隔离不同项目所需要的不同版本的工具包。

Python 语言是在 ABC 语言的基础上发展而来，是一种跨平台、可移植、可扩展、交互式、解释型、面向对象的动态语言，其语法非常简洁，代码量少，非常容易编写，代码的测试、重构、维护等都非常容易。

8.6.1.2 LTP

语言技术平台(LTP)是哈工大信息检索研究室提供的一个免费的共享语言技术平台。LTP 是一个语言处理系统框架。它定义了基于 XML 的文本表示，提供了一整套自底向上的语言处理模块，提供了处理结果的可视化工具，并且共享了依存树库、同义词词林扩展版等语料资源。LTP 集成了包括词法、词义、句法、语义等 6 项中文处理核心技术。LTP 更远的目标在于探索各个模块之间的联系，从而间接地探讨人类进行语言认知和理解时的思维机制。

8.6.1.3 C#语言

该原型系统采用 Microsoft Visual Studio 2019(VS)作为开发平台，以 C#作为开发语言。VS 是美国微软公司的开发工具，是最流行的 Windows 平台应用程序的集成开发环境。它是一个基本完整的开发工具集，包括了整个软件生命周期中所需要的大部分工具，如 UML 工具、代码管控工具、集成开发环境(IDE)等。

VS 的可视化开发环境非常有利于表征辅导中的图形化编辑器、构件设计、XML 的处理、多线程等部分的实现。VS 的核心是 .NET 框架。该框架可以理解为一系列技术的集合，包括 .NET 语言、.NET 类库、通用语言规范 CLS、通用语言运行库 CLR 和 Visual Stdudio.NET 集成开发环境，如图 8-21 所示。

8.6.1.4 SQL Server2019

SQL Server 是由 Microsoft 开发和推广的关系数据库管理系统(RDBMS)，是一种操纵和管理数据库的大型软件，用于建立、使用和维护数据库，可以对数据库进行统一的管理和操作。相比于其他类型的数据库管理系统，SQL Server 2019 具有以下优势：(1)SQL Server 2019 群集提供了一个完整的环境来处理包括机器学习和 AI 功能在内的大量数据。利用其大数据群集，可以打破数据孤岛，增强数据间的关联。(2)其智能数据库功能在无须更改应用程序或数据库设计的情况下，便可提高所有数据库工作负荷的性能和可伸

263

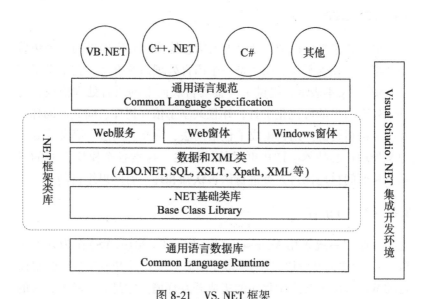

图 8-21　VS. NET 框架

缩性。(3)智能查询处理功能可以发现在大规模运行时的关键并行工作负荷，有效减少"脏读"等缺陷。(4)内存数据库功能可以使所有数据库工作负荷实现新的可伸缩性级别。(5)SQL Server 2019 属于中高端 DBMS，同时成本较低。(6)人机界面友好，操作较易，管理直观。(7)有丰富的应用程序接口供访问。

8.6.2　设计原则

　　AWPRTS 系统的最终用户是广大中小学师生，该群体的编程能力普遍较低。同时，中小学学生的具体形象思维占主导地位，往往以直观形象的形式来认识外界的事物，抽象逻辑思维还不是很强。因此，AWPRTS 的设计除了安全性、稳定性等原则，还应依据如下原则：(1)采用图形化、可视化等方式进行设计，提高其易学性。(2)采用基于构件等面向对象的设计思想，提高其开放性和个性化程度。(3)界面要友好、直观、少用文字，以减少用户的认知负担；界面上的物体图标要足够大且间隔宽，方便点击。(4)将操作步骤和屏幕上的程序运行结果对应起来，促使学生理解操作的意义，并将结果及时呈现反馈，增强导学性。(5)各功能模块的耦合度不宜过高，以有利于满足系统未来发展的需要。同时，系统应能充分利用现有的计算资源，兼容已有的数据库系统，有效降低技术成本和系统应用的维护成本。

8.6.3 数据管理模块

数据管理模块的功能主要是准备数据集，具体包括：(1)对题型类别等数据进行编辑；(2)将 JSON 等格式的数据集导入 SQL server 数据表，对其进行类别设置，并对其中的错别字进行修订等。数据集导入的流程如图 8-22 所示。

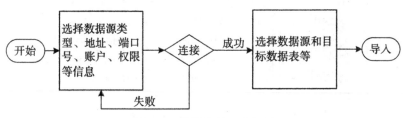

图 8-22　数据集导入流程图

在导入数据之前需要配置服务器名、数据源、账户信息等，见图 8-23。数据连接成功后，就可以对题型进行管理，并对部分题目文本中的错别字和标点符号等进行修订。在图 8-24 中点击题目，就会出现如图 8-25 中的编辑界面。

265

8.6.4 自然语言处理模块

该部分主要在 Anaconda 环境下采用 LTP，对题目文本进行文本处理。主要包含 4 个部分：(1)预处理；(2)用户自定义词典的设置；(3)分句、分词、依存句法分析和语义依存分析等；(4)句

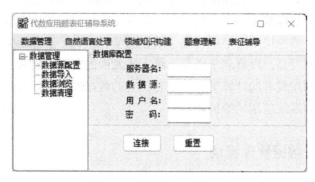

图 8-23　数据源配置界面图

图 8-24　数据浏览界面

子分析结果的浏览。

（1）预处理

数据集中有三种情况需要预处理：①"说："+引号的情况。例如应用题"小明去买汽水，售货员说：'每 3 个空瓶可换 1 瓶汽水。

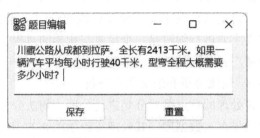

图 8-25 题目编辑界面

小明买了 10 瓶汽水，一共可换多少瓶汽水？'"，应该面向售货员所说的内容再分句。②中文点号"."的处理。实验中直接把中文点号"."替换为句号"。"。③小数点"."的处理。在实验中发现英文点号与小数点难以区分，因此需要对小数点"."进行单独处理。

对小数点"."的处理主要在分句之后，其处理流程图如图 8-26 所示。

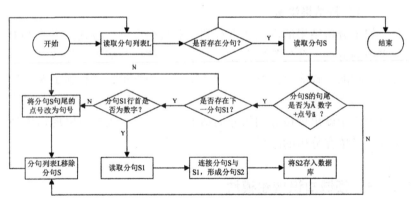

图 8-26 小数点"."的处理流程

（2）用户自定义词典

用户自定义词典的配置，主要面向分词结果，确定自定义词典，例如"相向而行""长江大桥""同向而行"和"相反方向"等。尽管应用题往往比较简洁，但分词依然很难精准，无法分割一些特殊

267

词。因此根据题型中的情境特征，采用统计规则筛选出重要词汇，将这些词加入自定义词典中，以便在后续的分词中能够准确切分。对用户自定义字典进行编辑是一个反复与积累的过程，自定义词典涵盖的范围越广，分词的精准度越高。

（3）分词、句法分析和语义依存分析

自然语言处理的重点是对分句进行分词、句法分析和语义依存分析，并将结果存入数据库。其处理流程如图 8-27 所示。

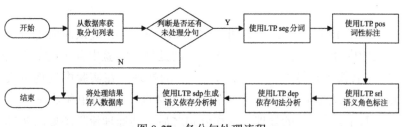

图 8-27　各分句处理流程

（4）分析结果浏览

句子分析结果的浏览非常有利于对数据集进行检查。当前 NLP 技术中的分词、分句等还存在一些不足，例如分词不准等情况。通过浏览功能，较能方便发现实验数据的一些不足，并有利于人工修正。界面如图 8-28 所示。在其中点击第一个表格中的分句，在第二个表格中就出现该分句的分词结果，在第三个表格就出现句法分析和语义依存分析的结果。

8.6.5　领域知识构建模块

领域知识构建主要包括特殊情境词、框架语义、句模和构件四个部分。特殊情境词存储于数据表，以词为主键。框架语义是在对动词和名词进行统计和分类的基础上，构建领域情境词，对其核心元素和非核心元素，以及词元等要素进行编辑。框架语义库的展示与编辑界面如图 8-29 所示。

句子分析结果

载入题目　显示与隐藏

分句表

分句ID	题目ID	分句内容
24	978	有一架飞机，最多能在空中连续飞行4小时，
25	978	飞出时的速度是每小时950公里，飞回时的速度是每小时950公里，这架飞机最远飞出多少公里就应飞回？

分词表

1	2	3	4	5	6	7	8	9	10	11	12	13	14
v	m	q	n	wp	d	v	p	nl	a	v	m	n	wp
有	一	架	飞机	，	最多	能	在	空中	连续	飞行	4	小时	。

句法语义分析

分词ID	分句ID	词	词性	自身索引	句法接入	句法接入描述	语义接入	语义接入描述
2181	24	有	v	1	0	HED	0	Root
2182	24	一	m	2	3	ATT	3	MEAS
2183	24	架	q	3	4	ATT	4	MEAS
2184	24	飞机	n	4	1	VOB	11	EXP
2185	24	，	wp	5	1	WP	4	mPUNC
2186	24	最多	d	6	11	ADV	7	mDEPD

图 8-28　结果浏览界面

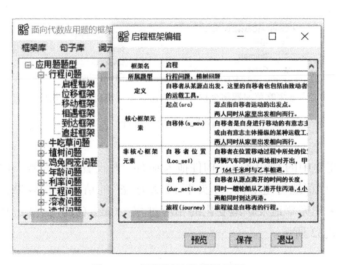

图 8-29　框架语义库编辑界面

　　句模主要对一定题型的句式进行总结，提炼其功能类型，并对功能类型的表述模式进行总结和分类。句模的编辑界面如图8-30所示。

图 8-30　句模编辑界面

情境实体和情境变化的实现，需要一定的构件来支持。图 8-31 中 a 为牛吃草问题的构件，图 8-31 中 b 为鸡兔同笼问题的构件。

a.牛吃草问题部分构件　　b.鸡兔同笼问题部分构件

图 8-31　仿真构件

将 a 中的 CattleGrass 构件拖入画布，并设置相应参数，即可实现"一片草地匀速增长，8 头牛 12 天吃完"的情境仿真效果，自动演示牛吃完草地及草地变化的相应过程，CattleGrass 构件仿真界面如图 8-32 所示。

8.6.6　题意理解模块

题意理解首先要确定句子题型，对其功能类型和句模进行识别，然后根据句模提取句子中的信息，最后构建情境流程和情境模

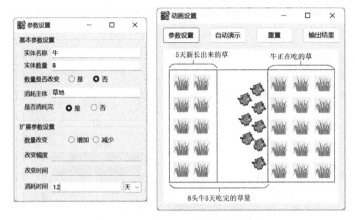

图 8-32　Animals 构件仿真界面

型，生成 SMKR 脚本。其主要流程如图 8-33 所示。

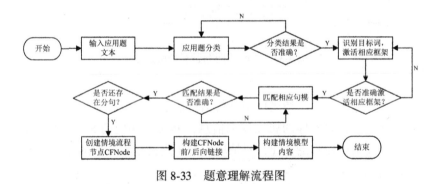

图 8-33　题意理解流程图

　　展示了一个牛吃草问题的题意理解过程。该题目文本为"①12头牛4周吃完6公顷的牧草，20头牛6周吃完12公顷的牧草。②假设每公顷原有草量相等，草的生长速度不变。③问多少头牛8周吃完16公顷的牧草？"具体步骤如下：

　　第一步，读取子句①的句法分析与语义依存分析结果，可以获取动核"吃"、施事"牛"、受事"草"等信息，确定题型为"牛吃草"问题，功能类型为"牛吃草"，基干句模为"［X：执行实体］+（Y：

时间长度)+[可 | 可以]+(W:消耗完成)+[Z:消耗实体]"。

第二步,根据分句创建情境流程节点,具体如图 8-34 所示。

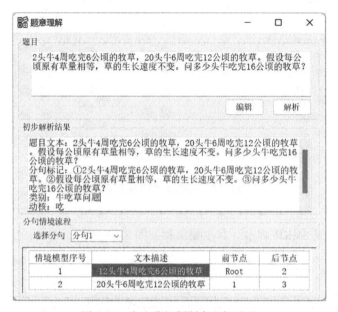

图 8-34 牛吃草问题题意理解过程

第三步,对各个情境模型进行信息抽取,根据抽取信息构建情境实体树,包含实体的属性详细信息,并生成相应的 SMKR 脚本,便于后续情境流程的构建,对情境模型 1 进行信息抽取的界面如图 8-35 所示。

8.6.7 表征辅导模块

表征辅导模块主要包括问题情境仿真和基于文件的表征辅导两个部分。前者是将问题情境进行可视化,并支持对其进行个性化创设,以帮助学生理解问题情境,进而达到表征辅导的目的。后者通过学生答卷的方式,获取其对题意的理解情况,并对学生表征题意的过程进行提示和纠错。

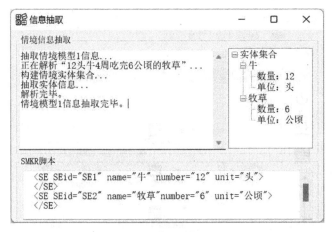

图 8-35　信息抽取界面

8.6.7.1　问题情境仿真

　　问题情境仿真模块包括问题情境创设和展示两个部分，前者对问题情境进行个性化创设，后者对问题情境仿真脚本进行解释，实现仿真效果。

　　问题情境创设面向教师，主要包括情境流程创设和情境模型创设两个部分。情境流程创设部分首先载入 SMKR 脚本，读取题型，解析情境流程部分，并对支持对其的编辑，见图 8-36。

　　情境模型创设部分根据题型确定工具栏控件，支持对问题情境的创设。将控件拖入画布并设置相应参数可生成图形化仿真动画，右侧生成与构件对应的实体结构图，下方是相应的情境模型表示脚本，见图 8-37。

　　展示部分主要面向学生，对问题情境仿真文件进行解释，展示其效果。学生可以双击左侧的情境节点，右侧会自动演示相应的仿真动画，可以通过右侧的"播放""暂停"按钮进行动画演示控制。具体见图 8-38。

273

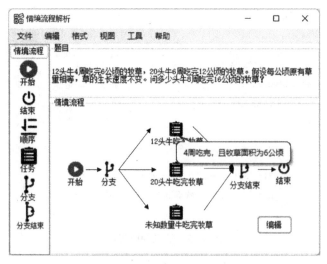

图 8-36　情境流程解析界面

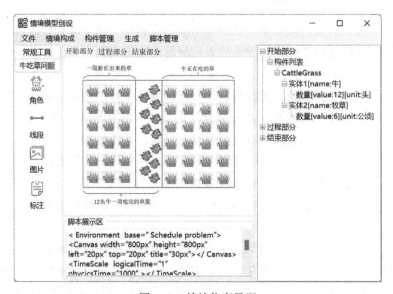

图 8-37　情境仿真界面

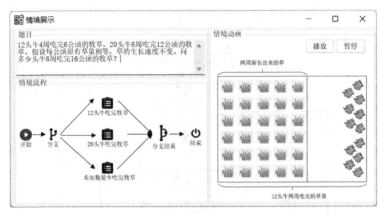

图 8-38　情境展示界面

8.6.7.2　基于问卷的表征辅导

　　该部分包括自动出题和答卷两个部分。自动出题部分主要根据 SMKR 脚本，以及题型与相应题量的要求生成问卷。设数组 A[3] 保存了填空、选择和判断 3 种题型的题量数据，出卷流程图如图 8-39 所示。

　　原型系统基于机器对题意理解的结果进行自动出卷，之后教师可以参照题干对题目进行编辑，并个性化设置关键词等信息。学生在答卷页面进行答题，系统可以针对每一个子问题进行提示、检错和纠错。图 8-40 为试卷编辑界面，其中的弹窗可以对子问题进行编辑。图 8-41 为答卷页面，在学生做题过程中会对学生答案进行自动评分，以此给予一定的提示。

8.6.8　系统管理模块

　　系统管理模块采用基于角色的访问控制模型，根据原型系统的需求可生成角色，再根据角色权限来控制用户对资源的访问。该模块主要由以下四个子功能模块组成：（1）资源管理；（2）角色管理；

275

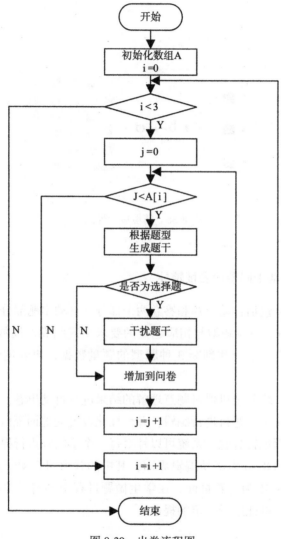

图 8-39　出卷流程图

（3）权限管理；（4）管理员管理。其实现流程如图 8-42 所示。

管理员设置界面如图 8-43 所示。

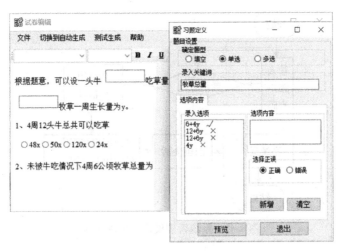

图 8-40 试卷编辑界面

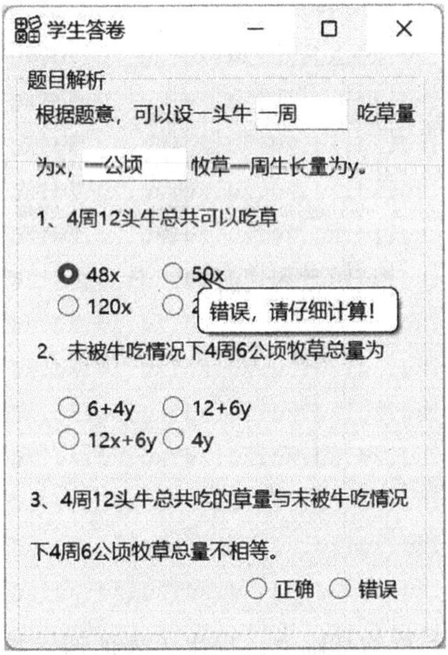

图 8-41 学生答卷界面

277

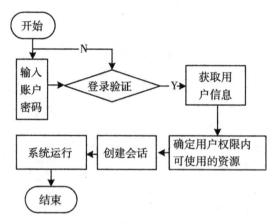

图 8-42　系统管理模块实现流程图

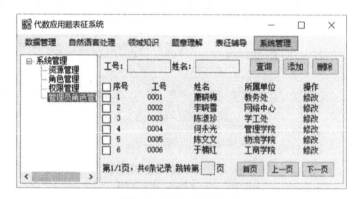

图 8-43　管理员设置界面

小　结

　　本章在前述各章的基础上，提出了表征辅导系统。首先介绍了解题认知的过程，指出了表征是解题的关键步骤。随后对广大中小学学生普遍存在表征障碍这一现象进行了分析。之后提出了表征辅导系统及其总架构，并对问题情境仿真、基于问卷的表征辅导、自动列算式等关键模块进行了详细的阐述。最后提出一个原型系统，对题意理解部分、表征辅导部分等关键模块进行一定的实现。

9 总结与展望

9.1 总结

代数应用题是数学应用题中的重要组成，是基础教育中的重点和难点，是培养学生解决实际问题能力的重要素材。许多学生存在着应用题表征障碍。这些使得表征辅导工具的研究就显得十分必要。

ITS 目前已经得到广泛的认可。但当前 ITS 对应用题解题支持的研究重"解决"、轻"表征"，且在支持广大中小学学生理解问题情境方面还有很多不足。虽然前期研究中的问题情境仿真支持系统的思路，一定程度上有利于表征辅导，但也存在问题情境创设工作量大等问题。在机器理解题意的基础上进行智能表征辅导，是一条可行途径。本书在分析 ITS 国内外研究现状的基础上，提出代数应用题表征辅导系统。主要工作总结如下：（1）本书在阐述智能导学系统 ITS 国内外研究现状的基础上，指出了当前研究的不足，提出了代数应用题表征辅导系统，并阐述了自然语言处理、知识表示和智能导学等相关理论基础。（2）应用题数量巨大，题型、变式多样，题目文本所蕴含的问题情境丰富不一。这些导致了机器理解应用题题意并进行自动表征辅导有一定的难度。通过分析应用题的层次结构和特征，有利于机器对题意的理解。本书先提出了应用题题目文本的层次结构，从动词、名词和数量词角度进行了特征分析，随后提出了应用题的综合结构。这些为机器抽取应用题题目文本信息提供了支持。(3)对代数应用题进行表征辅导，需要一定的知识表示机制。数学应用题文本所描述的知识具有动态性、过程性，其叙事文本具有结构复杂、叙事模式多样等特点。本书分析了数学应用题和叙事文本之间的关系，根据情境模型的基本特征，提出基于情境模型对应用题文本进行语义表示的知识表示方法 SMKR，描述了其组成结构，分析了情境模型之间的因果、跟随等控制关系，以及情境模型的构成。这些为后续题义理解中的实体和关系抽取等奠定了理论基础。(4)代数应用题题目文本所蕴含的问题情境丰富，表征辅导需要机器充分理解题目中的问题情境。本书描述了 CFN、FrameNet 等框架语义知识库的研究现状并对其进行分析，指出当前研究还存在对数学应用题的支持不够、词元搭配研究还需延伸等不足。介绍了 CFN 的框架库、句子库和词元库，面向代数应用题领域一定程度上构建了汉语框架语义知识库，并提出其中词元的搭配规则。这些为机器更好地抽取文本信息、理解题意做好词一级的准备。(5)根据句模可以较好地理解文本语义。本书从句模定义、确定句模的原则以及鲁川句模等角度阐述了句模的相关理论，描述了题意理解相关研究的现状，指出了其中存在题意理解过程难以理解、句模匹配精度要求高等问题；提出了基于层次结构的 HSST 句模构建思路，包括其结构、构成要素和分类等，这些为后续的智能表征辅导做好句一级的铺垫。(6)应用题题型的识别，有利于学生解题，有利于表征辅导。题型识别就是面向题目进行文本分类。本书介绍了题型识别的意义，从文本分类的定义、分词、文本表示，以及分类效果的评价等方面对文本分类基础进行了一定的阐述；描述了常见特征处理研究的现状，并指出了其中还存在特征向量维度大、文本语义信息丢失等不足；介绍了 KNN 分类算法和 SVM 分类算法，并从框架语义和语义搭配两个角度，提出基于特征增强的 KNN 算法和 SVM 算法，并进行实验验证。(7)当前很多中小学学生存在着应用题表征障碍，对其进行表征辅导很有必要。表征辅导的主要任务是辅助学生理解问题情境，辅导学生理解题意、列出式子。本书介绍了应用题解题认知过程，指出了表征的重要性，分析了学生存在表征障碍的原因；分析了表征辅导系统的主要功能，并提出了其总体架构；提出了基于 SMKR 脚本对问题情境进行自动仿真、基于自动出卷的表征辅导、自动列算式等模块，并对其进行了深入的介绍。本书最后提出了一个原型系统，并对其主要部分进行了一定的实现。

当前应用题解题支持研究主要支持解题中的解决阶段，对表征阶段的支持不多，在支持学生理解问题情境方面的研究有限。而本书利用自然语言处理技术，综合框架语义知识和多层次句模等，对题目文本信息进行抽取，以理解题意；然后基于知识表示脚本进行表征辅导。本书取得了如下创新：(1)提出了基于情境模型的应用题语义知识表示方法。机器理解应用题题意的首要工作是将文本信息转化为计算机可识别的形式。当前谓词逻辑等知识表示方法对代数应用题题目等叙事文本的表示还存在一些不足，例如对知识的情境性突出仍然不够等，这不利于问题情境的自动仿真，不利于表征辅导。基于情境模型的应用题语义知识表示方法 SMKR，以情境模型为单位对知识进行表示，通过情境模型的更新突出了知识的情境性、过程性和动态性，符合人们的阅读习惯，有利于表征辅导。(2)构建了面向应用题的框架语义知识库。当前语义知识库对数学应用题的文本处理支持仍然不足，例如构建还不充分、词元语义搭配模式还需完善等。该部分研究以 CFN 为基础，面向代数应用题，对框架库进行了拓展研究；同时，根据框架中目标词与其配价成分的关系提取相应的搭配规则，构建规则库，从词元的语义搭配角度进一步延伸了研究，能够使机器更准确地抽取与理解文本语义信息。(3)提出了基于多层句模的题意理解策略。该研究根据句子的层次结构特征，提出了由基干句模和成分句模共同组成的多层句模 HSST。与单向线性的句模不同，HSST 句模数量更少、结构更简单、覆盖面更广、匹配精度更高，为抽取文本信息、理解题意做好句一级的准备。同时，基于 HSST 的题意理解策略采用 SMKR 作为知识表示方式，利用多层句模结构对句子进行层层分解，进而抽取情境流程和情境模型信息，这些使得题意理解质量更高。(4)提出了基于特征增强的题型识别算法。当前题型识别以"字"或"词"作为分类特征的基本单位，会引起特征维度过高和文本语义信息丢失，对分类结果造成一定的影响。该研究利用框架语义和句模特征对题目文本特征进行增强，在一定程度上可以降低特征维度、增强类别特征。实验验证，基于该特征增强策略的 KNN 文本分类算法和 SVM 分类算法的质量均有提升。(5)构建了表征辅导系统。智能导学系统 ITS 一定程度上能支持应用题解题，但对表征辅导方面的研究不多，从表征辅导的角度开展研究，其研究视角的角度具有一定的创新性。辅导学生理解问题情境是辅导其表征的重要环节，问卷法是表征研究常用的方法。在机器题意理解的基础上进行问题情境的自动仿真，进行基于问卷的表征辅导等，也均有一定创新性。

9.2 展望

随着互联网+教育的发展，面向数学应用题的智能导学系统的相关研究被越来越多的学者和研究员关注。国内外与之相关的研究，还处于发展的阶段，目前还有许多问题亟待解决。代数应用题题目虽然具有简洁性等特点，但其涉及的问题情境很丰富，表述方式依然灵活多样，如何更精准理解题意、如何更好地进行表征辅导，还有很大的研究空间；同时，初等数学应用题领域，还有几何应用题等其他题型，均很重要，均需要解题支持。

本书紧紧围绕当前有关应用题解题相关研究，从表征辅导角度完善智能导学系统的研究，以期有效提高中小学学生的代数应用题的解题水平、提高其学习质量。在本书研究成果的基础上，今后将从以下方面开展进一步研究：

(1)进一步改进代数应用题表征辅导系统。本书虽然对代数应用题作出了一定研究，但题意理解、问题情境自动仿真、基于问卷的表征辅导等方面，还有很大的改进空间，其面向复杂代数应用题的适用性等还需进一步增强。

（2）框架语义知识库的完善。代数应用题包含了丰富的问题情境，其中很多的动词、名词等均含有一定的情境信息，框架语义是从词的角度突出题目中一些目标词的情境性，这对题意理解具有很大的作用。本书在该方面的研究还不充分，还需进一步加强。

（3）句模研究还需完善。根据句模能较好地抽取文本信息，代数应用题题目文本具有层次性，其局部也具有短语特征。进一步完善、加强句模研究，能更好地支持信息抽取。

（4）构件库的完善。当前研究所包括的构件还比较少，对问题情境仿真的支持力度还不够。后续进一步提炼情境要素，增加构件的种类和数量，以满足教师和学生的需求。

（5）知识表示方法还需进一步优化。对复杂代数应用题题目文本中的复合句的表示，对非线性情节和虚拟情节等的表示以及这些情节在时间轴上的嵌入等，还需进一步研究。

（6）题意抽取策略还需改进。应该对代数应用题中更多的特殊情境词进行分析，在情境流程抽取、情境模型构建与抽取方面的算法，还需要改进，对指代消解的质量还需进一步提高等。

由于作者水平有限，书中一定有不足和不妥之处，敬请各位专家、学者批评指正！

参 考 文 献

中文参考文献

[1] 余小鹏. 面向数学应用题的问题情境仿真支持系统 [M]. 武汉大学出版社, 2022.

[2] 宋乃庆, 张奠宙. 小学数学教育概论 [M]. 高等教育出版社, 2008.

[3] 王士同. 人工智能教程 [M]. 电子工业出版社, 2001.

[4] 王万森. 人工智能原理及其应用 [M]. 电子工业出版社, 2000.

[5] 陆汝钤. 人工智能 [M]. 科学出版社, 2000.

[6] 赫尔曼, 马海良. 新叙事学 [M]. 北京大学出版社, 2002.

[7] 高彦梅. 语篇语义框架研究 [M]. 北京大学出版社, 2015.

[8] 杰拉德·普林斯. 叙事学: 叙事的形式与功能 [M]. 徐强, 译. 北京: 中国人民大学出版社, 2013.

[9] 王寅. 认知语法概论 [M]. 上海外语教育出版社, 2006.

[10] 史忠植, 王文杰. 人工智能 [M]. 国防工业出版社, 2007.

[11] 刘开瑛, 由丽萍. 现代汉语框架语义网 [M]. 科学出版社, 2015.

[12] 朱晓亚. 现代汉语句模研究 [M]. 北京大学出版社, 2001.

[13] G·波利亚, 涂泓, 冯承天. 怎样解题: 数学思维的新方法

［M］．上海科技教育出版社，2011．

［14］郑日昌．中学生心理诊断［M］．山东教育出版社，1994．

［15］王慧琴．小学数学"解决问题"教学研究——以应用题为例［D］．内蒙古师范大学，2009．

［16］高晓旭．初中数学智能导学系统中提示的交互设计与应用研究［D］．西北师范大学，2020．

［17］智勇．分布式学习环境中的智能授导系统研究［D］．南京师范大学，2004．

［18］黎汉华．网络智能辅导系统关键技术及实现［D］．西安电子科技大学，2005．

［19］尚晓晶．基于"导学案"教学模式的智能导学系统的设计开发与实证研究［D］．渤海大学，2013．

［20］张果．面向初等数学应用题自动解答的核心技术研究与应用［D］．电子科技大学，2019，56-66．

［21］贺博．音乐视唱智能导学系统模型研究与设计［D］．华中师范大学，2019．

［22］李飞．命名实体识别与关系抽取研究及应用［D］．湖南工业大学，2018．

［23］高梦园．基于卷积神经网络的特征选择和特征表示文本分类研究［D］．广西师范大学，2019．

［24］李雨龙．融合双层注意力机制的短文本情感分析模型［D］．华南理工大学，2019．

［25］郑波荣．改进的 SVM+算法在文本分类中的应用研究［D］．华中师范大学，2013．

［26］蒋彦．基于本体的数学知识库的构建及其应用［D］．电子科技大学，2011．

［27］李东．城市客车信息集成控制系统需求信息处理技术研究［D］．武汉理工大学，2009．

［28］徐舒．产生式表示的改进［D］．复旦大学，2005．

［29］顾芳．多学科领域本体设计方法的研究［D］．中国科学院研究生院（计算技术研究所），2004．

［30］ 王旎撰．小学高年级儿童文本阅读中更新任务维度情境模型的特点［D］．西北师范大学，2020．

［31］ 李茹．汉语句子框架语义结构分析技术研究［D］．山西大学，2012．

［32］ 王凯华．基于最大熵模型的中文阅读理解问答系统研究［D］．山西大学，2008．

［33］ 马玉慧．小学算术应用题自动解答的框架表征及演算方法研究——以小学第一学段整数应用题为例［D］．北京师范大学，2010．

［34］ 刘永宜．基于词向量的初等数学问题题意理解［D］．电子科技大学，2017．

［35］ 李周．初等数学问题题意理解关键技术研究及其应用［D］．电子科技大学，2016．

［36］ 汪中科．初等数学问题题意理解方法研究及应用［D］．电子科技大学，2018．

［37］ 王松．基于数字相关特征的文字应用题自动求解模型研究［D］．辽宁工程技术大学，2019．

［38］ 吴宣乐．基于句模的初等数学问题题意理解方法研究及应用［D］．电子科技大学，2016．

［39］ 韩东初．基于自然语言分层结构的文本信息隐藏算法研究［D］．湖南科技大学，2008．

［40］ 曹军．汉语第三人称代词消解方法研究——一种基于语义结构和中心模型的新方法［D］．湖南：湘潭大学，2002．

［41］ 张庆．小学数学应用题题目类型的自动识别［D］．华中师范大学，2017．

［42］ 赵悦．基于词语分类和排序的最大匹配中文分词技术［D］．沈阳师范大学，2020．

［43］ 杜雪嫣．基于深度学习的中文短文本情绪分类研究［D］．中国人民公安大学，2020．

［44］ 李玉．基于深度学习的文本分类方法研究与应用［D］．南京邮电大学，2021．

［45］肖晴晴．基于特征选择方法的新闻文本分类研究［D］．山西大学，2019．

［46］张方钊．基于改进的信息增益和 LDA 的文本分类研究［D］．吉林大学，2018．

［47］彭成．数字化教学游戏的概念、模型与开发技术研究［D］．华东师范大学，2008．

［48］胡锦娟．Flash 动画在中学数学函数教学中应用的有效性研究［D］．广州大学硕士论文，2012．

［49］梁希瞳．Flash 动画在高中化学课堂教学中的应用研究［D］．湖南理工学院，2017．

［50］王金城．小学生数学应用题解题障碍现状的调查探究［J］．新课程·上旬，2021（40）：70．

［51］刘开瑛，由丽萍．汉语框架语义知识库构建工程［C］．中文信息处理前沿进展——中国中文信息学会二十五周年学术会议，2006．

［52］赵园丁，由丽萍，张惠春，等．基于框架语义的汉语文本知识表示方法［C］．全国第八届计算语言学联合学术会议（JSCL-2005）论文集．2005．

［53］侯松，周斌，贾焰．分词结果的再搭配对文本分类效果的增强［C］．全国计算机安全学术交流会论文集，2009．

［54］罗奇，唐剑岚．数学问题表征与数学问题图式［J］．数学教育学报，2013，22（2）：19-22．

［55］倪印东，庄传侠．摸清解题障碍改革应用题教学［J］．山东教育，2001（28）：47-48．

［56］张钰，李佳静，朱向阳，等．ASSISTments 平台：一款优秀的智能导学系统［J］．现代教育技术，2018，28（5）：102-108．

［57］韩建华，姜强，赵蔚．基于元认知能力发展的智能导学系统研究［J］．现代教育技术，2016，26（3）：107-113．

［58］高红丽，隆舟，刘凯，等．智能导学系统 AutoTutor：理论、技术、应用和预期影响［J］．开放教育研究，2016，22（2）：

96-103.

[59] 王晓波, 张景中, 王鹏远. "Z+Z 智能教育平台" 与数学课程整合 [J]. 信息技术教育, 2006 (6): 14-17+1.

[60] 赵莹, 全炳哲, 金淳兆. 智能辅导系统 [J]. 计算机科学, 1995 (4): 56-59.

[61] 王陆, 王美华. ITS 系统中基于关系模型的知识表示 [J]. 北京大学学报 (自然科学版), 2000 (5): 659-664.

[62] 王世敏, 谢深泉, 程诗杰. 计算机智能导师系统 (ITS) 的构思 [J]. 湘潭大学自然科学学报, 2001 (3): 20-24.

[63] 王冬青, 柳泉波, 任光杰, 等. 一种面向问题解决的智能导师系统 [J]. 中国电化教育, 2008 (8): 90-94.

[64] 任友群, 宋莉, 李馨. 教育技术的领域拓展与前沿热点——对话 AECT 主席 J. Micheal Spector 教授 [J]. 中国电化教育, 2009 (11): 1-6.

[65] 陈刚. 基于案例的推理: 智能授导系统研究的新方法 [J]. 中国远程教育, 2010 (10): 27-30+79.

[66] 杨建波, 王荣, 魏德强. 基于 Silverlight 的智能导学平台建设 [J]. 中国教育信息化, 2012 (3): 30-33.

[67] 张红英, 邓烈君, 王志军. 信息化背景下的有效教学与探究学习——第六届全球华人探究学习创新应用大会学术观点综述 [J]. 中国远程教育, 2015 (9): 10-13.

[68] 杨翠蓉, 陈卫东, 韦洪涛. 智能导学系统人机互动的跨学科研究与设计 [J]. 现代远程教育研究, 2016 (6): 103-111.

[69] 朱莎, 余丽芹, 石映辉. 智能导学系统: 应用现状与发展趋势——访美国智能导学专家罗纳德·科尔教授、亚瑟·格雷泽教授和胡祥恩教授 [J]. 开放教育研究, 2017, 23 (5): 4-10.

[70] 贾积有, 张必兰, 颜泽忠, 等. 在线数学教学系统设计及其应用效果研究 [J]. 中国远程教育, 2017 (3): 37-44+80.

[71] 刘凯, 胡祥恩, 马玉慧, 等. 中国教育领域人工智能研究论纲——基于通用人工智能视角 [J]. 开放教育研究, 2018,

24 (2)：31-40，59.

[72] 胡祥恩，匡子翌，彭霁，等. GIFT——通用智能导学系统框架 [J]. 人工智能，2019 (3)：22-28.

[73] 屈静，刘凯，胡祥恩，等. 对话式智能导学系统研究现状及趋势 [J]. 开放教育研究，2020，26 (4)：112-120.

[74] 刘一虹. 基于大数据分析技术的智能教学系统 [J]. 现代电子技术，2021，44 (7)：178-182.

[75] 白丹丹，马玉慧. 智能导师系统中教学策略研究与分析 [J]. 电子产品世界，2022，29 (8)：59-62.

[76] 张静. 智能数据统计与分析的线上教学辅助系统设计 [J]. 现代信息科技，2022，6 (22)：189-192.

[77] 贾积有，乐惠骁，张誉月等. 基于大数据挖掘的智能评测和辅导系统设计 [J]. 中国电化教育，2023，No. 434 (3)：112-119.

[78] 贾义敏，詹春青. 情境学习：一种新的学习范式 [J]. 开放教育研究，2011，17 (5)：29-39.

[79] 韩建华，姜强，赵蔚，等. 智能导学环境下个性化学习模型及应用效能评价 [J]. 电化教育研究，2016，37 (7)：66-73.

[80] 张钰，王珺. 美国 K-12 自适应学习工具的应用与启示 [J]. 中国远程教育，2018 (9)：73-78.

[81] 郭兆明，宋宝和，张庆林. 数学应用题图式层次性研究 [J]. 数学教育学报，2006，15 (3)：27-30.

[82] 尚晓晶，沈涛，马玉慧，等. 基于问题解决的智能辅导系统设计研究 [J]. 中国教育信息化，2017 (17)：55-58.

[83] 姜强，赵蔚，王朋娇，等. 基于大数据的个性化自适应在线学习分析模型及实现. [J] 中国电化教育，2015，1：85-92

[84] 吕皖丽，陈宁江，钟诚. 教学知识树算法的研究与应用 [J]. 计算机工程与应用，2002，24：96-98.

[85] 张岑芳. 基于主动学习的命名实体识别算法 [J]. 计算机与现代化，2021 (7)：18-22.

［86］ 张彪，吴红，高道斌，等．基于特征融合的高校可转移专利识别研究［J］．情报杂志，2022，41（9）：159-165.

［87］ 赵京胜，宋梦雪，高祥，等．自然语言处理中的文本表示研究［J］．软件学报，2022，33（1）：102-128.

［88］ 邬卓恒，时小芳．基于机器学习的语音情感识别技术研究［J］．信息技术与信息化，2022（1）：213-216.

［89］ 徐宝祥，叶培华．知识表示的方法研究［J］．情报科学，2007（5）：690-694.

［90］ 刘冰，申丽红，李涛．知识库系统原理探讨［J］．软件导刊，2009，8（9）：148-149.

［91］ 朱光菊，夏幼明．框架知识表示及推理的研究与实践［J］．云南大学学报（自然科学版），2006（S1）：154-157.

［92］ 曹绍火．基于语义网络的神经网络系统［J］．计算机工程与应用，2001，37（11）：126-128.

［93］ 徐勇，杨柯．一种面向对象知识库的构造和维护［J］．计算机工程，2000（9）：60-62.

［94］ 朱文博，李爱平，刘雪梅．基于本体的冲压工艺知识表示方法研究［J］．中国机械工程，2006，17（6）：616-620.

［95］ 王娟，曹树金，谢建国．基于短语句法结构和依存句法分析的情感评价单元抽取［J］．情报理论与实践，2017，40（3）：107-113.

［96］ 周伟祝，宦婧．新的面向对象知识表示方法［J］．计算机应用，2012，32（S2）：16-18，37.

［97］ 周文，刘宗田，孔庆苹．基于事件的知识处理研究综述［J］．计算机科学，2008，35（2）：160-162.

［98］ 仲兆满，刘宗田，李存华．事件本体模型及事件类排序［J］．北京大学学报（自然科学版），2013，49（2）：234-240.

［99］ 仲兆满，刘宗田，周文，等．事件关系表示模型［J］．中文信息学报，2009，23（6）：56-60.

［100］ 王佳琪，张均胜 乔晓东．基于文献的科研事件表示与语义链接研究［J］．数据分析与知识发现，2018，2（5）：32-39.

291

[101] 刘宗田，黄美丽，周文，等．面向事件的本体研究 [J]．计算机科学，2009，36（11）：189-192，199.

[102] 张旭洁，刘宗田，刘炜，等．事件与事件本体模型研究综述 [J]．计算机工程，2013（9）：303-307.

[103] 宋宁远，王晓光．基于情节本体的叙事性文本语义结构化表示方法研究 [J]．中国图书馆学报，2020，46（2）：96-113.

[104] 贺晓玲，陈俊，张积家．文本加工中情境模型建构的五个维度 [J]．心理科学进展，2008，16（2）：193-199.

[105] 王瑞明，莫雷，贾德梅，等．文本阅读中情境模型建构和更新的机制 [J]．心理学报，2006，38（1）：30-40.

[106] 冷英，莫雷，吴俊，等．目标包含结构的文本阅读中目标信息的激活 [J]．心理学报，2007，39（1）：27-34.

[107] 余光胜，刘卫，唐郁．知识属性、情境依赖与默会知识共享条件研究 [J]．研究与发展管理，2006（6）：23-29.

[108] 余杨敏．情境-事件域认知模型——对事件域认知模型的补充 [J]．广东外语外贸大学学报，2018，29（6）：13-17.

[109] 赵雪汝，何先友，赵婷婷，等．情境模型的更新：事件框架依赖假设的进一步证据 [J]．心理学报，2014（7）：901-911.

[110] 秦雅楠，由丽萍，董文博，等．一种基于框架的情境知识表示方法 [J]．情报杂志，2011，30（1）：155-158.

[111] 赵志耘，孙星恺，王晓，等．组织情报组织智能与系统情报系统智能：从基于情景的情报到基于模型的情报 [J]．情报学报，2020，39（12）：1283-1294.

[112] 王丽娜，陈玲．课堂网络环境下操作情境对儿童数学问题解决影响的实证研究 [J]．电化教育研究，2014（9）：58-63.

[113] 赖朝安．基于 XML 与 Web 的产品设计知识表示与知识库系统 [J]．计算机工程，2005，31（16）：27-29，85.

[114] 李茹，王文晶，梁吉业，等．基于汉语框架网的旅游信息问答系统设计 [J]．中文信息学报，2009，23（2）：34-40.

[115] 赵红燕, 刘鹏, 李茹, 王智强. 多特征文本蕴涵识别研究 [J]. 中文信息学报, 2014, 28 (2): 46-51.

[116] 张鹏, 李国臣, 李茹, 刘海静, 石向荣. 基于 FrameNet 框架关系的文本蕴含识别 [J]. 中文信息学报, 2012, 26 (2): 46-50.

[117] 李茹, 王智强, 李双红, 梁吉业, Collin Baker. 基于框架语义分析的汉语句子相似度计算 [J]. 计算机研究与发展. 2013, 50 (8): 1728-1736.

[118] 王智强, 李茹, 梁吉业, 张旭华, 武娟, 苏娜. 基于汉语篇章框架语义分析的阅读理解问答研究 [J]. 计算机学报, 2016, 39 (4): 795-807.

[119] 李济洪, 高亚慧, 王瑞波, 等. 汉语框架自动识别中的歧义消解 [J]. 中文信息学报, 2011, 25 (3): 38-44.

[120] 由丽萍, 杨翠. 汉语框架语义知识库概述 [J]. 电脑开发与应用, 2007, 20 (6): 2-4, 7.

[121] 何传勇. 论三个平面的语法观——三个平面理论的产生形成及主要内容 [J]. 心事, 2014 (12): 33-33.

[122] 范晓. 动词的配价与句子的生成 [J]. 汉语学习, 1996 (1): 3-7.

[123] 马玉慧, 谭凯, 尚晓晶. 基于语义句模的语义理解方法研究 [J]. 计算机技术与发展, 2012, 22 (10): 117-120, 124.

[124] 吴林静, 劳传媛, 刘清堂, 等. 基于依存句法的初等数学分层抽样应用题题意理解 [J]. 计算机应用与软件, 2019, 36 (5): 126-132, 177.

[125] 施铁如. 解代数应用题的认知模式 [J]. 心理学报, 1985 (3): 296-303.

[126] 常建秋, 沈炜. 基于字符串匹配的中文分词算法的研究 [J]. 工业控制计算机. 2016 (2): 115-116.

[127] 奉国和, 郑伟. 国内中文自动分词技术研究综述 [J]. 图书情报工作, 2011, 55 (2): 41-45.

[128] 董露露，马宁．基于改进信息增益的特征选择方法研究 [J]．萍乡学院学报，2019，36（3）：84-90.

[129] 何明．一种基于改进信息增益特征选择的最大熵模型文本 分类方法 [J]．西南师范大学学报（自然科学版），2019， 44（03）：113-118.

[130] 代六玲，黄河燕，陈肇雄．中文文本分类中特征抽取方法 的比较研究 [J]．中文信息学报，2004（1）：26-32.

[131] 刘庆和，梁正友．一种基于信息增益的特征优化选择方法 [J]．计算机工程与应用，2011，47（12）：130-132+136.

[132] 高宝林，周治国，杨文维，等．基于类别和改进的 CHI 相 结合的特征选择方法 [J]．计算机应用研究，2018，35 （6）：1660-1662.

[133] 赵鸿山，范贵生，虞慧群．基于归一化文档频率的文本分 类特征选择方法 [J]．华东理工大学学报（自然科学版）， 2019，45（5）：809-814.

[134] 周茜，赵明生，扈旻．中文文本分类中的特征选择研究 [J]．中文信息学报，2004（3）：17-23.

[135] 范雪莉，冯海泓，原猛．基于互信息的主成分分析特征选 择算法 [J]．控制与决策，2013，28（6）：915-919.

[136] 詹晓娟．基于随机森林算法的数据分析软件设计 [J]．黑龙 江工程学院学报，2017，31（3）：38-41.

[137] 王光，邱云飞，史庆伟．集合 CHI 与 IG 的特征选择方法 [J]．计算机应用研究，2012，29（7）：2454-2456.

[138] 文武，赵成，赵学华，等．基于信息增益和萤火虫算法的 文本特征选择 [J]．计算机工程与设计，2019，40（12）： 3457-3462.

[139] 寇菲菲，杜军平，石岩松，等．面向搜索的微博短文本语 义建模方法 [J]．计算机学报，2020，43（5）：781-795.

[140] 文武，万玉辉，张许红，等．基于改进 CHI 和 PCA 的文本 特征选择 [J]．计算机工程与科学，2021，43（9）：1645-1652.

[141] 景永霞，苟和平，王治和．基于语义与分类贡献的文本特征选择研究［J］．西北师范大学学报（自然科学版），2020，56（1）：51-55+62.

[142] 孙海霞，钱庆，成颖．基于本体的语义相似度计算方法研究综述［J］．现代图书情报技术，2010（1）：51-56.

[143] 丁泽亚，张全．利用概念知识的文本分类［J］．应用科学学报，2013，31（2）：197-203.

[144] 张永伟，马琼英．面向语文辞书编纂的词语依存搭配检索系统研究［J］．辞书研究，2022（4）：30-40.

[145] 尹邦才．试论"语义搭配的可能性"［J］．理论观察，2008，（6）：134-135.

[146] 陶永才，海朝阳，石磊，等．中文词语搭配特征提取及文本校对研究［J］．小型微型计算机系统，2018，39（11）：2485-2490.

[147] 鲁川，缑瑞隆，董丽萍．现代汉语基本句模［J］．世界汉语教学，2000（4）：11-24.

[148] 姚勇伟．小学生数学应用题问题表征障碍的调查分析研究［J］．青春岁月，2012（12）：240-241.

[149] 陈英和，仲宁宁，耿柳娜．关于数学应用题心理表征策略的新理论［J］．心理科学，2004，27（1）：2-4.

[150] 路海东，董妍．问题解决策略的认知和元认知研究［J］．鞍山师范学院学报，2002（3）：107-109.

[151] 滕云．两步应用题解题障碍的成因及其疏导［J］．江苏教育，1999（1）：39-40.

[152] 杨建楠．高中生数学思维障碍的消解［J］．教学与管理，2010（36）：91-92.

[153] 刘四新．初中生应用题解题困难分析［J］．数学通报，2007（7）：19-21.

[154] 何小亚，李湖南，罗静．学生接受假设的认知困难与课程及教学对策［J］．数学教育学报，2018，27（4）：25-30.

[155] 邵朝恒．重视问题表征，提升学生问题分析能力［J］．东西

295

南北（教育观察），2012（9）：118-119.

[156] 涂冬波，蔡艳，戴海崎，等．现代测量理论下四大认知诊断模型述评［J］．心理学探新，2008，28（2）：5.

[157] 周庆，牟超，杨丹．教育数据挖掘研究进展综述［J］．软件学报，2015，26（11）：3026-3042.

[158] 余小鹏，赵亚，殷浩．一种数学应用题问题情境仿真支持系统P4S研究［J］．中国教育信息化（高教职教），2020（1）：41-45.

[159] 杨彦军，赵瑞斌，周海军．基于jsp-vrml-java技术的网上虚拟情境性学习平台的建构［J］．现代教育技术，2005（5）：58-62.

[160] 田爱奎．基于数字化游戏的自主学习探讨［J］．中国电化教育，2007（11）：83-86.

[161] 杨文阳，王燕．基于移动学习环境的数学教育游戏设计与开发探究［J］．中国电化教育，2012（3）：71-75.

[162] 张敏，易正俊．空间解析几何教学动画系统的构建与实践［J］．高等工程教育研究，2016（3）：187-190.

[163] 黄奕宇．虚拟现实（VR）教育应用研究综述［J］．中国教育信息化，2018（1）：11-16.

[164] 郭婷，杨树国，江永亨，等．虚拟仿真实验教学项目建设与应用研究［J］．实验技术与管理，2019，36（10）：215-217+220.

[165] 王丽娜，张生，陈坤．技术支持下的儿童数学问题解决——情境表征的视角［J］．现代教育技术，2011，21（9）：39-41.

[166] 马华，陈振．基于构件组装的远程实验教学系统研究及应用［J］．计算机系统应用，2009（11）：130-134.

[167] 陈翔，王学斌，吴泉源．代码生成技术在MDA中的实现［J］．计算机应用研究，2006（1）：147-150.

[168] 张颖，陈钢，徐宏炳．MDA中PIM到PSM变换规则的研究［J］．计算机工程与科学，2009，31（3）：107-110.

[169] 张勇，熊斌．口语报告法及其在数学教育研究中的应用述评
[J]．数学教育学报，2021，30（2）：83-89.

[170] 方平，郭春彦，汪玲，等．数学学习策略的实验研究 [J]．
心理发展与教育，2000（1）：43-47.

[171] 沈吉峰．浅析访谈法及其在我国义务教育过程中的意义
[J]．文学教育（中），2014（10）：153.

[172] 吴晓霞，徐小颖，丁海东．教育类调查问卷设计中的常见问
题及策略研究 [J]．教育教学论坛，2020（11）：83-85.

[173] 李运华．小学儿童数学问题表征的眼动研究 [J]．数学教育
学报，2018，27（5）：57-60.

[174] 岳宝霞，冯虹．眼动分析法在数学应用题解题研究中的应
用 [J]．数学教育学报，2013，22（1）：93-95.

[175] 仲宁宁．浅析小学数学问题表征的研究及其展望 [J]．艺术
科技，2012（3）：139-140.

[176] 余小鹏，王振佩，殷浩．面向应用题的问题情境理解能力
追踪模型研究 [J]．长江信息通信，2022，35（9）：121-
123.

英文参考文献

[1] Azevedo R, Johnson A, Chauncey A, et al. Self-regulated
Learning with MetaTutor：Advancing the Science of Learning with
Meta Cognitive Tools [M]. Springer New York，2010.

[2] Kim J. Events as property exemplifications [M]. Brand M, Walton
D. Action theory. Springer，1976.

[3] Nelson K, Gruendel J. Event knowledge：structure and function in
development [M]. structure and function in development.
Erlbaum，1986.

[4] Van Dijk, T. A., Kintsch, W. Strategies of discourse
comprehension [M]. Academic Press，1983.

[5] Fleischmam, S. Tense and narrativity [M]. Form Medieval

Performance to Modern Fiction, University of Texas Press, 1990.

[6] Reed, S. K. Word problems: Research and curriculum reform [M]. Erlbaum, 1999.

[7] Polya G . Mathematical discovery: On understanding, learning, and teaching problem solving [M]. John Wiley & Sons, 1965.

[8] Denis M. Imagery andthinking [M]. SpringerVerlag, 1991.

[9] Segedy J R. Adaptive scaffolds in open-ended computer-based learning environments [D]. Vanderbilt University, 2014: 24-28.

[10] Reusser, K. The suspension of reality and sense-making in the culture of school mathematics: The case of word problems [C]. the Sixth European Confcrence for research on Learning and Instruction. 1995.

[11] Singh R, Saleem M, Pradhan P, et al. Feedback during web-based homework: The role of hints [C]. Artificial intelligence in education, 2011.

[12] Chee-Kit Looi, Boon Tee Tan. WORDMATH: A Computer-Based Environment for Learning Word Problem Solving [C]. Proceeding of third CALISCE International Conference: Computer Aided Learning and Instruction in Science and Engineering, 1996.

[13] Birch M, Beal C R. Problem Posing in AnimalWatch: An Interactive System for Student-Authored Content [C]. International Florida Artificial Intelligence Research Society Conference DBLP, 2008.

[14] Goguadze, G. , Melis, E. Feedback in ActiveMath exercises [C]. In Proceedings of international conference on mathematics education, 2008.

[15] Bouhineau D, Nicaud J F, Chaachoua H, et al. Two Years Of Use Of The Aplusix System [C]. 8th IFIP World Conference on Computer in Education, 2005.

[16] Erik De Corte, Lieven Verschaffel, Joost Lowyckl, et al.

Computer-supported collaborative learning of mathematical problem solving and problem posing [C]. Proceedings of Conference on Educational Uses of Information and Communication Technologies, 2000.

[17] Johnson R, Zhang T. Deep pyramid convolutional neural networks for text categorization [C]. Proceedings of the 55th Annual Meeting of the Association for Computational Linguistics, 2017.

[18] Zhao W, Ye J, Yang M, et al. Investigating capsule networks with dynamic routing for text classification [C]. Association for Computational Linguistics, 2018.

[19] Kaneiwa K, Iwazume M, Fukuda K. An upper ontology for event classifications and relations [C]. Proceedings of 20th Australian Joint Conference on Artificial Intelligence, 2007.

[20] Corda I, Bennett B, Dimitrova V. A logical model of an event ontology for exploring connections in historical domains [C]. Tenth International Semantie Web Conferenc, 2011.

[21] Teymourian K, Paschke A. Towards semantic event processing [C]. Proceedings of the Third ACM International Conference on Distributed Event-Based Systems, 2009.

[22] Han Y J, Park S Y, Park S B, et al. Reconstruction of people information based on an event ontology [C]. Proceedings of 2007 International Conference on Natural Language Processing and Knowledge Engineering, 2007.

[23] Damiano R, Lieto A. Ontological representations of narratives: a case study on stories and actions [C]. Satellite workshop of the 35th Meeting of the Cognitive Science Society CogSci, 2013.

[24] Nakasone A, Ishizuka M. ISRST: an interest based storytelling model using rhetorical relations [C]. International Conference on Technologies for E-Learning and Digital Entertainment. Springer-Verlag, 2007.

[25] Reusser, K. Textual and situational factors in solving

mathematical word problems [C]. Association for Information and Image Management, 1989.

[26] Fillmore. Frame semantics [C]. Linguistics in the Morning Calm, 1982.

[27] Fillmore . C. J. , Baker Collin. Frame Semantics for Text Understanding [C]. Proceedings of WordNet and Other Lexical Resources Workshop, 2001.

[28] Shulin Liu, Yubo Chen, Shizhu He, Kang Liu, Jun Zhao. Leveraging FrameNet to Improve Automatic Event Detection [C]. Meeting of the Association for Computational Linguistics, 2016.

[29] Ru Li, HaijingLiu, Shuanghong Li. Chinese Frame Identification using T-CRF Model [C]. International Conference on Computational Linguistics, 2010.

[30] Singh R, Saleem M, Pradhan P, et al. Feedback during web-based homework: The role of hints [C]. AIED. Artificial intelligence in education, 2011.

[31] Matsuzaki T, Iwane H, Anai H, et al. The Complexity of Math Problems_ Liguistic, or Computional? [C]. International Joint Conference on Natural Language Processing. Nagoya. Springer, 2013.

[32] Kushman N, Artzi Y, Zettlemoyer L, et al. Learning to Automatically Solve Algebra Word Problems [C]. Proceedings of Meeting of the Association for Computational Linguistics. Baltimore: Association for Computational Linguistics, 2014.

[33] Galavotti L. Sebastiani F. , Simi M. Experiments on the use of feature selection and negative evidence in automated text categorization [C]. International Conference on Theory and Practice of Digital Libraries, 2000.

[34] Yan W, Liu X, Shi S . Deep Neural Solver for Math Word Problems [C]. Proceedings of the 2017 Conference on Empirical Methods in Natural Language Processing, 2017.

[35] Bahman Kalantari, Ira j Kalantari, Fedor Andreev. Animation of mathematical concepts using polynomiography [C]. Proceedings of SIGGRAPH 2004 on Education, 2004.

[36] Munster S . Drawing the "Big Picture" Concerning Digital 3D Technologies for Humanities Research and Education [C]. International conference on transforming digital worlds, 2018.

[37] Segedy J R, Biswas G, Sulcer B. A model-based behavior analysis approach for open-ended environments [J]. Educational Technology & Society, 2014, (1): 272-282.

[38] Jaques P A, Seffrin H, Rubi G, et al. Rule-based expert systems to support step-by-step guidance in algebraic problem solving: The case of the tutor PAT2Math [J]. Expert Systems with Applications, 2013, 40 (14): 5456-5465.

[39] Vesin B, Ivanović M, Budimac Z. Protus 2. 0: Ontology-based semantic recommendation in programming tutoring system [J]. Expert Systems with Applications, 2012, (15): 12229-12246.

[40] Kinnebrew J S, Segedy J R, Biswas G. Analyzing the temporal evolution of students' behaviors in open-ended learning environments [J]. Metacognition Learning, 2014, (2): 1-29.

[41] K. VanLehn, C. Banerjee, F. Milner et al. Teaching Algebraic Model Construction: A Tutoring System, Lessons Learned and an Evaluation [J]. International Journal of Artificial Intelligence in Education, 2020, 30 (3): 459-480.

[42] Sklavakis D, Refanidis I. The MATHESIS meta-knowledge engineering framework: Ontology-driven development of intelligent tutoring systems [J]. Applied Ontology, 2014, 9 (3-4): 237-265.

[43] Matsuda N, Cohen W W, Koedinger K R. Teaching the teacher: Tutoring SimStudent leads to more effective cognitive tutor authoring [J]. International Journal of Artificial Intelligence in Education, 2015, (25): 1-34.

[44] Heffernan N T, Ostrow K S, Kelly K, et al. The future of adaptive learning: Does the crowd hold the key? [J]. International Journal of Artificial Intelligence in Education, 2016 (2): 615-644.

[45] Mitchell J. Nathan, Walter Kintsch, Emilie Young. A Theory of Algebra-Word-Problem Comprehension and Its Implications for the Design of Learning Environments [J]. Cognition & Instruction, 1992, 9 (4): 329-389.

[46] Chang K-E, Sung Y-T, Lin S-F. Computer-assisted learning for mathematical problem solving [J]. Computers and Education, 2006, 46 (2): 140-151.

[47] Wing-Kwong Wong, Sheng-Cheng Hsu, Shi-Hung Wu. LIM-G: Learner-initiating Instruction Model based on Cognitive Knowledge for Geometry Word Problem Comprehension [J]. Computers & Education. 2007, 48 (4): 582-601.

[48] Koedinger K R, Aleven V . Exploring the Assistance Dilemma in Experiments with Cognitive Tutors [J]. Educational Psychology Review, 2007, 19 (3): 239-264.

[49] Oktaviyanthi R, Supriani Y . Utilizing Microsoft Mathematics In Teaching And Learning Calculus [J]. Journal of Education and Practice, 2015, 6 (25): 75-83.

[50] Mayer R E . Frequency norms and structural analysis of algebra story problems into families, categories, and templates [J]. Instructional Science, 1981.

[51] Hartley, J. R. , Sleeman, D. H. Towards more intelligent teaching systems [J]. International Journal of Man-Machine Studies, 1973 (2): 215-236.

[52] Burns H L, Capps C G . Foundations of intelligent tutoring systems: An introduction [J]. DBLP, 1988: 1-19.

[53] Rachel A Haggerty, Jeremy E Purvis. Natural language processing: put your model where your mouth is [J]. Molecular

Systems Biology, 2017, 13 (12): 958-969.

[54] Young Tom, Hazarika Devamanyu, Poria Soujanya. Recent Trends in Deep Learning Based Natural Language Processing Review Article [J]. IEEE Computational Intelligence Magazine, 2018, 13 (3): 55-75.

[55] Wang H, Tian K, Wu Z, et al. A short text classification method based on convolutional neural network and semantic extension [J]. International Journal of Computational Intelligence Systems, 2021, 14 (1): 367-375.

[56] Shalin V L, B Ee N V. Structural Differences Between Two-Step Word Problems. [J]. Elementary Education, 1985.

[57] Timberlake A. Aspect, tense, mood [J]. Language Typology and Syntactic Description, 2007, 3: 280-333.

[58] Chang J. Event structure and argument linking in Chinese [J]. Language and Linguistics, 2003, 4 (2): 317-351.

[59] Speer N K, Zacks J M, Reynolds J R. Human brain activity time-locked to narrative event boundaries [J]. Psychological Science, 2007, 18 (5): 449-455.

[60] Allen J F, Ferguson G. Actions and events in interval temporal logic [J]. Journal of Logic and Computation, 1994, 4 (5): 531-579.

[61] Li M, Chen J, Chen T, et al. Probability for disaster chains in emergencies [J]. Journal of Tsinghua University Science and Technology, 2010, 50 (8): 1173-1177.

[62] Kerlin B, Cooley B C, Isermann B H, et al. Cause-effect relation between hyperfibrinogenemia and vascular disease [J]. Blood, 2004, 103 (5): 1728-1734.

[63] Hage W R V, Malaisé V, Segers R, et al. Design and use of the Simple Event Model [J]. Web Semantics Science Services & Agents on the World Wide Web, 2011, 9 (2): 128-136.

[64] Jeong S, Kim H G. SEDE: an ontology for scholarly event

description [J]. Journal of Information Science, 2010, 36 (2): 209-227.

[65] Winer D. Review of ontology based storytelling devices [J]. Lecture Notes in Computer Science, 2014, 8002: 394-405.

[66] Radvansky, G. A. , & Zacks, R. T. The retrieval of situation-specific information [J]. Cognitive models of memory, 1997: 173-213.

[67] Zwaan, R. A. , Radvansky, G. A. Situation models in language comprehension and memory [J]. Psychological Bulletin, 1998, 123 (2): 162-185.

[68] Strack F. , Schwarz, N. , Gschneidinger, E. Happiness and reminiscing: the role of time perspective, affect and mode of thinking [J]. Journal of Personality and SocialPsychology, 1985, 49 (6): 1460-1469.

[69] Perrig, W. , Kintsch, W. Propositional and situational representations of text [J]. Journal of memory and language, 1985, 24 (5): 503-518.

[70] Hopper, P. J. Aspect and foregrounding in discourse [J]. Syntax and Semantics, 1979, 12: 213-241.

[71] Zwaan, R. A. Processing narrative time shift [J]. Journal of Experimental Psychology: Learning, Memory and Cognition, 1996, 22 (5): 1196-1207.

[72] Anderson, A. , Gsrrod, S. C. , Sanford, A. J. The accessibility of pronominal antecedents as a function of episode shifts in narrative text [J]. Quarter Journal of Experimental Psychology, 1983, 35 (3), 427-440.

[73] Deaton, J. A. , Gernsbacher, M. A. Causal conjunctions and implicit causality: Cue mapping in sentence comprehension [J]. Journal of Memory and Language, 1999, 19: 221-252.

[74] Campion, N. Predictive inferences are represented as hypothetical facts [J]. Journal of Memory and Language, 2004,

50 (2): 149-164.

[75] Guéraud, S. , Harmon, M. E. , Peracchi, K. A. Updating situation models: The memory-based contribution [J]. Discourse Process, 2005, 39 (2-3): 243-263.

[76] Egidi, G, Gerrig, R. J. Readers' experiences of characters' goals and actions [J]. Journal of Experimental Psychology: Learning, Memory, and Cognition, 2006, 32 (6): 1322-1329.

[77] Radvansky, G A. , Curiel, J. M. Narrative comprehension and ageing: The fate of completed goal information [J]. Psychology and Aging, 1998, 13 (1): 69-79.

[78] Morrow, D. G. Prominent characters and events organize narrative understanding [J]. Journal of Memory and Language, 1985, 24 (3): 304-319.

[79] Komeda, H. , Kusumi, T. The effect of a protagonist's emotional shift on situation model construction [J]. Memory Cognition, 2006, 34 (7): 1548-1556.

[80] Zwaan, Rolf A . Embodied cognition, perceptual symbols, and situation models [J]. Discourse Processes, 1999, 28 (1): 81-88.

[81] Zwaan R A, Radvansky G A, Hilliard A E, et al. Constructing Multidimensional Situation Models During Reading [J]. Scientific Studies of Reading, 1998, 2 (3): 199-220.

[82] Zwaan, R. A. , van Oostendorp, H. Do readers construct spatial representations in naturalistic story comprehension? [J]. Discourse Processes, 1993, 16: 125-143.

[83] Radvansky G A, Gerard L D, Zacks R T, et al. Younger and older adults' use of mental models as representations for text materials [J]. Psychology & Aging, 1990, 5 (2): 209.

[84] Nathan, M. J. Kintsch, W. , Young, E. A Theory of Algebra-Word-Problem Comprehension and Its Implications for the Design of Learning Environments [J]. Cognition and Instruction,

1992, 9 (4), 329-389.

[85] Singer Vilenius-Tuohimaa, P. M. , Aunola, K. Nurmi, J. E. The association between mathematical word problems and reading comprehension [J]. Educational Psychology, 2008, 28 (4): 409-426.

[86] Light, G. J. , DeFries, J. C. Comorbidity of reading and mathematics disabilities: Genetic and environmental etiologies [J]. Journal of Learning Disabilities, 1995, 28 (2): 96-106.

[87] Jordan, N. C. , Kaplan, D. , Hanich, L. B. Achievement growth in children with learning difficulties in mathematics: Findings of a two-year longitudinal study [J]. Journal of Educational Psychology, 2002, 94 (3): 586-597.

[88] Mattarella-Micke, A. , Bellock, S. L. Situating math word problems: The story matters [J]. Psychonomic Bulletin & Review, 2010, 17 (1): 106-111.

[89] Fuson, K. C. Research on learning and teaching addition and subtraction whole numbers [J]. Analysis of arithmetic form mathematics teaching, 1992: 53-187.

[90] Verschaffel, L. , De Corte, E. World problems: A vehicle for promoting authentic Mathematical understanding and problem solving in the primary school [J]. An international perspective, 1997: 69-97.

[91] Oakhill, J. Mental models in children's text comprehension [J]. Mental models in cognitive science, 1996: 77-94.

[92] Oakhill, J. , Cain, K. , Yuill, N. Individual differences in children's comprehension skill: Toward an integrated model [J]. Reading and spelling: Development and disorders, 1998: 343-367.

[93] Glenberg A M, Langston W E . Comprehension of illustrated text: Pictures help to build mental models [J]. Journal of Memory and Language, 1992, 31 (2): 129-151.

[94] Williams C. Transfer in Context: Replication and Adaptation in Knowledge Transfer Relationships [J]. Strategic Management Journal, 2007, 28 (9): 867-889.

[95] Hard B M, Tversky B, Lang D S. Making sense of abstract events: building event schemas [J]. Memory & cognition, 2006, 34 (6): 1221-1235.

[96] Mayer R E. Implications of cognitive psychology for instruction in mathematical problem solving [J]. ETS Research Report Series, 1983, 1: 363-407.

[97] Song F, Liu S, Yang J. A Comparative Study on Text Representation Schemes in Text Categorization [J]. Pattern Analysis&Applications, 2005, 8 (1/2): 199-209.

[98] Salton G, Wong A, Yang C S. A vector space model for automatic indexing [J]. Communications of the ACM, 1975, 18 (11): 613-620.

[99] Hancer Emrah, Xue B, Zhang M. A survey on feature selection approaches for clustering [J]. Artificial Intelligence Review, 2020, 53 (6): 4519-4545.

[100] Jin C., Ma T., Hou R., et al. Chi-square statistics feature selection based on term frequency and distribution for text categorization [J]. IETE journal of research, 2015, 61 (4): 351-362.

[101] Nuipian V., Meesad P., Boonrawd P. Improve abstract data with feature selection for classification techniques [J]. Advanced Materials Research, 2012, 403: 3699-3703.

[102] John M. Pierre. On the Automated Classification of Web Sites [J]. Computer and Information Science, 2001, 6: 1-12.

[103] Mayer R E. Memory for algebra story problems [J]. Journal of Educational Psychology,, 1982, 74 (2): 199-216.

[104] Herbert J. Walberg. Educational psychology: a cognitive approach [J]. PsycCRITIQUES, 1988, 33 (2): 173-173.

［105］ Lewis A B, Mayer R E . Students' Miscomprehension of Relational Statements in Arithmetic Word Problems ［J］. Journal of Educational Psychology, 1987, 79 (4): 363-371.

［106］ Mayer, Richard E. Different problem-solving strategies for algebra word and equation problems ［J］. Journal of Experimental Psychology Learning Memory & Cognition, 1982, 8 (5): 448-462.

［107］ Mayer R E. Learning Strategies: an Overview-ScienceDirect ［J］. Learning and Study Strategies, 1988: 11-22.

［108］ Mayer, Richard E . Cognition and instruction: Their historic meeting within educational psychology ［J］. Journal of Educational Psychology, 1992, 84 (4): 405-412.

［109］ Mayer R E, Hegarty M. The process of understanding mathematical problems ［J］. The Nature of Mathematical Thinking, 1996: 29-53.

［110］ Mayer R E, Tajika H, Stanley C . Mathematical problem solving in Japan and the United States: A controlled comparison ［J］. Journal of Educational Psychology, 1991, 83 (1): 69-72.

［111］ Hegarty M, Mayer R E, Green C E. Comprehension of Arithmetic Word Problems: Evidence From Students' Eye Fixations ［J］. Journal of Educational Psychology, 1992, 84 (1): 76-84.

［112］ Hegarty M, Mayer R E, Monk C A. Comprehension of arithmetic word problems: A comparison of successful and unsuccessful problem solvers ［J］. Journal of Educational Psychology, 1995, 87 (1): 18-32.

［113］ Lucangeli D, Tressoldi P E, Cendron M. Cognitive and Metacognitive Abilities Involved in the Solution of Mathematical Word Problems: Validation of a Comprehensive Model ［J］. Contemp Educ Psychol, 1998, 23 (3): 257-275.

［114］ Arendasy M, Sommer M, Gittler G, et al. Automatic Generation of Quantitative Reasoning Items: A Pilot Study [J]. Journal of Individual Differences, 2006, 27 (1): 2-14.

[115] Arendasy M, Sommer M. Using psychometric technology in educational assessment: The case of a schema-based isomorphic approach to the automatic generation of quantitative reasoning items [J]. Learning & Individual Differences, 2007, 17 (4): 366-383.

[116] Bernardo A. Contextualizing the Effects of Technology on Higher Education Learning and Teaching: The Social and Human Dimensions of Educational Change [J]. Asia-Pacific Social Science Review, 2000, 1 (2): 50-73.

[117] Georg Artelsmair, Heidrun Krestel, Lubes Knoth. The future of PATLIB centres in a globalized patent world [J]. World Patent Information, 2009, (3): 184-189

[118] Shearer R L, Aldemir T, Hitchcock J, et al. What students want: A vision of a future online learning experience grounded in distance education theory [J]. American Journal of Distance Education, 2020, 34 (1): 36-52.

[119] Ellington A J, Murray M K, Whitenack J W, et al. Assessing K-5 Teacher Leaders' Mathematical Understanding: What Have the Test Makers and the Test Takers Learned? [J]. School Science & Mathematics, 2012, 112 (5): 310-324.

[120] Hsin-Kai Wu, Priti Shah. Exploring visuospatial thinking in chemistry learning [J]. Science Education, 2004, 88 (3): 465-492.

[121] A Pasqualotti, CM dal. MAT (3D): A virtual reality modeling language environment for the teaching and learning of mathematics [J]. Cyberpsychology & Behavior, 2002, 5 (5): 409-422.

[122] Alexei Sourin. Visual immersive haptic mathematics [J]. Virtual Reality, 2009, 13: 221-234.

309

[123] KE Chang, LJ Wu, SE Weng, YT Sung. Embedding game-based problem-solving phase into problem-posing system for mathematics learning [J]. Computers & Education, 2012, 58 (2): 775-786.

[124] Y Kim, T Woo, H Joo. A Study on Game Content Development Methodology for Mathematics Learning to Raise Mathematical Intuition: for Elementary Geometry Learning [J]. Education of Primary School Mathematics, 2013, 13 (6) : 95-110.

[125] L Sangsoo, CH Jin, JC Kang. Development of STAD-Based Elementary Mathematics Online Cooperative Learning Game Model [J]. Journal of Korean Association for Educational Information and Media, 2014, 20 (2): 217-246.

[126] Kalbin Salim, Dayang HjhTiawa. The Student's Perceptions of Learning Mathematics using Flash Animation Secondary School in Indonesia [J]. Journal of Education and Practice, 2015, (6) 34: 76-79.

后　记

代数应用题，也称为代数故事题，是将数学理论与生活情境连接的桥梁，其显著的特点就是将抽象的数学信息隐藏在复杂多样的问题情境之中。代数应用题是数学教学的重点和难点。代数应用题的教学是巩固学生基础知识、锻炼学生理解能力、提高学生建模能力的有效途径。但广大中小学生往往存在表征障碍，其原因为难以理解问题情境、难以理解题意等。由于表征是解题的前提，因此，面向代数应用题，研究表征辅导工具就显得很有必要。

在当前我国"双减"政策背景下，有效减轻初等教育阶段学生繁重的作业负担和校外培训负担势在必行。但"减负"不等价于"减质"，其内涵是"减负+提质"。因此，帮助学生在有限的时间内提高学习效率和学习质量，就显得十分意义。鉴于代数应用题在基础教育中的重要地位，研究表征辅导工具就显得更加迫切。

党的二十大提出要加强基础学科发展，同时推进技术与教育的深度融合，构建适应数字时代的高质量教育体系。因此，本书面向代数应用题，提出表征辅导系统，以期能够帮助教师更好地"教"，支持学生更好地"学"，在进一步丰富智能导学系统理论体系的同时，促进数学教育、计算机应用、情报学等交叉融合。

2015年以来，作者以初等数学领域为研究对象，重点围绕着智能导学系统、问题情境仿真、题意理解、知识表示和知识追踪等开展研究。作为课题负责人，申报并组织研究了全国教育科学"十三五"规划教育部重点课题"面向小学数学应用题的问题情境仿真支持系统及其关键技术研究"（编号：DCAl80319）、教育部人文社会科学研究项目"基于问题情境仿真的数学应用题表征辅导系统研究"（编号：19YJA880077）等。课题与项目阶段性研究成果陆续发表于《中国教育信息化》《武汉工程大学学报》《信息通信》《教育观察》《信息技术与信息化》等期刊和《2021 4th International Conference on Robotics, Control and Automation Engineering（RCAE 2021）》国际会议论文集上，并进行了交流，撰写并出版了一部专著《面向数学应用题的问题情境仿真支持系统》。

　　研究过程中，特别感谢武汉大学的王海军教授、陆泉教授，湖北经济学院的余小高教授，他们给了我很多好的建议和新的思路，指导我解决了许多疑难问题。感谢武汉工程大学的陈显友教授、蒋军成教授和郑更生教授，华中农业大学的周德翼教授、周燕教授，武汉纺织大学的聂刚教授等，他们在百忙之中对我的著作提纲和写作思路提出了很多宝贵的修改意见，并为我的研究提供了很多便利条件。值此完稿之际，谨向他们表示最诚挚的感谢。感谢硕士研究王振佩同学、徐健儿同学和姚小桐同学，她们在资料收集、文档整理和程序设计等工作中给了我很大的帮助。我还要深深感谢长期关心和热情支持我事业发展的武汉工程大学管理学院的领导，以及管理科学与工程系的全体教师，在课题的研究和本书的出版上，他们给了我许多关心鼓励和帮助。本书的研究成果应用于"Python 开发基础""管理信息系统""信息系统案例分析"等课程的教学中，取得了良好的效果。

　　最后感谢我所查阅的资料的各位作者，他们的著作或者论文给了我莫大的帮助，非常感谢！

　　谨以本书献给所有支持并给予我切实帮助的人！